高等学校城市地下空间工程专业规划教材

地下工程监测与检测技术

彭丽云　刘兵科　**主　编**

马伯宁　张经双　**副主编**

U0293579

人民交通出版社股份有限公司
China Communications Press　Co.,Ltd.

内 容 提 要

本书系统阐述了监测、检测基础知识与基本原理,重点介绍了地下工程中常用的监测、检测方法和与其相关的信息反馈技术和数据处理方法,注重新的测试技术,如探地雷达和超前地质预报技术的全面引入。全书共分为 9 章,主要内容包括绪论、测试技术基础知识及传感器的原理、基坑工程监测、隧洞工程监测、地下工程中的声波测试技术、地质雷达测试技术、隧道超前地质预报技术、地下工程监测的信息反馈技术、测量误差分析和数据处理。为适应大众化高等教育特点以及应用型人才培养的需求,本书注重实用性和工程实践性,在书中穿插了大量的仪器操作视频和现场监测检测视频,形象地展示了书本内容,突出了实操性和工程应用的特点。

本书可供城市地下工程方向学生作为教材使用,也可作为地下工程建设相关从业人员的专业指导用书和技能培训参考用书。

图书在版编目(CIP)数据

地下工程监测与检测技术 / 彭丽云,刘兵科主编. — 北京:
人民交通出版社股份有限公司,2017.7
高等学校城市地下空间工程专业规划教材
ISBN 978-7-114-13524-8

Ⅰ.①地… Ⅱ.①彭… Ⅲ.①地下工程测量—高等学校—教材 Ⅳ.①TU198

中国版本图书馆 CIP 数据核字(2016)第 300480 号

高等学校城市地下空间工程专业规划教材

书　　　名:**地下工程监测与检测技术**
著 作 者:彭丽云　刘兵科
责任编辑:张征宇　赵瑞琴
出版发行:人民交通出版社股份有限公司
地　　　址:(100011)北京市朝阳区安定门外外馆斜街 3 号
网　　　址:http://www.ccpress.com.cn
销售电话:(010)59757973
总 经 销:人民交通出版社股份有限公司发行部
经　　　销:各地新华书店
印　　　刷:北京鑫正大印刷有限公司
开　　　本:787×1092　1/16
印　　　张:14
字　　　数:338 千
版　　　次:2017 年 7 月　第 1 版
印　　　次:2017 年 7 月　第 1 次印刷
书　　　号:ISBN 978-7-114-13524-8
定　　　价:32.00 元
(有印刷、装订质量问题的图书由本公司负责调换)

高等学校城市地下空间工程专业规划教材

编 委 会

主 任 委 员:张向东

副主任委员:宗　兰　黄　新　马芹永　周　勇
　　　　　　　金　奕　齐　伟　祝方才

委　　　员:张　彬　赵延喜　郝　哲　彭丽云
　　　　　　　周　斌　王　艳　叶帅华　宁宝宽
　　　　　　　平　琦　刘振平　赵志峰　王　亮

序　言

近年来,我国城市建设以前所未有的速度加快发展,规模不断扩大,人口急剧膨胀,不同程度地出现了建设用地紧张、生存空间拥挤、交通阻塞、基础设施落后等问题,城市可持续发展问题突出。开发利用城市地下空间,不但能为市民提供创业、居住环境,同时也能提供公共服务设施,可极大地缓解中心城市密度,疏导交通增加城市绿地,改善城市生态。

为适应城市地下空间工程的发展,2012年9月,教育部颁布了《普通高等学校本科专业目录》(以下简称专业目录),专业目录里将城市地下空间工程专业列为特设专业。目前国内已有数十所高校设置了城市地下空间工程专业并招生,在这个前所未有的发展时期,城市地下空间工程专业系列教材的建设明显滞后,一些已出版的教材与学生实际需求存在较大差距,部分教材未能反映最新的规范或标准,也没有形成体系。为满足高校和社会对于城市地下空间工程专业教材的多层次要求,人民交通出版社股份有限公司组织了全国十余所高等学校编写"高等学校城市地下空间工程专业规划教材",并于2013年4月召开了第一次编写工作会议,确定了教材编写的总体思路,于2014年4月召开了第二次编写工作会议,全面审定了各门教材的编写大纲。在编者和出版社的共同努力下,目前这套规划教材陆续出版。

这套教材包括《地下工程概论》《地铁与轻轨工程》《岩体力学》《地下结构设计》《基坑与边坡工程》《岩土工程勘察》《隧道工程》《地下工程施工》《地下工程监测与检测技术》《地下空间规划设计》《地下工程概预算》和《轨道交通线路与轨道工程》12门课程,涵盖了城市地下空间工程专业的主要专业核心课程。该套教材的编写原则是"厚基础、重能力、求创新,以培养应用型人才为主",体现出"重应用"及"加强创新能力和工程素质培养"的特色,充分考虑知识体系的完整性、准确性、正确性和适用性,强调结合新规范、增大例题、图解等内容的比例,做到通俗易懂,图文并茂。

为方便教师的教学和学生的自学,本套教材配有多媒体教学课件,课件中除教学内容外,还有施工现场录像、图片、动画等内容,以增加学生的感性认识。

反映城市地下空间工程领域的最新研究成果、最新的标准或规范,体现教材的系统性、完整性和应用性,是本套教材力求达到的目标。在各高校及所有编审人员的共同努力下,城市地下空间工程专业系列规划教材的出版,必将为我国高等学校城市地下工程专业建设起到重要的促进作用。

高等学校城市地下空间工程专业规划教材编审委员会

人民交通出版社股份有限公司

前　言

面对城市地面资源的日益枯竭、交通严重拥堵、空气质量恶化,地下空间的开发逐渐引起了人们的关注,地下铁道、公路隧道、地下停车场、地下商业街、地下管廊等工程的兴建急需大量的建设人才。有别于地上工程,地下工程施工风险更高,建设的成功与否在很大程度上取决于工程所赋存的岩土体能否提供足够的承载力以及岩土体开挖后自身的稳定性,以保证地下工程施工过程的安全、地下结构正常使用阶段中的安全及周边环境在地下工程建设中的安全。因此必须掌握围岩、支护、结构及周边环境所处的安全状态,必须通过监测和检测的手段对上述内容进行实时、动态监测,方能防患于未然。此外,每一个工程监测实际上是一个足尺的原位试验,从中监测和检测得到的各种数据又为地下工程设计理论的发展提供支撑,为岩土体模型的修正提供依据,从而促进岩土工程学科的进一步发展。因此,在地下工程领域,监测和检测已逐渐成为和勘察、设计、监理、施工相并列的一个行业,在地下工程领域发挥着重要的作用,为工程建设的安全保驾护航,为地下工程学科的发展提供支撑。

"地下工程监测与检测技术"是土木工程专业城市地下工程方向的一门专业方向必修课,是地下工程建设从业人员必须掌握的一门专业技能。本书是根据我国高等学校土木工程专业指导委员会编制的《高等学校土木工程专业本科教育培养目标和培养方案及课程教学大纲》对该课程的要求,注册岩土工程师考试大纲中对该课程的要求以及现行国家、行业相关规范,并结合长期的教学与工程实践经验编写而成,可供城市地下工程方向学生作为教材使用,亦可作为地下工程建设从业人员的专业指导用书。

为适应大众化高等教育特点以及应用型人才培养的需求,本书注重实用性和工程实践性,注重新的测试技术的全面引入。全书共分为9章,主要内容包括绪论、测试技术基础知识及传感器的原理、基坑工程监测、隧洞工程监测、地下工程中的声波测试技术、地下工程中的地质雷达测试技术、隧道超前地质预报技术、地下工程监测的信息反馈技术、测量误差分析和数据处理。

为适应大众化高等教育特点以及应用型人才培养的需求,本书注重实用性和工程实践性,注重新的测试技术的全面引入。全书共分为9章,主要内容包括测试基础知识及传感器的原理、基坑工程监测、地下隧洞工程监测、地下工程中的声波测试技术、地质雷达测试技术、隧道超前地质预报技术、地下工程监测的信息反馈技术、测量误差分析和处理。为帮助师生对《地下工程监测与检测技术》进行更加深入学习,全面掌握课程内容,书中制作了部分监测与检测仪器的原理视频、安装视频和现场操作视频,以二维码的形式嵌入各章节,以增加学生的感性认识,实现课堂教学与现场操作的良好对接,提高学生学习该课程的兴趣和积极性。此外,书中每章配备了各章节的pdf

教学课件,对每章的重要内容进行了展示,方便学生的课后学习和教师的课堂教学。

本书由北京建筑大学彭丽云、北京建工集团有限责任公司刘兵科任主编;北京建筑大学马伯宁、安徽理工大学张经双任副主编。第一、六、七章由彭丽云编写;第二、四章由马伯宁编写;第三、九章由刘兵科编写;第五、八章由张经双编写。全书的视频资料由北京建筑大学彭丽云和北京基康仪器有限公司的雷霆录制。全书由彭丽云和刘兵科负责组撰与统稿。

安徽理工大学马芹永教授、南京林业大学黄新教授对本书的初稿进行了详细的审阅,提出了许多宝贵的意见和建议,在此表示衷心的感谢。北京建筑大学研究生范磊、乔红军、陈城协助主编做了许多校对、绘图和排版工作,在此表示衷心感谢。在本书的编辑出版过程中,北京建工集团有限责任公司提供了大量的现场资料,人民交通出版社股份限公司给予了大力帮助和支持,在此也表示感谢。

由于编者水平有限,书中疏漏之处在所难免,恳请广大读者批评指正。

编　者

2017 年 4 月

目　　录

第一章 绪 论

地下工程是修建在具有原岩应力场、由岩土和各种结构面组合的天然岩土体中的建（构）筑物，通常包括地铁、隧道、地下停车场、地下商场、水电工程中的地下厂房等。这些建筑物靠围岩和支护的共同作用保持稳定。由于围岩中存在着节理、裂隙、应力和地下水，地质结构体系极其复杂，且具有不确定性，因此地下工程的建设比地面工程复杂得多。特别是在地下工程开挖之前，其地质条件、岩体形态不易掌握，力学参数难于确定，工程中不得不借助现场监测，获取建（构）筑物性状变化的实际信息，并及时反馈到设计和施工中去，直接为工程服务。围岩物理力学参数的难以确定和获得，又导致对地下工程共同作用体系安全稳定性定量分析出现困难，工程设计难以适应水文、地质环境变化，施工中监控不力容易诱发工程安全、质量、环境事故，或导致工程进展缓慢，造成不必要的浪费。

请扫码观看第一章电子课件

近年来，随着地下工程修建技术的不断进步，以及对地下工程共同作用体系力学机理认识和研究的逐步深入，人们开始认同和应用通过对围岩力学性能、工程地质条件的检测和对围岩—建（构）筑物共同作用体系的施工力学行为的监测，来保证工程安全和质量，验证设计的合理性，及时修正设计施工方法。大量的工程实践证明，检测和监测工作正在地下工程中发挥着重要的作用，其技术正在逐步得到完善和发展。

第一节 地下工程监测和检测的必要性

在岩土中修建地下工程，由于对结构设计的合理性进行理论分析涉及的问题很多，进行精确计算比较困难。主要原因是岩土的复杂性、施工方法的难以模拟性、围岩与支护结构相互作用的复杂性及周边环境的复杂性。因此，需通过先进手段对围岩的特性进行检测并进行信息化施工，通过施工过程中对围岩、支护结构及周边建（构）筑物的位移和应力监测，并及时反馈到设计与施工中去，优化设计参数及施工方法，以确保地下工程施工和周围建（构）筑物的安全。

地下工程赋存环境的复杂性决定了其工程建设的风险性。如：地下工程施工中很容易造成周围建筑物的不均匀沉降，进而造成周围建筑的破坏，尤其在特殊情况下线路和建筑基础或桥梁桩基相遇，需要进行桩基托换，这对建筑物的影响极大，控制不当将导致建筑物的破坏；复杂的地质条件使得施工极具挑战，很难找到一种工法、一种机械适用所有的地质条件，同时地下流沙、暗浜或沼气很容易造成隧道坍塌和人员伤亡；丰富的地下水尤其是承压水是施工中的大敌，降水对周围建筑极具破坏性；城市地下工程意味着多层地下空间的交叠，致使地下工程的深度越来越深，这给施工中的地下支撑体系带来很大的困难，任何支撑体系的失效都会带来灾难性的事故，较深的埋深和丰富的地下水使得地下结构的抗浮极其困难，地下水降水不充分，会造成基坑底板隆起，甚至底板破坏涌水涌沙，但超量的地下降水会造成周围建筑的超常沉降而破坏;地下工程穿越河流是不容忽视的难点,河水通常和地下水连通造成很高的压力,极易造成隧道上浮变形破坏,同时河床下的地质通常非常松软,很容易造成流沙;联络通道的施工是地下工程施工中的重要风险点,目前国内地铁施工通常采用冷冻法,支撑体系依赖冻土强度,冷冻土体的强度是通过冷冻温度和冷冻时间控制,在施工中冷冻设备的正常工作至关重要,任何冷冻设备的失效会造成冻土强度减弱,从而导致隧道坍塌,如果旁通道在河流下,会造成灾难性的后果。综上所述,地下工程是极具挑战的工作,如何解决好以上风险是工程能否成功的关键。

风险的解决过程是设计、施工和监测、检测相互配合协调的过程。地下工程施工过程中,在各种力的作用和自然因素的影响下,其工作性态和安全状况随时都在发生变化。如出现异常,而又不被及时发现和掌握这种变化的情况和性质,任险情持续发展,后果不堪设想。如能在岩土体或工程结构上安装埋设必要的监测、检测仪器,随时监测、检测其工程状态,则可在发现异常时,提前对岩土体或工程结构采取补强加固措施,防止灾害性破坏的产生;或采取必要的应急处理,避免或减少生命和财产的损失。

在施工、运行过程中,监测岩土工程的实际状况及稳定性,为保证工程安全提供科学依据,监测信息将为修改设计、指导施工提供可靠资料。同时监测成果还将为提高新建岩土工程的技术水平积累经验。目前,安全监测已成为工程勘测、设计、施工和运行过程中不可缺少的重要手段,被视为工程设计效果、施工和运行安全的直接指示器。岩土工程都建造在岩土介质之上或之中,在施工过程中必须进行动态监测,实行信息化施工,提供反馈信息,从而指导施工和修改设计,以确保工程安全。

综上所述,地下工程监测检测的必要性体现如下:①保证工程的施工质量和安全,提高工程效益。要做到这一点,各项检测和监测工作必须在充分了解工程总体情况的前提下有针对性地进行;在此基础上,合理安排检测与监测的重点及其在空间和时间上的布局,选择恰当的方法,及时提出阶段性的分析和最后的成果,使工程师能够尽可能定量地了解和把握工程的进度、所处的状态、质量情况和出现的问题,确定修正设计和施工方案的必要性,评价或指导施工,险情诊断,甚至在紧急状态下采取应急措施,为加固处理提供依据,力争使工程达到质量、进度、安全、效益相统一的最佳效果。②服务于工程建设的全过程。使工程师对建(构)筑物与岩土共同作用的性状及施工和建(构)筑物运营过程的认识在理论和实践上更加完善;运用长期积累的观测资料掌握变化规律,对建筑物的未来性态作出及时有效的预测;为未来设计提供大量定量信息,为更新设计理论、改进施工方法及对破坏机理研究等提供宝贵的参考资料。③为法律仲裁提供依据,当工程出现事故时,检测和监测资料有助于分清事故原因与责任。

地下工程监测和检测中存在的问题主要体现如下:①部分工程未把监测、检测与信息反馈作为重要工序编入施工组织设计,有的虽然作为工序编入,但实施得不规范、不彻底,应用效果差。②工程技术人员没能真正领会和掌握信息化设计与施工技术,施工中缺少专业人员,特别是信息反馈方面,很少能结合施工情况,对监测检测信息进行合理分析,进而对工程设计和施工起指导作用。③缺乏环境的评估标准,有必要就地下工程施工对周围环境影响的评估程序、评估方法以及控制标准进行研究。④在我国部分城市地下工程施工中,引入了第三方监测,对促进监测技术健康发展具有一定的积极意义,但还要进一步规范。

第二节 本课程的研究内容和基本要求

本教材共有9章,主要介绍监测与检测技术基础知识、基坑工程监测、地下隧洞工程监测、地下工程中的声波测试技术、雷达测试技术、地质超前预报技术、监测的信息反馈技术和测量误差分析及数据处理等内容。

本课程是一门实践性很强的工程应用性学科,与其他课程相比,无论是在内容体系上,还是在教学要求上,均存在着很大差别。学生在学习过程中,必须充分注意到该课程实践应用型的特点,掌握其内在的规律及其基本要领,变被动为主动,才能取得较好的效果。

本课程在学习上有如下要求:

(1)作为一门技术和应用型课程,除了涉及地下结构、地下工程施工、岩土方面的专业知识外,还涉及大量测量学、电工学、数理统计、电子学等学科的基础知识。尽管上述基础知识在之前的学习中已经有了一些认识,但多为了解的内容,也非地下工程专业学生的主干课程,因此学生对此重视程度不够,基础较薄弱。然而,在本课程中,对上述基础知识的要求已经从了解上升到应用的高度,这就要求学生在涉及这些知识时,自己补充学习,以利于掌握本课程的基本原理和概念。如监测与检测技术基础知识章节中,涉及大量的电工学和电子学的知识;测量误差分析及数据处理章节中,涉及大量数理统计的内容。

(2)在学习过程中,必须牢固树立服务于工程、切实解决工程实际问题的思路。监测和检测工作贯穿于工程建设的全过程,部分还渗透到运营过程,且实际的工程进展和监测检测结果具有直接的对应关系。因此,在本课程学习前,要对地下工程的施工技术,如施工方法、施工步序等有深刻的认识,掌握各阶段的重点监测检测内容;随着工程建设的进行,合理有序地调整监测对象、监测内容、监测频率,达到优化监测方案、确保工程安全的目的。此外,对土力学、岩石力学等地下工程方向的专业基础课程要有一定的掌握,学会用土力学和岩石力学中的相关理论知识来解释围岩应力、应变等方面的监测结果。

(3)要重视实践和试验的内容,要求深入工程、熟悉工程、密切注意当前在建地下工程。结合教学过程,安排诸如室内试验操作、室外现场测试以及现场元件埋设、测试和分析等不同形式的实践内容。学生应珍惜这些机会,增强参与意识,努力提高动手能力,将理论知识应用于实际,达到学以致用的目的。此外,深入实际工程现场,参观学习现场的监测、检测技术,通过实践获得最直观的认识。

(4)重视地下工程监测、检测技术的发展动态。地下工程测试中,监测检测仪器发挥了重要作用,各种类型的传感器是设备中的必要元件。随着电子技术的飞速发展,出现了大量新型传感器和多种新型测试技术,对上述发展的掌握和认识,有助于合理选择监测检测仪器,对提高监测检测精度、减小监测检测工作劳动量、节省投资将起到一定的作用。

(5)现有的监测检测手段和仪器是通过长期工程实践摸索和总结出来的方法,与目前的施工水平无疑是相适应的,具有一定的先进性和经济性,但也存在不足。如在测试精确度和准确度及对测试结果的分析判断方面存在不足,这是由地下工程及其所处环境的复杂性决定的。在学习过程中要对不足有清晰的认识,不能完全依赖监测检测结果,要对结果有一个客观的、

符合实际的分析和认识。

（6）重视监测检测结果的积累和分析，深刻认识反分析及广义反分析法在结果分析中的重要地位，及其对设计和理论的修正、指导和验证作用。

第三节　地下工程监测和检测技术的发展与现状

20世纪50年代以来，人们逐步认识到地下工程中的许多事故往往是由岩（土）体失稳引起的，监测和检测技术开始得到重视。

70年代以来，随着新奥法技术的推广应用，人们开始对地下工程中监测、检测项目的确定、仪器选型、布置埋设与观测方法、观测资料的分析整理等研究工作逐步加深，并取得一定成果，但在监测设计规划、仪器的技术性能、数据分析处理等方面并不令人满意。

80年代以来，人们对地下工程监测检测技术应用实践中存在的问题进行了深入研究，改进了监测手段和方法，对仪器的技术指标、使用条件、稳定性和可靠性等给出了评定标准，安全监测工作的标准化、程序化和质量控制措施也逐步得到完善，并编制了各类工程监测技术规程、规范、指南和手册。

90年代以来，地下工程监测技术的硬件和软件迅速发展，应用范围不断扩大，动态设计和信息化设计技术开始在实际工程中应用，监测自动化、网络传输、数据处理和资料分析、安全预报预警等系统不断完善，地理信息系统（GIS）也在大型工程监测中得到了应用。

21世纪开始，安全和环境问题的日益恶化引起了人们的高度重视，公众的法律和环保意识增强、对地下工程建设的关注程度增加，各级政府对安全和环保方面的科学研究、防护治理、环境监测检测的投入加大，促使施工安全、环境保护和工程质量监（检）测技术应用范围更加扩大，监（检）测仪器设备与技术发展迅猛。传统的应力应变等监测检测技术已逐渐无法胜任现代地下工程越来越复杂的研究对象和日趋复杂的使用环境，涌现出了以光纤测试技术、GPS、CT法为代表的现代信息和监测检测技术。即利用高性能智能传感组件、无线传输网络和信号采集系统，采用多参量、多传感组件，数据智能处理与数据动态管理方法，进行实时监测、安全预警和可靠性预测成为监测仪器的发展方向。

一、光纤监测技术

为确保地下工程建设及其内部设施的安全性、完整性和耐久性，对可能出现的灾害进行预测和告警，必须迅速、及时、精确地掌握这些结构与设施的建造和运营状况。长期以来人工监测一直是该领域的主要监测方法，但该方法耗费大，精度较低，更重要的是监测数据难以连续，因而对突发情况的反应、处理以及预警能力大大下降，对于不易进入的永久性使用设施，如地下埋藏的管道和极为繁忙的地下线路，则更加难以监测和控制。有线监测是近20年发展起来的监测技术，其代表就是光纤监测技术。该技术具有以下优点：以光信号作为载体，光纤为媒质，具有耐腐蚀、抗电磁干扰、防雷击等特点；光纤本身轻细纤柔，光纤传感器的体积小，重量轻，不仅便于布设安装，而且对埋设部位的材料性能和力学参数影响甚小，能实现无损埋设；且容易实现远距离信号传输和测量控制；灵敏度高，可靠性好，使用寿命长，尤其适用于恶劣环境中。基于上述优点,光纤技术地下工程监测、检测领域中得到了广泛的应用,如:光纤传感器的多路复用技术,布拉格光栅技术(FBG),OTDR 技术,布里渊散射光时域分析法(BOTDA)等。但该技术还有一些问题需要解决,如监测过程中传感系统的增敏和去敏问题;空间分辨率、测量精度、后期维护以及系统造价等仍需改进;和导光光纤与光电信号处理部分的接口技术;埋入岩土工程构筑物中的光纤传感系统的工作寿命仍需进一步提高。

二、三维激光扫描技术

三维激光扫描技术是一种先进的全自动高精度立体扫描技术,主要面向高精度逆向工程的三维建模与重构,可以高效地采集三维坐标点,并可以深入到复杂的现场环境中进行扫描,将各种大型的、复杂的、不规则的实景三维数据完整地采集到电脑中,从而快速重构出目标的三维点云模型。其主要优势为:不需要设置反射点;不接触被测物;扫描速度快,可在十几分钟内获得上百万个数据点;坐标点高密度、高精度;配合后处理软件可以生成三维向量的空间表面或实体图形。激光扫描不需要光源,可在黑暗中进行量测;还可与数码相机协同工作,数码照片与扫描点云一一对应,为数据点提供颜色,形成三维影像,方便地建立虚拟现实。

三、非量测相机的近景摄影测量技术

为克服现有的表面变形测量手段,只能获得单点信息,观测工序复杂,耗时长且影响现场施工等缺点,以数字化近景摄影测量为代表的非接触测量方法,在地下工程安全监测领域受到广泛重视。其特色如下:能快速获得结构变形和移动的瞬间整体信息,可提供整体大面积变形测量结果;是一种可实现非接触三维测量的遥感方法,非常适于复杂施工现场条件。随着数字化近景摄影测量技术的发展,近景摄影进入了一个新的发展阶段。在实际工作中开始大量使用非量测 CCD 相机,基于计算机进行数字化图像处理,摒弃了复杂昂贵的摄影测量相机和专用设备,使近景摄影测量的应用更加方便。目前使用摄影测量相机在 50m 的摄影距离内,使物方标志点的量测精度达到了 1mm。

四、无线传感网络技术

无线传感网络和基于无线传感器网络的自主智能系统是涉及微机电系统、计算机、通信、自动控制、人工智能等多学科的综合性技术,目前已应用于许多领域,能完成如灾难预警与救助、结构健康监测、空间探索等任务。在地下工程领域,剑桥大学已将 WSN 技术应用于伦敦地下铁道变形监测;并在某隧道安装了两套监测与预警系统,对隧道内的裂缝、温湿度、倾斜角、位移等参数监测,准确分析了若干条发展中的裂缝、隧道及墙壁变形的速度、支撑环间的相对移动,及时提出了预警;在欧洲其他地区,在地铁工程中也得到了应用,如捷克布拉格地铁监测项目、西班牙巴塞罗那地铁监测项目等。无线传感网络系统提供了一种全新的数据采集模式,它将带动监测领域新的革命,其主要优势为感知范围扩大、容错性能高、测量准确性高、人工维护成本低。在监测成果的整编方面,实现了监测信息计算机处理;在成果分析方面,强调与地质紧密结合,利用其他技术手段如数学物理模型、GMD 模型、反分析方法等,对监测资料进行综合分析。在信息反馈方面能基本做到及时、准确,可利用在修改设计、调整施工、降低工程造价,以及避免工程失事或减小工程损失等多方面。

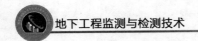复习思考题

1. 简述地下工程监测和检测的目的。
2. 列举几种先进的监测、检测技术,并简要说明其优点。

第二章 测试技术基础知识及传感器的原理

当代科技水平的不断发展,为测试技术水平的提高创造了物质条件;反过来,高水平的测试理论和测试系统又会促进科技成果的产生。当前,随着半导体技术的新的突破和大规模集成电路构成的微处理器的出现,测试技术越来越朝着高精度、小型化和智能化的方向发展。在工程中,需要将传感器与多台仪表组合在一起,才能完成信号的检测,这样便形成了测试系统。

请扫码观看第二章电子课件

第一节 测试技术基础知识

对测试系统有完整和全面的理解,能够帮助人们按照实际工程需要设计出一个有效的测试系统,从而达到高效、准确测试的目的,为地下工程建设提供保障。

一、测试系统的组成

测试系统通常具有以下几个功能:将被测对象置于预定状态下,并对被测对象所输出的特征信息进行采集、变换、传输、分析、处理、判断和显示记录,最终获得测试目的所需的信息。典型的力学测试系统如图2-1所示。该系统由荷载系统、测量系统、显示与记录三大系统组成。这三大系统又可被细化为被测对象、传感器、信号变换与测量电路、显示记录系统四大部分。若要以最佳方案完成测试任务,就应该对整套测试系统的各功能单元作全面综合的考虑。

图2-1 测试系统的组成

1. 荷载系统

荷载系统是使被测对象处于一定的受力状态下,使与被测对象(试件)有关的力学量之间的联系充分显露出来,以便进行有效测量的一种专门系统。如测定岩石及结构面力学性质的直剪试验系统中的直剪试验架和液压控制系统就是一个荷载系统。它由直剪试验架和液压控制系统组成,液压泵提供施加到试件上的荷载,液压控制系统则使荷载按一定速率平稳地施加,并在需要时保持其恒定,从而使试件处于一定法向应力水平下进行剪切试验。地下工程试验采用的荷载系统,除液压式外,还有重力式、杠杆式、液压式、弹簧式和气压式等。

2. 测量系统

测量系统,由传感器、中间变换和测量电路组成。它把被测量(如力、位移等)通过传感器变成电信号,经过后接仪器的变换、放大、运算,变成易于处理和记录的信号。传感器是整个测试系统中采集信息首要的关键环节,它的作用是将被测非电量转换成便于放大、记录的电量。所以,有时称传感器为测试系统的一次仪表,其余部分为二次仪表或三次仪表。如直剪试验系统中,需要观察在不同法向应力水平下,试件在剪切过程中,法向和剪切方向的力和位移的变化,则采用四支位移传感器分别测量试件在法向和剪切方向的位移,采用两只液压传感器分别测量试件在法向和剪切方向的荷载。其中,用荷载传感器和动态电阻应变仪组成力的测量系统,用位移传感器和位移变送器组成位移测量系统。动态电阻应变仪以及位移变送器内的中间变换和测量电路中通常有电桥电路、放大电路、滤波电路及调频电路等。所以,测量系统是根据不同的被测参量,选用不同的传感器和后接仪器组成的测量环节,不同的传感器要求与其相匹配的不同的后接仪器。

3. 信号处理系统

信号处理系统是将测量系统的输出信号进一步进行处理以排除干扰。计算机中需设计智能滤波等软件,以排除测量系统中的噪声干扰和偶然波动,提高所获得信号的置信度。对模拟电路,则要用专门的仪器或电路(如滤波器等)来达到这些目的。

4. 显示和记录系统

显示和记录系统是测试系统的输出环节,它是将对被测对象所测得的有用信号及其变化过程显示或记录(或存储)下来。数据显示可以用各种表盘、电子示波器和显示屏来实现,而数据记录则可采用函数记录仪、光线示波器等设备来实现,直剪试验计算机辅助测试系统中,以微机屏幕、打印机和绘图仪等作为显示记录设备。

在测试系统中,测试过程的全部或大部分操作、调试及计算等工作是由测试人员直接参与并取得结果的测试系统称为人工测试系统,这是传统的测试方法。在目前,尤其是在地下工程现场测试中,它仍然是被较多采用的测试手段。在全自动测试系统中,所有仪器及设备都与计算机联机工作,具有程控输入和编码输出的功能,测试过程不用人工参与。

二、测试系统的主要性能指标

测试系统的主要性能指标,包括精确度、稳定性、测量范围(量程)、分辨率及传递特性等。测试系统的主要性能指标是经济合理地选择测试系统时所必须明确的。

1. 测试系统的精度和误差

测试系统的精度是指测试系统给出的指示值和被测量的真值的接近程度。精度与误差是同一概念的两种不同表示方法。通常,测试系统的精度越高,其误差越低;反之,精度越低,则误差越大。实际中,常用测试系统相对误差和引用误差的大小来表示其精度的高低:

绝对误差 $\qquad\qquad \Delta_x = x(仪器指示值) - A_0(真值)$ $\qquad\qquad$ (2-1)

相对误差

$$\gamma_x = \frac{x(\text{仪器指示值}) - A_0(\text{真值})}{A_0(\text{真值})} \tag{2-2}$$

引用误差

$$\gamma_y = \frac{x(\text{仪器指示值}) - A_0(\text{真值})}{X_m(\text{仪器的测量上限})} \tag{2-3}$$

绝对误差越小,则说明测量结果越接近被测量的真值。实际上,真值是难以确切测量的,因此常用更高精度的仪器测得的值 X_0(叫约定真值)代替真值。在使用引用误差表示测试仪器的精度时,应尽量避免仪器在靠近测量下限的 1/3 量程内工作,以免产生较大的相对误差。

相对误差可用来比较同一仪器不同测量结果的准确程度,但不能用来衡量不同仪表的质量好坏,或不能用来衡量同一仪表量程不同时的质量。因为同一仪表在整个量程内,其相对误差是一个变值,随着被测量量程的减少,相对误差是增大的,因此精度随之降低。当被测量值接近量程起始零点时,相对误差趋于无限大。实际中,常以引用误差来划分仪表的精度等级,可以较全面地衡量测量精度。

2. 稳定性

仪器示值的稳定性有两种指标。一是时间上的稳定性,以稳定度表示;二是仪器外部环境和工作条件变化所引起的示值不稳定性,以各种影响系数表示。

稳定性是由于仪器中随机性变动、周期性变动、漂移等引起的示值变化,一般用精密度的数值和时间长短同时表示。例如每 8h 内引起电压的波动为 1.3mV,则写成稳定度为 $\delta_s = 1.3\text{mV}/8\text{h}$。环境影响是指仪器工作场所的环境条件,诸如室温、大气压、振动等外部状态以及电源电压、频率和腐蚀气体等因素对仪器精度的影响,统称环境影响,用影响系统表示。例如周围介质温度变化所引起的示值变化,可以用温度系数 β_t(示值变化/温度变化)来表示。电源电压变化所引起的示值变化,可以用电源电压系数 β_u(示值变化/电压变化率)来表示。

3. 测量范围(量程)

系统在正常工作时所能测量的最大量值范围,称为测量范围,或称量程。在动态测量时,还需同时考虑仪器的工作频率范围。

4. 分辨率

分辨率是指系统可能检测到的被测量的最小变化值,也叫作灵敏阈。若某一位移传感器的分辨率是 $0.5\mu\text{m}$,则当被测的位移小于 $0.5\mu\text{m}$ 时,传感器将没有反应。通常要求测定仪器在零点和 90% 满量程点的分辨率。一般来说,分辨率的数值越小越好。

5. 传递特性

传递特性是表示测量系统输入与输出对应关系的性能。了解测量系统的传递特性,对于提高测量的精确性和正确选用系统或校准系统特性是十分重要的。对不随时间变化(或变化很慢而可以忽略)的量的测量,叫作静态测量;对随时间而变化的量的测量,叫作动态测量。与此相应,测试系统的传递特性分为静态传递特性和动态传递特性。描述测试系统静态测量时输入—输出函数关系的方程、图形、参数称为测试系统的静态传递特性。描述测试系统动态测量时的输入—输出函数关系的方程、图形、参数称为测试系统的动态传递特性。作为静态测量的系统,可以不考虑动态传递特性,而作为动态测量的系统,则既要考虑动态传递特性,又要考

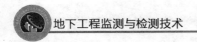

虑静态传递特性,因为测试系统的精度很大程度上与其静态传递特性有关。

三、测试系统的静动态传递特性

1. 测试系统的静态传递特性

1)静态方程和标定曲线

当测试系统处于静态测量时,输入量 x 和输出量 y 不随时间而变化,将变成代数方程:

$$y = \frac{a_0}{b_0}x = Sx \tag{2-4}$$

上式称为系统的静态传递特性方程(简称静态方程),斜率 S(也称标定因子)是常数。表示静态(或动态)方程的图形称为测试系统的标定曲线(又称特性曲线,率定曲线,定度曲线)。在直角坐标系中,习惯上,标定曲线的横坐标为输入量 x(自变量),纵坐标为输出量 y(因变量)。如图2-2所示是几种曲线的标定曲线及其相应的曲线方程。图2-2a)为输出与输入呈线性关系,是理想状态,而其余的三条曲线则可看成是线性关系上叠加了非线性的高次分量。其中,图2-2c)是只包含 x 的奇次幂的标定曲线,较为常用,因为它在零点附近有一段对称的而且很近似于直线的线段,图2-2b)、图2-2d)两图的曲线则不常用。

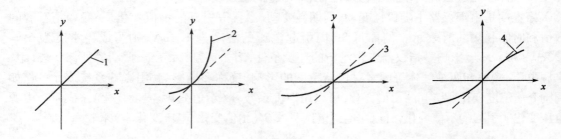

a)曲线方程$y=a_0x$ b)曲线方程$y=a_0x+a_1x^2+a_3x^4$ c)曲线方程$y=a_0x+a_2x^3+a_4x^5$ d)曲线方程$y=a_0x+a_2x^2+a_2x^3+a_3x^4$

图2-2　标定曲线的种类

标定曲线是反映测试系统输入 x 和输出 y 之间关系的曲线。一般情况下,实际的输入—输出关系曲线并不完全符合理论所要求的理想线性关系,所以,定期标定测试系统的标定曲线是保证测试结果精确可靠的必要措施。对于重要的测试,需在进行测试前后都对测试系统进行标定,当前后的标定结果的误差在容许的范围内时,才能确定测试结果有效。

求取静态标定曲线,通常以标准量作为输入信号并测出对应的输出,将输入与输出数据描在坐标纸上的相应点上,再用统计法求出一条输入—输出曲线。标准量的精度应较被标定系统的精度高一个数量级。

2)测试系统的主要静态特性参数

根据标定曲线便可以分析测试系统的静态特性。描述测试系统静态特性的参数,主要有灵敏度、线性度(直线度)及回程误差(滞迟性)。

(1)灵敏度

对测试系统输入一个变化量 Δx,就会相应地输出另一个变化量 Δy,如图2-3所示,则测试系统的灵敏度为:

$$S = \frac{\Delta y}{\Delta x} \qquad (2-5)$$

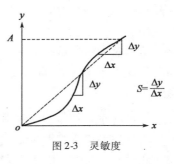

图 2-3　灵敏度

无论是线性系统或非线性系统,灵敏度 S 都是系统特性曲线的斜率。对于线性系统,由式(2-5)可知,测量灵敏度为常数。若测试系统的输出和输入的量纲相同,则常用"放大倍数"代替"灵敏度",此时,灵敏度 S 无量纲,但输出与输入是可以具有不同量纲的。例如某位移传感器位移变化 1mm 时,输出电压的变化为 300mV,则其灵敏度 $S = 300\mathrm{mV/mm}$。

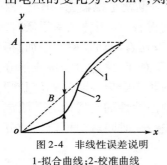

图 2-4　非线性误差说明
1-拟合曲线;2-校准曲线

（2）线性度（直线度）

标定曲线与理想直线的接近程度,称为测试系统线性度,它是指系统的输出与输入之间是否保持理想系统那样的线性关系的一种量度。由于系统的理想直线无法获得,在实际中通常用一条反映标定数据的一般趋势,而误差绝对值为最小的直线作为参考理想直线代替理想直线。若标定输出范围（全量程）A 内,标定曲线与参考理想直线的最大偏差为 B,如图 2-4 所示,则线性度可用下式表示:

$$\delta_{\mathrm{f}} = \frac{B}{A} \times 100\% \qquad (2-6)$$

参考理想直线的确定方法目前无统一标准,通常做法为:取过原点、与标定曲线间的偏差 B 均方值最小的最小二乘拟合直线为参考理想直线,以该直线的斜率的倒数作为名义标定因子。

（3）回程误差

回程误差,亦称迟滞,是指在相同测试条件下和全量程范围 A 内,在输入由小增大和由大减小的行程中,对于同一输入值所得到的两个输出值之间的最大差值 $h_{\max}$ 与 A 的比值的百分率（图 2-5）,即

$$\delta_{\mathrm{h}} = \frac{h_{\max}}{A} \times 100\% \qquad (2-7)$$

回程误差是由滞后现象和系统的不工作区（即死区）引起的。前者在磁性材料的磁化过程和材料受力变形的过程中产生。系统的死区是指输入变化时输出无相应变化的范围,机械摩擦和间隙是产生死区的主要原因。

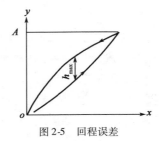

图 2-5　回程误差

（4）分辨力和阈值

传感器能检测到的最小输入增量称为分辨力,在输入零点附近的分辨力称为阈值。

（5）量程和范围

在允许误差限内,被测量值的下限到上限之间的范围称为两侧范围。

（6）重复性

传感器在同一条件下,被测输入量按同一方向全量程连续多次重复测量时,所得输出—输

入曲线的不一致程度,称为重复性。

(7)零漂和温漂

传感器无输入或输入另一值时,每隔一定时间,其输出值偏离原始值的最大偏差与满量程的百分比为零漂。而温度每升高1℃,传感器输出值的最大偏差与满量程的百分比,称为温漂。

2. 测试系统的动态传递特性

当系统的输入量与输出量随时间而变化时,测试系统所具有的特性就称为动态特性。在动态测试时,必须考察测试系统的动态传递特性,尤其要注意系统的工作频率范围。例如,体温计必须在口腔内保温足够的时间,它的读数才能反映人体的温度,也就是说输出(示值)滞后于输入(体温),称为系统的时间响应。如用千分表测量振动体的振幅,当振动频率很低时,千分表的指针将随其摆动,指示出各个时刻的幅值(但可能不同步);随着振动频率的增加,指针摆动弧度逐渐减小,以致趋于不动,说明指针的示值在随振动频率而变,这是由于构成千分表的弹簧—质量系统的动态特性造成的,此现象称为系统对输入的频率响应。时间响应和频率响应是动态测试过程中表现出的重要特性,也是分析测试系统动态特性的主要内容。测试系统的动态特性是描述输出 $y(t)$ 和输入 $x(t)$ 之间的关系。这种关系在时间域内可以用微分方程或权函数表示,在频率内可用传递函数或频率响应函数表示。

四、测试系统的选定原则

选择测试系统的根本出发点是测试目的和要求。但若要达到技术合理、经济节约,则必须考虑一系列因素的影响。下面针对系统的各个特性参数,就如何正确选用测试系统加以叙述。

1. 灵敏度

测试系统的灵敏度高意味着它能检测到被测物理量极微小的变化,即被测量稍有变化,测量系统就有较大的输出,并能显示出来。但灵敏度越高,往往测量范围越窄,稳定性越差,对噪声也越敏感。在土木工程监测中,被测物理量往往变换范围比较大,所需要的是相对精度在一定的允许值,而对其绝对精度的要求不是很高,因此,在选择仪器时,最好选择灵敏度有若干档可调的仪器,以满足在不同的测试阶段对仪器不同灵敏度的测试要求。

2. 准确度

准确度表示测试系统所获得的测量结果与真值的一致程度,并反映了测量中各类误差的综合。准确度越高,则测量结果中所包含的系统误差和随机误差就越小。测试仪器的准确度越高,价格就越昂贵。因此,应从被测对象的实际情况和测试要求出发,选用准确度合适的仪器,以获得最佳的技术经济效益。在土木工程监测中,监测仪器的综合误差为全量程的1% ~ 2.5%时,这样准确度基本能满足施工监测的要求。误差理论分析表明,由若干台不同准确度组成的测试系统,其测试结果的最终准确度取决于准确度最低的那一台仪器。所以,从经济性来看,应当选择同等准确度的仪器来组成所需的测量系统。如果条件有限,不可能做到等准确度,则前面环节的准确度应高于后面环节,而不应出现与此相反的配置。

3. 线性范围

任何测试系统都有一定的线性范围。在线性范围内,输出与输入成比例关系,线性范围越宽,表明测试系统的有效量程越大。测试系统在线性范围内工作是保证测量准确度的基本条件。然而,测试系统是不容易保证处于绝对线性的,在有些情况下,只要能满足测量的准确度,也可以在近似线性的区间内工作,必要时,可以进行非线性补偿或修正,非线性度是测试系统综合误差的重要组成部分,因此,非线性度总是要求比综合误差小。

4.稳定性

稳定性表示在规定条件下,测试系统的输出特性随时间的推移而保持不变的能力,影响稳定性的因素是时间、环境和测试仪器的状况。在输入量不变的情况下,测试系统在一定时间后,输出量发生变化,这种现象称为漂移。当输入量为零时,测试系统也会有一定的输出,这种现象称为零漂。漂移和零漂多半是由于系统本身对温度变化的敏感以及元件不稳定(时变)等因素所引起的,它对测试系统的准确度将产生影响。

土木工程监测的对象是在野外露天和地下环境中的岩土介质和结构,其温度、湿度变化大,持续时间长,因此对仪器和元件稳定性的要求比较高,所以,应充分考虑到在监测的整个期间,被测物理量的漂移以及随温度、湿度等引起的变化与综合误差相比在同一数量级。

5.各特性参数之间的配合

由若干环节组成的一个测试系统中,应注意各特性参数之间的恰当配合,使测试系统处于良好的工作状态。譬如,一个多环节组成的系统,其总灵敏度取决于各环节的灵敏度以及各环节之间的连接形式(串联、并联)。该系统的灵敏度与量程范围是密切相关的,当总灵敏度确定之后,过大或过小的量程范围都会给正常的测试工作带来影响。对于连续刻度的显示仪表,通常要求输出量落在接近满量程 $1/3$ 的区间内,否则,即使仪器本身非常精确,测量结果的相对误差也会较大,从而影响测试的准确度。若量程小于输出量,则可能使仪器损坏。由此来看,在组成测试系统时,要注意总灵敏度与量程范围匹配。又如,当放大器的输出用来推动负载时,应该以尽可能大的功率传给负载,只有当负载的阻抗和放大器的输出阻抗互为共扼复数时,负载才能获得最大的功率,这就是通常所说的阻抗匹配。

总之,在组成测试系统时,除应充分考虑各特性参数之间的关系外,还应尽量兼顾体积小、重量轻、结构简单、易于维修、价格便宜、便于携带、通用化和标准化等一系列因素。

第二节　传感器基础知识

传感器是测试系统的核心,是对被测量直接进行感应和测量的部件,在监测和检测中占有重要地位。在地下工程中,所需测量的物理量大多数为非电量,如位移、压力、应力、应变等。为使非电量用电测方法来测定和记录,必须设法将它们转换为电量。这种将被测物理量直接转换为容易检测到,并易于传输和处理的信号的元件称为传感器,也称换能器、变换器或探头。

传感器通常由敏感元件、转换元件和测试电路三部分组成。敏感元件是指能够直接感受或相应被测量的部分,即将被测量通过传感器的敏感元件转化成与被测量有确定关系的非电量或其他量;转换元件则将上述非电量转换成电参量;测量电路是将转换元件输入的电参量经过处理转化成电压、电流或频率等可测电量,以便进行显示、记录、控制和处理的部分。

一、传感器的一般原理

根据《传感器的命名法及代号》（GB 7666—1987）的规定，传感器的命名应由主题（传感器）前面加四级修饰词构成：主要技术指标—特征描述—变换原理—被测量。例如，100mm 应变式位移传感器。但在实际应用中可采用简称，即可省略除一级修饰词（被测量）以外的四级修饰词中的任一级，例如电阻应变式位移传感器、荷重传感器等。

传感器一般可按被测物理量或变换原理分类。按被测物理量分类，有位移传感器、压力传感器、速度传感器等。按变换原理分类，有电阻式、电容式、差动变压式、光电式等，这种分类有助于从原理上识别传感器的变换特性，对每一类传感器应配用的测量电路也基本相同。

1. 差动电阻式传感器基本原理

差动电阻式传感器是利用仪器内部张紧的弹性钢丝作为传感元件，将被测物上作用的物理量转变为模拟量，国外也因此称这类传感器为弹性钢丝式仪器。钢丝受拉产生弹性变形，其变形与电阻变化之间有如下关系：

$$\frac{\Delta R}{R} = \lambda \cdot \frac{\Delta L}{L} \tag{2-8}$$

式中：ΔR——钢丝电阻变化量；

$\quad\quad R$——钢丝电阻；

$\quad\quad \lambda$——钢丝电阻应变灵敏系数；

$\quad\quad \Delta L$——钢丝变形增量；

$\quad\quad L$——钢丝长度。

可见仪器的钢丝长度变化和电阻变化是线性关系，测定电阻变化后可利用式（2-8）求得仪器承受的变形。钢丝还有一个特性，当钢丝感受不太大的温度变化时，钢丝的电阻随温度变化有如下近似的线性关系：

$$R_T = R_0(1 + \alpha T) \tag{2-9}$$

式中：R_T——温度为 $T℃$ 的钢丝电阻；

$\quad\quad R_0$——温度为 $0℃$ 的钢丝电阻；

$\quad\quad \alpha$——电阻温度系数，一定范围内为常数；

$\quad\quad T$——钢丝温度。

只要测定了仪器内部钢丝的电阻值，用式（2-9）就可计算出仪器所在环境的温度。

差动电阻式传感器基于上述两个原理，利用弹性钢丝在力的作用和温度变化下的特性设计而成，把经过预拉长度相等的两根钢丝用特定方式固定在两根方形断面的铁杆上，钢丝电阻分别为 R_1 和 R_2，因为钢丝设计长度相等，故 R_1 和 R_2 近似相等，如图 2-6 所示。

差动电阻式仪器以一组差动电阻 R_1 和 R_2 与电阻比电桥形成桥路，从而测出电阻比和电阻值两个参数，来计算出仪器所承受的应力和测点的温度。当仪器受到外界的拉压而发生变形时,两根钢丝的电阻发生差动变化,一根钢丝受拉,其电阻增加,另一根钢丝受压,其电阻减少;两根钢丝的串联电阻不变,而电阻比 R_1/R_2 发生变化,测量两根钢丝电阻的比值,就可以求得仪器的变形或应力。当温度改变时,引起两根钢丝的电阻变化是同方向的,温度升高时,两根钢丝的电阻都减小;测定两根钢丝的串联电阻,就可以求得仪器测点位置的温度。

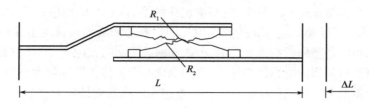

图 2-6　差动电阻式传感器原理

2. 振弦式传感器基本原理

振弦式传感器的敏感元件是一根金属丝弦,如图 2-7 所示,常用高弹性弹簧钢、马氏不锈钢或钨钢制成,它与传感器受力部件连接固定,利用钢弦的自振频率与其所受到的外加张力关系式测得各种物理量。因其具有结构简单可靠,设计、制造、安装和调试方便,零点稳定的优点,使用广泛。

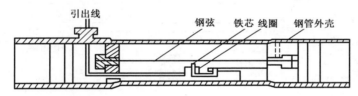

图 2-7　钢弦式钢筋应力计构造图

振弦式传感器所测定的参数主要是钢弦的自振频率,常用专用钢弦频率计测定,也可用周期测定仪测周期,二者互为倒数。在专用频率计中加一个平方电路或程序,可直接显示频率平方。振弦式仪器是根据钢弦张紧力与谐振频率成单值函数关系设计而成的。钢弦的自振频率取决于它的长度、钢弦材料的密度和钢弦所受的内应力,其关系式为:

$$f = (1/2L)\sqrt{\sigma/p} \tag{2-10}$$

式中:f——钢弦自振频率;

$\quad L$——钢弦有效长度;

$\quad \sigma$——钢弦的应力;

$\quad p$——钢弦材料密度。

由上式可以看出,传感器制造后,所用的钢弦材料和钢弦的直径有效长度均为不变量。

振弦式传感器的激振,一般由一个电磁线圈(通常称磁芯)来完成。振弦式传感器利用电磁线圈铜导线的电阻值随温度变化的特性可以进行温度测量,也可在传感器内设置可兼测温度的元件,同样可以达到目的。振弦式传感器的优点是钢弦频率信号的传输不受导线电阻的影响,测量距离比较远,仪器灵敏度高,稳定性好,自动检测易实现。

3.电感式传感器基本原理

电感式传感器是变磁阻式传感器,利用线圈的电感变化来实现非电量电测。它可以把输入的各种机械物理量,如位移、振动、压力、应变、流量、相对密度等参数转换成电量输出,可以实现信息的远距离传输、记录、显示和控制。电感式传感器种类很多,常用的有Ⅱ形、E形及螺管形三种。虽然结构形式多种多样,但基本包括线圈、铁芯及活动衔铁三个部分。

如图2-8所示是最简单的电感式传感器原理图。铁芯和活动衔铁均由导磁材料,如硅钢片或坡莫合金制成,可以是整体的或是叠片的,衔铁和铁芯之间有气隙δ。当衔铁移动时,磁路中气隙的磁阻发生变化,引起线圈电感的变化,电感的变化与衔铁位置即气隙大小相对应。只要能测出电感量的变化,就能判定衔铁位移量的大小。电感式传感器就是基于这个原理设计制作的。

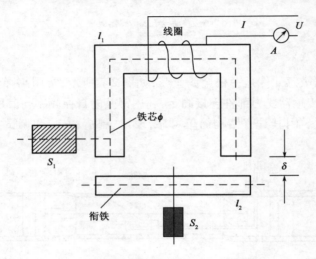

图2-8   电感式传感器原理图

线圈匝数确定,只要气隙长度δ和气隙截面积S二者之一发生变化,电感传感器的电感量就会随之变化;变气隙长度可用来测量位移,变气隙截面积可用来测量角位移。

在工程中,也会采用差动变压器式传感器,习惯称为差动变压器,其结构与差动电感传感器完全一样,也是由铁芯、衔铁及线圈三部分组成。所不同之处仅在于差动变压器上下两只铁芯均绕有初级(激励)线圈和次级(输出)线圈。上下初级线圈串连接交流激磁电压,次级线圈则接电势反相串联。当衔铁处于中间初始位置时,两边气隙相等,磁阻、磁通相等,次级线圈中感应电势相等,输出电压为零。当衔铁偏离中间位置时,两边气隙不等,两线圈间互感发生变化,次级线圈感应电势不再相等,使有电压输出,其大小和相位决定于衔铁移动的大小和方向。

电感式传感器结构简单,无活动电接触点、工作可靠、灵敏度高、分辨率大、能测出 $0.1\mu m$ 的机械位移和 $0.1s$ 的微角度变化,重复性好,高精度的非线性度误差可达 0.1% 。

4.电容式、压阻式、伺服加速度计、电位器传感器基本原理

电容式传感器是指能将被测物理量转化为电容变化的一种传感元件。电容是构成电容器两极片形状、大小、相互位置及电介质电介常数的函数。以半极式电容器为例,其电容量 C 为:

$$C = \frac{\varepsilon S}{\delta} \tag{2-11}$$

式中:ε——介质介电常数;

S——极片的面积;

δ——极片间距离。

如将上极片固定,下极片与被测物体相连,当被测物体上下位移(δ变化),或左右位移(δ改变),将改变电容的大小。通过一定测量线路将电容转换为电压、电流或频率等信号输出,即可测定物体位移的大小。将两个结构完全相同的电容式传感器共用一个活动电极,即组成差动电容式传感器,其灵敏度高,非线性得到改善,并且能补偿温度变化。

固体受到作用力后,电阻率(或电阻)就会发生变化,这种效应称为压阻效应。压阻式传感器就利用固体的压阻效应制成,主要用来测量压力、荷载及加速度等参数。压阻式传感器灵敏度高,有时输出不用放大就可以直接用来测量;分辨力高,能反映 $1 \sim 2mm$ 水柱的微压。该传感器是用半导体材料制成的,对温度很敏感,所以需要温度补偿或在恒温条件下使用。

上述各类型传感器均需配套相应测量仪表,方能测出其输出的电信号,从而实现相应物理量的量测。在选用仪器时,尽量使用同原理的观测仪器和测量仪表,有利于人员培训、操作使用和维护管理。

二、常用传感器

1.应力计和应变计

应力计和应变计是土木工程测试中常用的两类传感器,其主要区别是测试敏感元件与被测物体相对刚度的差异。具体说明如下:如图 2-9 所示的系统,系由两根相同的弹簧将一块无重量的平板与地面相连接所组成,弹簧常数均为 k,长度为 l_0,设有力 P 作用在板上,将弹簧压缩至 l_1,如图 2-9b)所示,则:

$$\Delta u_1 = \frac{P}{2k} \tag{2-12}$$

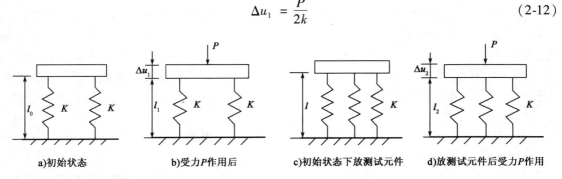

a)初始状态　　　b)受力P作用后　　　c)初始状态下放测试元件　　　d)放测试元件后受力P作用

图 2-9　应力计和应变计原理

如想用一个测量元件来测量未知力 P 和压缩变形 Δu_1,在两根弹簧之间放入弹簧常数为 K 的元件弹簧,则其变形和压力为:

$$\Delta u_2 = \frac{P}{2k + K} \tag{2-13}$$

$$P_2 = K\Delta u_2 \tag{2-14}$$

式中:P_2、Δu_2——元件弹簧所受的力和位移。

将式(2-12)代入式(2-13),有:

$$\Delta u_2 = \frac{2k\Delta u_1}{2k + K} = \Delta u_1 \frac{1}{1 + \frac{K}{2k}} \tag{2-15}$$

将式(2-13)代入式(2-14),有:

$$P_2 = K\frac{P}{2k + K} = P\frac{1}{1 + \frac{2k}{K}} \tag{2-16}$$

在式(2-14)中,若 K 远小于 k,则 $\Delta u_1 = \Delta u_2$,说明弹簧元件加进前后,系统的变形几乎不变,弹簧元件的变形能反映系统的变形,此时可看作一个测长计,把它测出来的值乘以一个标定常数,可以指示应变值,所以它是一个应变计;在式(2-16)中,若 k 远小于 K,则 $P_2 = P$,说明弹簧元件加进前后,系统的受力与弹性元件的受力几乎一致,弹簧元件的受力能反映系统的受力,此时可看作一个测力计,把它测出来的值乘以一个标定常数,可以指示应力值,所以它是一个应力计;在式(2-15)和式(2-16)中,若 $K \approx 2k$,即弹簧元件与原系统的刚度相近,加入弹簧元件后,系统的受力和变形都有很大的变化,则既不能做应力计,也不能做应变计。

上述结果,可用力学知识来解释,如果弹簧元件比系统硬很多,则 P 力的绝大部分由元件来承担;若元件弹簧所受的压力与 P 力近乎相等,此时,该弹簧元件适合做应力计;若弹簧元件比系统柔软很多,它将顺着系统的变形而变形,对变形的阻抗作用很小,因此,元件弹簧的变形与系统的变形近乎相等,此时,该弹簧元件适合于做应变计。

2. 电阻式传感器

电阻式传感器是把被测量如位移、力等参数转换为电阻变化的一种传感器,按其工作原理可分为电阻应变式、电位计式、热电阻式和半导体热能电阻传感器等。

电阻应变式传感器的工作原理是基于电阻应变效应,通常由应变片、弹性元件及其他附件组成。在被测拉压力的作用下,弹性元件产生变形,贴在弹性元件上的应变片也产生一定的应变,由应变仪读出读数,再根据事先标定的应变应力之间的对应关系,即可得到被测力的数值。弹性元件是电阻应变式传感器中的核心部件,其良好的性能是保证传感器质量的关键。弹性元件的结构形式是根据所测物理量的类型、大小、性质及安放传感器的空间等因素来确定的。

1) 测力传感器

测力传感器常用的弹性元件形式有柱式(杆式)、环式及梁式等。

(1) 柱(杆)式弹性元件

其特点是结构简单、紧凑,承载力大,主要用于中等荷载和大荷载的测力传感器。其受力状态比较简单,在轴力作用下,同一截面土所产生的轴向应变和横向应变符号相反。各截面上的应变分布比较均匀。应变片一般贴于弹性元件中部。如图 2-10 所示为拉压力传感器结构示意图,如图 2-11 所示是荷重传感器结构示意图。

(2) 环式弹性元件

其特点是结构简单、自振频率高、坚固、稳定性好,主要用于中小荷载的测力传感器。其受力状态比较复杂,在弹性元件的同一截面上将同时产生轴向力、弯矩和剪力,并且应力分布变化大,应变片应贴于应变值最大的截面上。

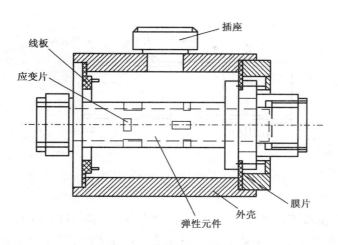

图 2-10　拉压力传感器结构示意图

（3）梁式弹性元件

其特点是结构简单、加工方便,应变片粘贴容易且灵敏度高,主要用于小荷载、高精度的拉压力传感器。梁式弹性元件可做成悬臂梁、铰支梁和两端固定式等不同的结构形式,或者是它们的组合。其共同特点是在相同力的作用下,同一截面上与该截面中性轴对称位置点所产生的应变大小相等而符号相反。应变片应贴于应变值最大的截面处,并在该截面中性轴的对称表面上同时粘贴应变片,一般采用全桥接片以获得最大输出。

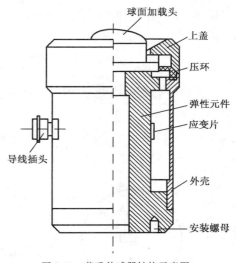

图 2-11　荷重传感器结构示意图

2）位移传感器

用适当形式的弹性元件,贴上应变片也可以测量位移,测量的范围为 $0.1 \sim 100\text{mm}$。弹性元件有梁式、弓式和弹簧组合式等。位移传感器的弹性元件要求刚度小,以免对被测构件形成较大反力,影响被测位移。如图 2-12 所示是双悬臂式位移传感器或夹式引伸计及其弹性元件,根据弹性元件上距固定端为 x 的某点的应变读数 ε,即可测定自由端的位移 f 为:

$$f = \frac{2l^3}{3hx} \cdot \varepsilon \tag{2-17}$$

弹簧组合式传感器多用于大位移测量,如图 2-12 所示。当测点位移传递给导杆后使弹簧伸长,并使悬壁梁变形,这样从应变片读数可测得测点位移 f,经分析,两者之间的关系为:

$$f = \frac{(k_1 + k_2)l^3}{6k_2(l - l_0)} \cdot \varepsilon \tag{2-18}$$

式中:k_1, k_2——悬臂梁与弹簧的刚度系数。

在测量大位移时,k_2 应选得较小,以保持悬臂梁端点位移为小位移。

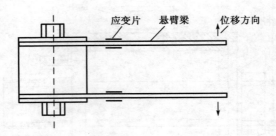

图 2-12　双悬臂式位移传感器

3）液压传感器

液压传感器,有膜式、筒式和组合式等类型,测量范围为0.1kPa～100MPa。膜式传感器是在周边固定的金属膜片上贴上应变片,当膜片承受流体压力产生变形时,通过应变片测出流体的压力。周边固定,受有均布压力的膜片,其切向及径向应变的分布如图 2-13 所示,图中 ε_r 为径向应变, ε_t 为切向应变,在圆心处 $\varepsilon_r = \varepsilon_t$ 并达到最大值。

$$\varepsilon_{tmax} = \varepsilon_{rmax} = \frac{3(1 - \mu^2)}{8E} \frac{pR^2}{h} \qquad (2-19)$$

在边缘处切向应变 ε_t 为零,径向应变 ε_r 达到最小值:

$$\varepsilon_{min} = \frac{3(1 - \mu^2)}{4E} \frac{pR^2}{h} \qquad (2-20)$$

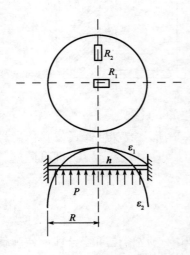

图 2-13　膜式压强传感器膜片上的应变分布

根据膜片上应变分布情况,可按如图 2-13 所示的位置贴片,将 R_1 贴于正应变区,将 R_2 贴于负应变区,组成半桥(也可用四片组成全桥)。

筒式压强传感器的圆筒内腔与被测压力连通,当筒体内受压力作用时,筒体产生变形,应变片贴在筒的外壁,工作片沿圆周贴在空心部分,补偿片贴在实心部分,如图 2-14 所示。圆筒外壁的切向应变为:

$$\varepsilon_t = \frac{P(2 - \mu)}{E(n^2 - 1)} \qquad (2-21)$$

式中:n——筒的外径与内径之比,$n = D/d$。

对应薄壁筒,可按下式计算:

$$\varepsilon_t = \frac{Pd}{SE}(1 - 0.5\mu) \qquad (2-22)$$

式中:S——筒的外径与内径之差。

这种形式的传感器可用于测量较高的液压。

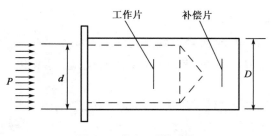

图 2-14　筒式压强传感器

4）压力盒

电阻应变片式压力盒,也可采用膜片结构,它是将转换元件（应变片）贴在弹性金属膜片式传力元件上,当膜片感受外力变形时,将应变传给应变片,通过应变片输出的电信号测出应变值,再根据标定关系算出外力值。

5）热电阻温度计

热电阻温度计是利用某些金属导体或半导体材料的电阻率随温度变化而变化（或增大或减小）的特性,制成各种热电阻传感器,用来测量温度,达到温度变化转换成电量变化的目的,因而,热电阻传感器一般是温度计。金属导体的电阻和温度的关系可用下式表示：

$$R_t = R_0(1 + \alpha\Delta t) \tag{2-23}$$

式中：R_t、R_0——温度为 t℃和 t_0℃时的电阻值;

　　　Δt——温度的变化值,$\Delta t = t - t_0$;

　　　α——温度在 $t_0 \sim t$ 之间金属导体的平均电阻温度系数。

电阻温度系数 α 是温度每变化一度时,材料电阻的相对变化值。α 越大,电阻温度计越灵敏。因此,制造热电阻温度计的材料应具有较高、较稳定的电阻温度系数和电阻率,在工作温度范围内物理和化学性质稳定。常用的热电阻材料有铂、铜、铁等,其中铜热电阻常用来测量 $-50 \sim 180$℃范围内的温度,可用于各种场合的温度测量,如大型建筑物厚底板温差控制测量等。其优点是,电阻与温度呈线性关系,电阻温度系数较高,力学性能好,价格便宜;缺点是体积大,易氧化,不适合工作于腐蚀性介质与高温环境下。

如图 2-15 所示是热敏电阻温度计结构。

热电阻温度计的测量电路一般采用电桥,把随温度变化的热电阻或热敏电阻值变换成电信号。由于安装在测温现场的热电阻有时和显示仪表之间的距离较大,引线电阻将直接影响仪表的输出,在工程测量中常采用三线制接法来替代半桥电路的二线制接法。

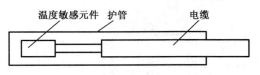

图 2-15　热敏电阻温度计结构

3. 电感式传感器

电感式传感器是根据电磁感应原理制成的,它是将被测量的变化转换成电感中的自感系数 L 或互感系数 M 的变化,引起后续电桥桥路的桥臂中阻抗 Z 的变化,当电桥失去平衡时,输出与被测的位移量成比例的电压 U_e。电感式传感器常分成自感式（单磁路电感式）和互感式

（差动变压器式）两类。

1）单磁路电感传感器

单磁路电感传感器由铁芯、线圈和衔铁组成，如图2-16a）所示。当衔铁运动时，衔铁与带线圈的铁芯之间的气隙发生变化，引起磁路中磁阻的变化，因此，改变了线圈中的电感。

根据电磁学的原理可知，电感量与线圈的匝数平方成正比，与空气隙有效导磁截面积成正比，与空气隙的磁路长度成反比。因此，改变气隙长度和改变气隙截面积都能使电感量变化，从而可形成三种类型的单磁路电感传感器：改变气隙厚度δ式[图2-16a)]，改变通磁气隙面积S式[图2-16b)]，螺旋管式（可动铁芯式）[图2-16c)]。其中，最后一种实质上是改变铁芯上的有效线圈数。

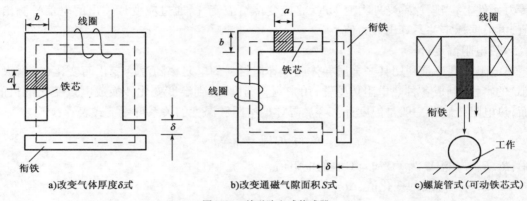

a)改变气体厚度δ式   b)改变通磁气隙面积S式   c)螺旋管式（可动铁芯式）

图2-16　单磁路电感传感器

2）差动变压器式电感传感器

差动变压器式传感器是互感式电感传感器中最常用的一种，如图2-17所示是差动变压器式压力传感器示意图。该传感器采用一个薄壁筒形弹性元件，在弹性元件的上部固定铁芯，下部固定线圈座，座内安放有三只线圈，线圈通过引线与测量系统相连。当弹性元件受到轴力的作用而产生变形时，铁芯就相对于线圈发生位移，即它是通过弹性元件来实现力和位移之间的转换。它也可以做成位移、压力和加速度传感器。

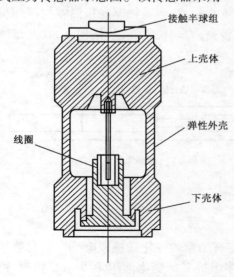

图2-17　差动变压器式压力传感器

由于差动变压器式传感器具有线性范围大、测量精度高、稳定性好和使用方便等优点，广泛应用于直线位移测量中，也可通过弹性元件把压力、重量等参数转换成位移的变化再进行测量。

土木工程中，测试隧洞围岩不同深度的位移的多点位移计是根据差动变压器式传感器工作原理制成的，它由位移计、连接杆、锚头的孔或孔底带有磁性铁的直杆产生相对运动，导致通电线中产生感应电动势变化。位移量一般以度盘式差动变压器测长仪直接读取,这种位移计可回收和重复使用,量测也较为方便。

4. 钢弦式传感器

钢弦式压力盒,构造简单、测试结果比较稳定,受温度影响小,易于防潮,可做长期观测,故在土木工程现场测试和监测中得到广泛的应用。其缺点是灵敏度受压力盒尺寸的限制,并且不能用于动态测试。如图 2-18 所示是测定结构和岩土体压力常用的调频钢弦式传感器——钢弦式压力盒的构造图。

钢弦式传感器,还有钢筋应力计、孔隙水压力计、表面应变计和孔隙水压力计等。如图 2-19 所示为钢弦式钢筋应力计构造图,在测试钢筋混凝土内力中有广泛的用途。如图 2-20 所示是焊接式应变计结构简图,焊接在金属构件表面可测量构件表面的应变,焊接在钢筋上时,通过预先的标定,可测量钢筋应力。

钢弦式位移计也是利用钢弦的频率特性制成的应变传感器,采用薄壁圆管式,适用于钻孔内埋设使用。应变计用

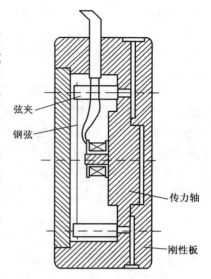

图 2-18 钢弦压力盒构造图

调弦螺母、螺杆和固弦销调节和固定,使钢弦的频率选择在 1000～1500Hz 为宜。每一个钻孔中可用几个应变计用连接杆连接一起,导线从杆内引出。应变计连成一根测杆后用砂浆锚固在钻孔中,可测得不同点围岩的变形;也可单个埋在混凝土中测量混凝土的内应变。钢弦压力盒的钢弦振动频率是由频率仪测定的,频率仪主要由放大器、示波管、振荡器和激发电路等组成,若为数字式频率仪则还有一个数字显示装置。

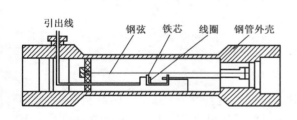

图 2-19 钢弦式钢筋应力计构造图

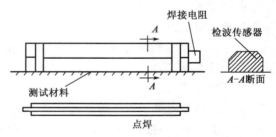

图 2-20 焊接式应变计结构简图

5. 电容式、压电式和压磁式传感器

1)电容式传感器

电容式传感器是以各种类型的电容器作为传感元件,将被测量转换为电容量的变化,最常用的是平行板型电容器或圆筒型电容器。平行板型电容器是有一块定极板与一块动极板及极间介质所组成,一般可分为变极距型和变面积型两种。其中,变极距型电容传感器的优点是可以用于非接触式动态测量,对被测系统影响小,灵敏度高,适用于小位移(数百微米以下)的精确测量,但这种传感器有非线性特性,传感器的杂散电容对灵敏度和测量精度影响较大,与传感器配合的电子线路也比较复杂,使其应用范围受到一定的限制;变面积型电容式传感器的优点是输入与输出呈线性关系,但灵敏度较变极距型低,适用于较大的位移测量。

电容式传感器的输出是电容量,尚需后续测量电路进一步转换为电压、电流或频率信号。利用电容的变化来取得测试电路的电流或电压变化的主要方法是:调频电路(振荡回路频率的变化或振荡信号)的相位变化(电桥型电路和运算放大器电路),其中调频电路较多用,其优点是抗干扰能力强、灵敏度高,但电缆的分布电容对输出影响较大,使用中调整比较麻烦。

2)压电式传感器

有些电介质晶体材料在沿一定方向受到压力或拉力作用时发生极化,并导致介质两端表面出现符号相反的束缚电荷,其电荷密度与外力成比例,若外力取消时,它们又会回到不带电状态,这种由外力作用而激起晶体表面荷电的现象称为压电效应,称这类材料为压电材料。压电式传感器就是根据这一原理制成的。当有一外力作用在压电材料上时,传感器就有电荷输出,因此从它可测的基本参数来讲是属于力传感器,但也可测量能通过敏感元件或其他方法变换为力的其他参数,如加速度、位移等。

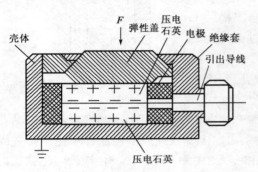

图2-21 单向压电式测力传感器结构简图

如图2-21所示为单向压电式测力传感器的结构简图,根据压电晶体的压电效应,利用垂直于电轴的切片便可制成拉(压)型单向测力传感器。在该传感器中采用了两片压电石英晶体片,目的是为了使电荷量增加一倍,相应地使灵敏度也提高一倍,同时便于绝缘。对于小力值传感器,还可以采用多只压电晶体片重叠的结构形式,以便提高其灵敏度。

当传感元件采用两对不同切型的压电石英晶片时,即可构成一个双向测力传感器,两对压电晶片分别感受两个方向的作用力,并由各自的引线分别输出;也可采用两个单向压电式测力传感器来组成双向测力仪。

压电式测力传感器的特点是刚度高、线性好。当采用大时间常数的电荷放大器时,可以测量静态力与准静态力。

3)压磁式传感器

压磁式传感器是测力传感器的一种,它利用铁磁材料磁弹性物理效应,即材料受力后,其导磁性能受影响,将被测力转换为电信号。当铁磁材料受机械力作用后,在它的内部产生机械效应力,从而引起铁磁材料的导磁率发生变化,如果在铁磁材料上有线圈,由于导磁率的变化,将引起铁磁材料中的磁通量的变化,磁通量的变化则会导致线圈上自感电势或感应电势的变化,从而把力转换成电信号。

压磁式传感器可整体密封,因此具有良好的防潮、防油和防尘等性能,适合于在恶劣环境下工作;此外,还具有温度影响小,抗干扰能力强,输出功率大、结构简单、价格较低、维护方便、过载能力强等优点。其缺点是线性和稳定性较差。

6.光纤光栅传感器

光纤传感技术是20世纪70年代伴随光纤通信技术的发展而迅速发展起来的,以光波为载体、光纤为媒质、感知和传输外界被测量信号的新型传感技术。作为被测量信号载体的光波和作为光波传播媒质的光纤,具有一系列独特的、其他载体和媒质难以相比的优点:不怕电磁干扰,易被各种光探测器件接收,可方便地进行光电或电光转换,易与现代电子装置相匹配。

光纤工作频带宽,动态范围大,适合于遥测遥控,是一种优良的低损耗传输线。在一定条件下,光纤特别容易被测量,是一种优良的敏感元件;光纤本身不带电,体积小,质量轻,易弯曲,抗电磁干扰,抗辐射性能好,特别适合于易燃、易爆、空间受严格限制及强电磁干扰等恶劣环境下使用。因此,光纤传感技术一问世就受到极大重视,几乎在各个领域得到研究与应用,成为传感技术的先导,推动着传感技术蓬勃发展。

由于现有的任何一种光探测器都只能响应光的强度,而不能直接响应光的频率、波长、相位和偏振调制信号,都要通过某种转换技术转换成强度信号,才能为光探测器接收,实现检测。

安全监测常用的光纤传感器,有光纤光栅传感器和分布式光纤传感器。光纤光栅传感器研究方向主要有:对具有高灵敏度、高分辨率,且能同时感测应变和温度变化的传感器研究;开发低成本、小型化、可靠且灵敏的探测技术系统研究;实际应用研究,包括封装技术、温度补偿技术及传感器网络技术。目前某些类型的光纤光栅传感器已经商业化,但在性能和功能方面需要提高,可以说,光纤光栅传感技术已经向成熟阶段接近。我国对光纤光栅传感器的研究相对较晚,但已经有较大发展,随着实用、廉价的波长解调技术进一步发展完善,光纤光栅传感器将有广阔的发展前景。分布式光纤传感技术是利用光纤纵向特性进行测量的技术,它把被测量作为光纤长度的函数,可以在整个光纤长度上对沿光纤几何路径分布的外部物理参量进行连续的实时测量,能够为人们提供被测物理参量的空间分布及其随时间变化的特征,可以广泛地应用在国土安防、围界入侵监测、建筑物健康监测和打孔导油等领域。

7. 其他常用传感器

1)碳纤维传感器

碳纤维是 20 世纪 60 年代初发展起来的一种新型材料,它是在一定条件下,将聚合物纤维燃烧,所获得的具有接近于完整分子结构的碳长链,通常单股碳纤维的直径为 $7 \sim 30\mu m$。碳纤维在建筑中的应用始于 20 世纪 70 年代,是一种高强度、高模量、轻质非金属材料,既具有碳元素的各种优良性能,又具有纤维般的柔韧性,可进行编织加工和缠绕成型。碳纤维还具有良好的耐磨性、高导电性、耐低温性、润滑性和吸附性,可以在 $-180 \sim 2000$℃ 的环境下使用;热膨胀系数小,热导率(导热系数)高,能够适应极冷、极热环境;具有导电性;可作为传感元件发挥作用。

2)形状记忆合金

形状记忆合金(SMA)独特的力学性能,主要表现为形状记忆效应和超弹性行为,是一种性质与其他金属材料变形特性完全不同的合金。利用 SMA 的感知功能,可实现对土木工程结构的健康监测,利用 SMA 的驱动功能可实现对土木工程结构的变形、损伤、振动控制。

将 SMA 丝埋入基材后,在外力作用下,即使基材发生较大的裂隙甚至断裂,SMA 丝也不会被拉断。当构建产生裂缝后,位于裂缝处的 SMA 将随裂缝张开和位移增加产生局部变形,使其内部电阻值发生变化。随着裂缝不断扩展及外载不断增加,裂缝处 SMA 的变形也不断加大,其电阻值也不断提高,通过测量电阻值的变化,可以判断出裂缝的大小。当构件的裂缝达到需要控制的范围时,控制系统将 SMA 通电加热,它的内部就产生恢复效应,通过收缩驱动裂缝愈合,实现对裂缝损伤的主动控制。

三、电阻应变片量测原理和技术

电阻应变测量的基本原理是用电阻应变片作为传感元件,将应变片粘贴或安置在构件表面上,随着构件的变形,应变片敏感栅也发生变形,将被测对象表面指定点的应变转换成电阻变化。电阻应变仪将电阻变化转换成电压(或电流)信号,经放大器放大后由指示仪表显示或记录仪记录,也可以输出到计算机等装置进行数据处理,将最后结果打印或显示出来。

电阻应变测量的主要特点是:灵敏度与精确度高,应变片尺寸小,栅长最小为 0.178mm,能满足应力梯度较大情况下的应变测量;测量范围广,可测静应变,也可测量频率范围 0 ~ 500Hz 的动应变;测量精度高,动测精度达 1%,静态精度达 0.1%;应变片可以做成各种形式,或制成各种形式的传感器,可测量力、压强、位移、加速度以及大变形和裂纹扩展速率等参数,能满足力学测量上的多种需要。测量结果为电信号,易于进行数据处理和实现测试自动化,而且容易掌握,是目前最常用的测试方法之一。缺点在于,电阻应变测量只能逐点测量被测对象的表面应变,因应变片丝栅有一定的面积,只能测量该面积的平均应变,对应变梯度很大的测量仍不够精确;在环境恶劣的情况下,如不采取相应的措施,会导致较大的误差。

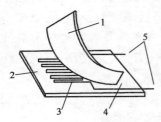

图 2-22 应变片的构造
1-盖层;2-基底;3-敏感栅;4-黏结剂;5-引线

1. 电阻应变片

1)应变片的构造和工作原理

电阻应变片的基本构造,如图 2-22 所示。

2)应变片的类型

常见的应变片如图 2-23 所示,有金属丝式应变片、箔式应变片、半导体电阻片、应变花和应力电阻片等类型。

3)应变片的选用

在电阻应变测量时,应变片的选择主要根据工作环境、被测材料的材质、被测物的应力状态及所需的精度而定。

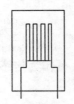

a)金属丝应变片(短接式)

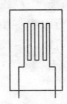

b)金属丝应变片(丝绕式)

c)丝式直角应变花

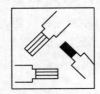

d)丝式三角应变花

e)箔式三角应变花

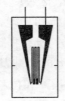

f)箔式应变片

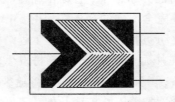

g)应力电阻片

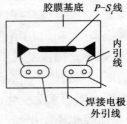

h)半导体应变片

图 2-23 各类应变片示意图

2. 应力应变测量

根据被测对象的应力状态,选择测点和布置应变片和合理接桥是实测时应首先解决的问题。布片和接桥的一般原则如下:首先考虑应力集中区和边界上的危险点,选择主应变最大、最能反映其力学规律的点贴片;利用结构的对称性布点,利用应变电桥的加减特性,合理选择贴片位置、方位和组桥方式,可以达到稳定补偿、提高灵敏度、降低非线性误差和消除其他影响因素的目的;当测量荷载时,应尽量避开应力—应变的非线性区贴片;在应力已知的部位安排适当的测点,以便测量时进行监视和检验试验结果的可靠性。

在地下结构和岩体工程测试中,主应力的方向往往是未知的,因此常采用应变花,应变花是在一点处沿几个方向贴电阻应变片制成。几种常用应变花的计算公式如表 2-1 所示。

四、传感器的选择和标定

地下工程监测中,根据具体工程场地和监测内容,传感器的选择应从仪器的技术性能、仪器的埋设条件、仪器的测读方式和仪器的经济性能等方面加以考虑。

1. 传感器选择的原则

1)技术性能方面

(1)传感器的灵敏度和量程

选择传感器,首先是确定传感器的量程,为此要了解被测量在监测期间的最大值和变化范围,这项工作由三条途径来实现:第一是查阅工程设计图纸、设计计算书和有关说明;第二是根据已有的理论估算;第三是由相似工程类比。传感器的量程,一般应确定为被测量预计最大值的 3 倍。灵敏度和量程是互相制约的,一般量程大的仪器灵敏度较低。因此,选择仪器时要考虑二者的协调一致,即首先满足量程的要求,在此基础上,宜采用灵敏度较高的仪器。

(2)传感器的精度

传感器的精度,应满足监测数据的要求,选用具有足够精度的仪器是监测的必要条件。仪器精度不足,可能使结果失真,甚至造成错误结论;精度过高,则不会提供更多信息,反而增加费用。

(3)传感器的可靠性

仪器固有的可靠性是最简易,在安装的环境中最持久,对所在的条件敏感性最小,并能保持良好的运行性能。对具体工程,一般要求在满足精度要求下,应以光学、机械和电子为先后顺序,以提高测试可靠程度,避免环境因素对电子设备的影响。

(4)传感器的使用寿命

要求各种仪器从工程建设开始,直至使用期内都能正常工作。对埋设后不能置换的仪器,工作寿命应与工程使用年限相当;对重大工程,应考虑不可预见因素,工作寿命应大于使用年限;优先选择抗干扰能量强、抗腐蚀性好、重复性好、有互换性且能长期使用的仪器。

(5)传感器的坚固性和可维护性

仪器从现场组装直至安装运行,应不易损坏,在各种复杂环境下均可正常运转工作。优先选用易标定、维修或置换的仪器,以弥补和减少由于仪器出现故障给监测带来的损失。

(6)传感器与周围介质的匹配

几种常用应变花的计算公式　表2-1

计算公式形式 应变花 / 需求项目	90°应变花	45°应变花	四片45°应变花	60°应变花	四片60°应变花
最大主应力 σ_1	$\dfrac{E}{1-\mu^2}(\varepsilon_a+\mu\varepsilon_b)$	$\dfrac{E}{2(1-\mu)}(\varepsilon_a+\varepsilon_c)+\dfrac{E}{\sqrt{2}(1+\mu)}\cdot$ $\sqrt{(\varepsilon_a-\varepsilon_c)^2+(\varepsilon_b-\varepsilon_c)^2}$	$\dfrac{E}{2}\cdot\dfrac{(\varepsilon_a+\varepsilon_c)}{1-\mu}+\dfrac{1}{1+\mu}\cdot$ $\sqrt{(\varepsilon_a-\varepsilon_c)^2+(\varepsilon_b-\varepsilon_c)^2}$	$\dfrac{E}{3(1-\mu)}(\varepsilon_a+\varepsilon_b+\varepsilon_c)+\dfrac{\sqrt{2}E}{3(1+\mu)}\cdot$ $\sqrt{(\varepsilon_a-\varepsilon_b)^2+(\varepsilon_b-\varepsilon_c)^2+(\varepsilon_c-\varepsilon_a)^2}$	$\dfrac{E}{2}\left[\dfrac{(\varepsilon_a+\varepsilon_d)}{1-\mu}+\dfrac{1}{1+\mu}\cdot\right.$ $\left.\sqrt{(\varepsilon_a-\varepsilon_c)^2+\dfrac{4}{3}(\varepsilon_b-\varepsilon_c)^2}\right]$
最小主应力 σ_2	$\dfrac{E}{1-\mu^2}(\varepsilon_b+\mu\varepsilon_a)$	$\dfrac{E}{2(1-\mu)}(\varepsilon_a+\varepsilon_c)-\dfrac{E}{\sqrt{2}(1+\mu)}\cdot$ $\sqrt{(\varepsilon_a-\varepsilon_c)^2+(\varepsilon_b-\varepsilon_c)^2}$	$\dfrac{E}{2}\cdot\dfrac{(\varepsilon_a+\varepsilon_c)}{1-\mu}-\dfrac{1}{1+\mu}\cdot$ $\sqrt{(\varepsilon_a-\varepsilon_c)^2+(\varepsilon_b-\varepsilon_c)^2}$	$\dfrac{E}{3(1-\mu)}(\varepsilon_a+\varepsilon_b+\varepsilon_c)-\dfrac{\sqrt{2}E}{3(1+\mu)}\cdot$ $\sqrt{(\varepsilon_a-\varepsilon_b)^2+(\varepsilon_b-\varepsilon_c)^2+(\varepsilon_c-\varepsilon_a)^2}$	$\dfrac{E}{2}\left[\dfrac{(\varepsilon_a+\varepsilon_d)}{1-\mu}-\dfrac{1}{1+\mu}\cdot\right.$ $\left.\sqrt{(\varepsilon_a-\varepsilon_c)^2+\dfrac{4}{3}(\varepsilon_b-\varepsilon_c)^2}\right]$
最大剪应力 τ_{xy}	$\dfrac{E}{1-\mu^2}(\varepsilon_a-\varepsilon_b)$	$\dfrac{2E}{\sqrt{2}(1+\mu)}\cdot$ $\sqrt{(\varepsilon_a-\varepsilon_c)^2+(\varepsilon_b-\varepsilon_c)^2}$	$\dfrac{E}{2(1+\mu)}\cdot$ $\sqrt{(\varepsilon_a-\varepsilon_c)^2+(\varepsilon_b-\varepsilon_d)^2}$	$\dfrac{\sqrt{2}E}{3(1+\mu)}\cdot$ $\sqrt{(\varepsilon_a-\varepsilon_b)^2+(\varepsilon_b-\varepsilon_c)^2+(\varepsilon_c-\varepsilon_a)^2}$	$\dfrac{E}{2(1+\mu)}\cdot$ $\sqrt{(\varepsilon_a-\varepsilon_d)^2+\dfrac{4}{3}(\varepsilon_b-\varepsilon_c)^2}$
a片方向与主应力方向夹角 α_0	0	$\dfrac{1}{2}\arctan\dfrac{(\varepsilon_a-\varepsilon_c)-(\varepsilon_a-\varepsilon_b)}{(\varepsilon_b-\varepsilon_c)+(\varepsilon_a-\varepsilon_b)}$	$\dfrac{1}{2}\arctan\left(\dfrac{\varepsilon_b-\varepsilon_d}{\varepsilon_a-\varepsilon_c}\right)$	$\dfrac{1}{2}\arctan\left[3\dfrac{(\varepsilon_a-\varepsilon_c)-(\varepsilon_a-\varepsilon_b)}{(\varepsilon_a-\varepsilon_c)+(\varepsilon_a-\varepsilon_b)}\right]$	$\dfrac{1}{2}\arctan\left[\dfrac{2(\varepsilon_b-\varepsilon_c)}{\sqrt{3}(\varepsilon_a-\varepsilon_d)}\right]$

在固体介质(如岩体)中测量时,由于传感器与介质的变形特性不同,且介质变形特性往往呈非线性,不可避免地破坏了介质的原始应力场,引起应力的重新分布。作用在传感器上的应力与未放入传感器时该点的应力不同,这种情况称为不匹配,由此引起的测量误差叫作匹配误差。故在选择和使用固体介质中的传感器时,其关键问题就是要与介质相匹配。要减小匹配误差的影响,需要解决如下几个问题:传感器应满足什么条件,才能与介质完全匹配? 在传感器与介质不匹配的情况下,传感器受到的应力与原应力场中该点的实际应力的关系如何? 在不匹配的情况下,传感器需满足什么条件才适合测量岩土中的力学参数,使测量误差为最小?

由弹性力学可知,均匀弹性体变形时,其应力状态可由弹性力学基本方程和边界条件决定。当传感器放入线性的均匀弹性岩土体中,假定其边界条件与岩体结合得很好,只有当弹性力学基本方程组有相同的解,传感器放入前后的应力场才完全相同;当边界条件相同时,对于各向同性弹性材料,决定弹性力学基本方程组的解的因素只有弹性常数,因此,静力完全匹配条件是传感器与介质的弹性模量和泊松比相等,如静力问题要考虑体积力时,还须密度相等。而动力完全匹配条件是传感器与介质的弹性模量、泊松比和密度相等。这样也满足波动力学中,只有当传感器的动力刚度与介质的动力刚度相等时,才不会产生波的反射,也就是达到动力匹配。

显然,要实现完全匹配很困难,因此选择传感器时,只是在不完全匹配的条件下,使传感器的测量特性按一定规律变化,由此产生的误差为已知的,从而可做必要的修正。

动匹配问题:由动态完全匹配条件得知,这条件过于苛刻。故在实际选择时,一般使传感器在介质中的最低自振频率为被测应力波最高谐波频率的3~5倍,并使传感器的直径远远小于应力波的波长,同时使传感器的质量与它所取代的介质的质量相等,而达到质量匹配。

2)仪器埋设条件

相同性能情况下,选择易于埋设的仪器;同一量测,当施工要求和埋设条件不同时,选择不同仪器。在埋设测斜管、分层沉降管、多点位移计锚固头、土压力盒和孔隙水压力计的埋设中,充填材料和充填要求也应遵循静力匹配原则,即充填材料的弹性模量、密度等都要与原来的介质基本一致。所以同样是埋设测斜管,在砂土中可用四周填砂的方法;在软黏土中最好分层将土取出,测斜管就位后分层将土回填到原来的土层中;而在岩体中埋设测斜管,多采取注浆的方法,浆液的弹性模量和密度要与岩体的相匹配;埋设其他元件时,充填的要求与此类似。

3)仪器测读方式

地下工程的监测,是多个监测项目组成的一个复杂监测系统,测量工作量大,任务艰巨。在实际工作中,为提高测读工作效率与减少数据处理时间,宜选择操作简单易行、快速有效、和测读方法尽可能一致的仪器。对于能与其他监测网联网的监测,仪器的选择要与监测系统相匹配,以便于数据通信、数据共享和形成统一的数据库。

4)仪器的经济性要求

在选择传感器时,使其各项指标都达到最佳是最好的,但不经济,实际上也不可能满足全部性能要求。建议合理选择精度,选用高性价比的仪器;在测试精度满足时,可采用国产仪器。

2.传感器的标定

传感器的标定(又称率定),就是通过试验建立传感器输入量与输出量之间的关系,即求取传感器的输出特性曲线(又称标定曲线)。由于传感器在制造上的误差,即使仪器相同,其标定曲线也不尽相同。因此传感器在出厂前都做了标定,在购买传感器时,必须检验各传感器的编号及与其对应的标定资料。传感器在运输、使用等过程中,内部元件和结构因外部环境影响和内部因素的变化,其输入输出特性也会有所变化,因此必须在使用前或定期进行标定。

传感器的标定分为静态标定和动态标定两种。静态标定主要用于检验和测试传感器的静态特性指标,如线性度、灵敏度、迟滞和重复性等。标定的基本方法是利用标准设备产生已知的标准值(如已知的标准力、压力、位移等)作为输入量,输入待标定的传感器中,得到传感器的输出量,然后将传感器的输出量与输入的标准量作比较,从而得到的标定曲线。另外,也可以用一个标准测试系统去测未知的被测物理量,再用待标定的传感器测量同一个被测物理量,然后把两个结果作比较,得出传感器的标定曲线。

标定造成的误差是一种固定的系统误差,对测试结果影响大,故标定时应尽量降低标定结果的系统误差和减小偶然误差,提高标定精度。为此,应当做到:传感器的标定应该在与其使用条件相似的状态下进行;为了减小标定中的偶然误差,应增加重复标定的次数和提高测试精度;对于自制或不经常使用的传感器,建议在使用前后均做标定,两者的误差在允许的范围内才确认为有效,以避免传感器在使用过程中的损坏引起的误差;按传感器的种类和使用情况不同,其标定方法也不同,对于荷重、应力、应变传感器和压力传感器等的静标定方法是利用压力试验机进行标定;更精确的则是在压力试验机上用专门的荷载标定器标定;位移传感器的标定则是采用标准量块或位移标定器。

一些传感器除了静态特性必须满足要求外,其动态特性也需要满足要求。因此,在静态校准和标定后还要进行动态标定,以便确定它们的动态灵敏度、固有频率和频响范围。动态标定时,用一标准信号对传感器进行激励,得到传感器的输出信号,经分析计算、数据处理后,得到该传感器的相关动态特性。

复习思考题

1. 测试系统由哪几部分组成? 测试系统的主要性能指标有哪些?

2. 描述测试系统的静态传递特性的主要技术参数指标有哪些?

3. 简述测试系统的选定原则。

4. 简述传感器的定义与组成。

5. 差动电阻式传感器、钢弦式传感器、电感式传感器和光纤传感器的工作原理各是什么?

6. 什么是金属的电阻应变效应? 怎样利用这种效应制成应变片?

7. 应力与应变传感器的弹簧元件的刚度哪个大? 它们与待测系统的刚度存在什么样的关系?

8. 电阻应变测量的基本原理是什么? 布片和接桥一般应遵循什么原则?

9. 如何选择监测仪器和元件?

10. 如何进行传感器的标定? 传感器的标定步骤有哪些?

第三章 基坑工程监测

在城市建设中,为适应高层建筑安全以及提高土地利用率的需要,出现了大量基坑开挖工程,开挖深度从地表以下 6~7m 增大到 13~14m,有些甚至达到 20m 以上。此外,基坑工程也广泛存在于城市地铁建设、市政管线工程、过江隧道等工程中。随着我国城市建设的蓬勃发展,基坑工程在总体数量、开挖深度、平面尺寸以及使用领域等方面都得到高速发展。

请扫码观看第三章电子课件

基坑开挖过程中,基坑内外土体应力状态的改变引起支护结构承受的荷载发生变化,导致支护结构和土体出现变形,当支护结构内力、变形以及土体变形中的任一量值超过容许的范围,将造成基坑的失稳破坏或对周围环境造成不利影响,如邻近建筑物、道路和地下管线的失效或破坏。由此可见,基坑工程的复杂性及其对场地和施工过程的依赖性,以及对周边环境影响的严重性,使基坑工程成为风险性较大的工程,因此运用监测技术对其进行监测意义重大。

基坑工程监测技术指根据基坑工程及设计者提出的监测要求,预先制订出详细的基坑监测方案,并在基坑施工过程中,对基坑支护结构、基坑周围的土体和相邻的构筑物进行一系列全面、系统的监测活动,以期对基坑工程的安全和对周围环境的影响程度作全面的分析研究,最终确保工程的顺利进行;在出现异常情况时及时反馈,为设计人员制订必要的工程应急措施、调整施工工艺或修改设计参数提供依据。可以说,监测作为确保实际施工安全可靠进行的必要和有效手段,对于验证原设计方案或局部调整施工参数、积累数据、总结经验、改进和提高原设计水平具有一定的实际指导意义。

第一节 基坑工程监测的目的

在基坑工程实践中,常发现实际工程的工作状态与设计预估值相比存在一定差异,有时差异的程度还相当大。其主要原因体现在以下几个方面:基坑工程位于地层之间,而地层性质存在着较大的变异性和离散性,地勘所得的数据很难准确代表土层的全面情况,钻探取样所产生的对土样的扰动和应力释放也会造成一定程度的试验误差;基坑围护结构设计和变形预估时,对土层和围护结构本身所做的分析计算模型、计算简化假定以及参数选用等,与实际状况相比存在较大的近似性;基坑开挖与填筑过程中,随着土体开挖过程的进行和支撑体系的设置或拆除,围护结构的受力处于经常性的动态变化中,如挖掘机的撞击、地面堆载等突发和偶然因素,使得结构荷载作用时间和影响范围难以预料。综上所述,基坑工程的设计预测和预估能够大致描述正常施工条件下,围护结构与相邻环境的变形规律和受力范围,但必须在基坑开挖和支护施筑期间开展细致的现场监测工作,才能保证基坑工程的顺利进行。

基坑工程现场监测的目的主要如下:

（1）为施工开展提供及时的反馈信息,确保基坑支护结构和相邻建筑物的安全。

开挖施工总是从点到面、从前到后,将局部和前期的开挖效应与观测结果加以分析并与预估值比较,验证原开挖施工方案的正确性,或根据分析结果调整施工参数,必要时可采取附加工程措施,以期达到信息化施工的目的,使得监测数据和成果成为检验现场施工管理和技术人员判别工程是否安全的依据。

在深基坑开挖与支护的施工过程中,必须在满足支护结构及被支护土体的稳定性,避免破坏和极限状态发生的同时产生由于支护结构及被支护土体的过大变形而引起邻近建筑物的倾斜或开裂及邻近管线的渗漏等。从理论上看,如果基坑围护工程的设计是合理可靠的,那么表征土体和支护系统力学形态的一切物理量都随时间变化而渐趋稳定;反之,如果测得表征土体和支护系统力学形态特点的某几种或某一种物理量,其变化随时间变化不是渐趋稳定,则可以判定土体和支护系统不稳定,必须加强支护或修改设计参数。在实际工程中,基坑破坏前往往会在侧壁不同部位上出现较大变形,或变形速率明显增大。大部分基坑围护的目的就是保护邻近建筑物和管线。因此,基坑开挖过程中进行周密地监测,在建筑物和管线的变形处于正常的范围内时,可保证基坑的顺利施工;在建筑物和管线的变形接近警戒值时,有利于采取对建筑物和管线本体进行保护的技术应急措施,在很大程度上避免或减轻破坏的后果。根据监测结果,判断基坑工程的安全性和对周边环境的影响,防止工程事故和周围环境事故的发生。

（2）作为设计与施工的重要补充手段。

基坑工程设计和施工方案是设计人员通过对基坑实体进行物理抽象、采用数学分析方法、开展定量化预测计算、辅以工程实践经验制订出来的,在一定程度上揭示和反映了工程的实际状况。然而,实践是检验真理的唯一标准,只有在方案实施过程中才能获得最终结论,现场监测是获得上述验证的可靠手段。各个场地地质条件不同,施工工艺和周围环境各有差异,具体项目与项目之间千差万别,设计计算中未曾考虑的各种复杂因素,都可以通过对现场监测结果的分析加以局部修改和完善。基坑工程中的这一做法,遵循了隧道掘进中新奥法的基本思想,即将施工监测和信息反馈看作设计的一部分,前期设计和后期设计互为补充,相得益彰。

（3）作为施工开挖方案修改的依据。

根据工程实际施工的结果来判断和鉴别原设计方案是否安全和适当,必要时还需对原开挖方案和支护结构进行局部调整和修改,如减少日出土量、改变挖土顺序或采取地基与结构加固措施等。对设计人员来说,为了选择和制订出最佳的修改和加固方案,使之符合安全、经济、可行的原则,施工监测数据则是至关重要的定量化依据。只有通过对监测数据的透彻分析,准确预估结构及其相邻介质的变形趋势,才能以最小的代价获得最大的成效。

在采用监测数据预测基坑围护和相邻土层变形与受力规律方面,反演理论取得了较大成功,其做法是将结构和土层的量测位移作为输入,按所假设的弹性或弹塑性模型反算或校正材料参数和作用荷载,进而推算出相应条件改变的情况下,结构和相邻介质的最终结果并予以输出。根据反演分析编制成计算机分析程序,输入现场监测数据储存用的计算机,则可在监测数据的同时,获得理论预测结果,在基坑工程中具有重要的应用价值。

（4）积累经验以提高基坑工程的设计和施工水平。

鉴于在地质条件、几何形状、施工工艺、开挖深度、围护和支撑类型等方面的差异,基坑围护结构的设计和施工,应在充分借鉴现有成功经验和吸取失败教训的基础上,融合自身的特点和要素,力求在技术方案中有所拓展、有所创新。对于某一个特定基坑工程而言,在方案阶段,需要参考同类工程的图纸和监测成果;在竣工阶段,为后续工程的建设又增添了一个工程实例。正是在各个工程监测工作开展的基础上,基坑工程的数据库才逐渐丰富和扩大。完整意义上说,现场监测不仅确保了工程项目的安全可靠,还为该领域的学科和技术发展做出了贡献。

但在通常采用的力学分析、数值计算、室内试验模拟等技术手段中,不同程度上对客观事物(即地下结构和相邻土层)作近似或简化处理,以便突出主要因素而忽略次要因素,上述做法,对工程问题求解是必须和适合的,但在真实描述客观事物的变化规律方面,则掺加了人为假定的因素。这方面,现场监测显示了极大的优势,每个基坑工程的监测都是一次1:1的实体试验,所取得的数据是结构和土层在工程施工过程中的真实反应,是各种复杂因素影响和作用下基坑系统的综合体现。与其他客观事物的发生和发展一样,基坑工程在空间中存在,在时间上发展,缺少现场观测和分析,对于认识和把握客观事物的发展规律几乎是不可能的。

(5)监测数据也是解决法律纠纷的有力证据。

在已建的基坑工程中,发生过大小事故的工程实例,从中揭示出来的主观和客观原因对加深后续工程建设具有十分重要的意义。基坑工程一般位于城市建筑物和地下管线密集分布的区域,在施工过程中对周边建构筑物的影响是无法避免的,由此引发的法律纠纷也屡见不鲜,一份完整的监测数据能为公正客观地解决这些问题提供有力证据。

第二节　基坑工程监测的内容及测试方法

一、监测内容

基坑监测项目,应根据基坑侧壁安全等级确定,可参照《建筑基坑工程监测技术规范》(GB 50497—2009)执行,监测项目见表3-1。

建筑基坑监测项目表　　　　　　　　　　　　　表3-1

监测项目 \ 基坑侧壁安全等级	一　级	二　级	三　级
墙(坡)顶水平位移	应测	应测	应测
墙(坡)顶竖向位移	应测	应测	应测
围护墙深层水平位移	应测	应测	宜测
土体深层水平位移	应测	应测	宜测
墙(桩)体内力	宜测	可测	可测
支撑内力	应测	宜测	可测
立柱竖向位移	应测	宜测	可测
锚杆、土钉拉力	应测	宜测	可测
坑底隆起　软土地区	宜测	可测	可测
坑底隆起　其他地区	可测	可测	可测

基坑侧壁安全等级 监测项目	一 级	二 级	三 级
土压力	宜测	可测	可测
孔隙水压力	宜测	可测	可测
地下水位	应测	应测	宜测
土层分层竖向位移	宜测	可测	可测
墙后地表竖向位移	应测	应测	宜测
周围建（构）筑物变形 竖向位移	应测	应测	应测
周围建（构）筑物变形 倾斜	应测	宜测	可测
周围建（构）筑物变形 水平位移	宜测	可测	可测
周围建（构）筑物变形 裂缝	应测	应测	应测
周围地下管线变形	应测	应测	应测

注：基坑类别的划分按照国家标准《建筑地基基础工程施工质量验收规范》(GB 50202—2002)执行。

基坑工程施工现场监测的内容分为两大部分,即围护结构和相邻环境。其中,围护结构部分中,包括围护桩墙、支撑、围檩、圈梁、立柱和坑内土体等;相邻环境部分包括相邻土层、地下管线、相邻房屋和坑外地下水位等,具体见表3-2。

基坑工程现场监测内容及测试方法　　　　　　　　　　表 3-2

序号 (一)	监 测 对 象	监 测 项 目	监 测 仪 表 与 仪 器	监测必要性
1	围护桩墙	桩顶水平位移与沉降	经纬仪、水准仪	必须
1	围护桩墙	桩深层挠曲	测斜仪	必须
1	围护桩墙	桩内力	钢筋应力计、频率仪	选择
1	围护桩墙	桩水土压力	压力盒、孔隙水压力计、频率仪	选择
2	水平支撑	轴力	钢筋应力计、位移计、频率仪	必须
3	圈梁、围檩	内力	钢筋应力计、频率仪	选择
3	圈梁、围檩	水平位移	经纬仪	选择
4	立柱	垂直沉降	水准仪	建议
5	坑底土体	垂直隆起	水准仪	选择
6	坑内土体	水位	观测井、孔隙水压力计、频率仪	选择
7	相邻地层	分层沉降	分层沉降仪、频率仪	选择
7	相邻地层	水平位移	经纬仪	选择
8	地下管线	垂直沉降	水准仪	必须
8	地下管线	水平位移	经纬仪	必须

续上表

序号	监 测 对 象	监 测 项 目	监 测 仪 表 与 仪 器	监 测 必 要 性
9	相邻房屋	垂直沉降	水准仪	必须
		倾斜	经纬仪	必须
		裂缝	裂缝观测计	必须
10	坑外地下水	水位	观测井、孔隙水压力计、频率仪	必须
		分层水压	孔隙水压力计、频率仪	选择

表3-2中列出了基坑工程现场监测的基本内容,对于单个具体工程,可以根据地层状况、结构、周围环境及允许投入监测费用等方面,有目的、有重点地选择,表中"监测必要性"一栏将各项监测内容分为必须、建议和选择三档,是参照当前工程界通常的做法归纳总结而划分,对工程应用具有一定的指导意义。其中,必须监测,表示每个工程基本监测项目;建议监测和选择监测,则可视工程的重要程度和施工难度考虑采用。

二、监测方法

1.监测方法选择的基本要求

在监测方法的选择和采用方面,需尽可能满足以下几个方面的要求:

(1)所采用的监测方法,必须是可靠的和已被工程实践证明是准确的。

原因在于监测所获得的数据和信息将作为调整工程施工方案的依据,快速反馈于工程实际。正因为如此,现行基坑监测大多采用常用和直接监测方法,如经纬仪和水准仪测量等。

(2)监测方法必须简便易行,适合施工现场条件和快速变化的施工速度。

基坑工程现场施工的进展要求较高的监测频率,如在4～6个月或更长的监测周期内其平均监测频率达1次/2d,关键阶段甚至达到1～2次/d,远远高于工程测量。监测密度高,但花费的量测时间又不能过多,因而在监测精度方面不得不做出让步,即允许一定的误差量值。由于监测数量较大的监测工作的连续性,偶然出现的误差通常可以通过后续监测操作予以校正。此外,工程现场条件,特别是基坑现场施工场地狭小,可供监测使用的场地有限,测点遭施工破坏的情况时有发生,采取简单有效的监测方法是保证现场监测任务顺利完成的前提条件。

(3)采用的监测方法和埋设的测量元件或探头不影响和妨碍结构的正常受力,或有损结构的变形和强度特性。

施工现场监测期间,围护结构和支撑系统处于正常的工作状态,要求所采用的监测方法必须保证围护结构在受力和变形方面不受过量的负面影响。在进行结构内力和水土压力等量测时,需要在结构内埋设钢筋应力传感器、压力传感器等元件。确定埋设方案时,应将对结构受力状态的不利影响控制在最低程度。

(4)监测方法,不应是单一的,需采用多种手段、施行多项内容、设置多道防线的测试方案。

基坑在开挖和支护过程中的力学效应是从各个方面同时展现出来的,在诸如墙体挠曲、支撑轴力、地表沉降等物理量之间存在着内在联系,它们共存于同一集合体,即基坑工程内,同时又是该集合体在各个方面的具体体现。鉴于基坑工程是否安全这一事关重大的问题,涉及的是几百万元,甚至几千万元的投资,同时限于工程现场条件和测量精度,某一单项的监测结果并不能揭示和反映出整体概貌,并存在相应的允许误差,因而必须通过对多方面的连续测量资料进行综合分析之后,才能得到及时和真实的监测成果。选用多种监测方法时,必须注意节省经费,将经费投入确保工程安全所必不可少的方面,达到事半功倍的效果。

2. 变形监测

基坑开挖导致土中应力释放,引起基坑周围土体变形,过量的变形将影响周边建筑物和地下管线的正常使用,甚至破坏。因此,必须在基坑施工期间对支护结构、土体、邻近建筑物和地下管线的变形进行监测,并根据监测数据及时调整开挖速度和开挖位置,以保证周边建筑物和管线不因过量的变形而影响它们的正常使用。

变形监测,一般包括支护结构、土体、地下管线水平位移监测,地面、邻近建筑物、地下管线和深层土体沉降监测。变形监测的观测周期,应根据变形速率、观测精度要求、不同施工阶段和工程地质条件等因素综合考虑,并在观测过程中可根据变形量和变形速率的情况作适当的调整。变形监测的初始值,应具有可靠的监测精度,对精准点或工作基点应定期进行稳定性检测;监测前对所用的仪器设备按照有关规定进行校验,并做好记录;监测人员要相对固定,并使用同一仪器和设备;监测过程中应采用相同的监测路线和监测方法;原始记录应说明监测时的气象情况、施工进度和荷载变化,以供参考分析。

1)地表水平位移监测

地表水平位移,一般包括墙(坡)顶、地表面及地下管线的水平位移。

(1)测量仪器

地表水平位移监测的仪器,有 GPS、全站仪、经纬仪等设备。

(2)基准点的埋设

地表水平位移监测基准点,应埋设在基坑开挖深度 3 倍范围以外不受施工影响的稳定区域,或利用已有稳定的施工控制点,不应埋设在低洼积水、湿陷、冻胀、胀缩等影响范围内;基准点,应埋设在基岩或原状土层上,亦可设置在沉降稳定的建筑物或构筑物基础上;土层较厚时,可采用下水井式混凝土基准点;当条件受限时亦可在变形区内采用钻孔穿过土层和风化岩层,在基岩内埋设深层钢管基准点(图 3-1);基准点的选择应考虑测量和通视便利,避免转站引点导致的误差,宜设置有强制对中观测墩,采用精密的光学对中装置,误差不宜大于 0.5mm。

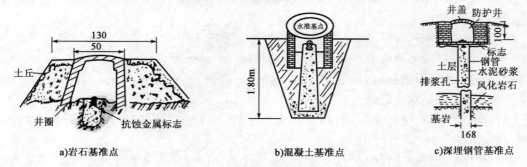

图 3-1 基准点设置(尺寸单位:cm)

（3）测量方法

地表水平位移监测方法很多，可根据现场条件和观测仪器而定。一般来说，地表特定方向水平位移监测多采用视准线法、小角度法、投点法等方法。测定监测点任意方向的水平位移时，可视监测点的分布情况，采用前方交会法、自由设站法、极坐标法等方法。当基准点距基坑较远时，可采用 GPS 测量法或三角、三边、边角测量与基准线法相结合的综合测量方法。

①视准线法。

视准线法是沿基坑边设置一条视准线，并在视准线的两端埋设两个永久工作基点 A、B，A、B 位于基坑两端不动位置处，如图 3-2 所示，并经常检查基点有无移动。

在基坑边 AB 方向线上有代表性的位置设置观测点 $1,2,3\cdots$ 测点可布置在支护结构混凝土圈梁上，采用铆钉枪打入铝钉或钻孔埋设膨胀螺栓，作为标记，如图 3-3 所示。观测点的间距一般为 $8\sim15\mathrm{m}$，可等距布置，也可根据现场通视条件、地面堆载等具体情况随机布置。测点间距的确定，主要考虑能够描绘出基坑支护结构的变形

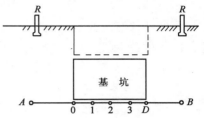

图 3-2 视准线法测墙顶位移

特性，对水平位移变化剧烈处，测点可适当加密，基坑有支撑时，测点宜设置在两根支撑的跨中。对有支撑的地下连续墙或大直径灌注桩类的围护结构，通常基坑脚点的水平位移较小，可在基坑脚点位置设置临时基点 C、D，在每个工况内可以用临时点检测，变换工况时用基点 A、B 测量临时基点 C、D 的水平位移，再用此结果对各测点的水平位移值进行校正。

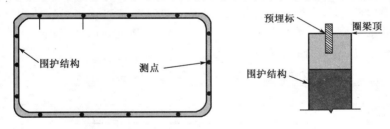

图 3-3 墙顶位移点的布设

用视准线法观测水平位移时，活动觇标法是在一个端点 A 上安置经纬仪，在另一个端点 B 上设置固定觇标，并在每一测点上安置活动觇标，见图 3-4。观测时，经纬仪线后视固定觇标进行定向，然后再观测基坑边各测点上的活动觇标。在活动觇标的读数设备上读取读数，即可得到该点相对于固定方向上的偏离值。比较历次观测所得的数值，即可求得该点的水平位移量。

每个测点应照准三次，观测顺序先由近到远，再由远到近往返进行。测点观测结束后，还应对准另一端点 B，检查在观测过程中仪器是否有移动，如果发现照准线移动，则重新观测。在 A 端点上观测结束后，应将仪器移至 B 点，重新进行以上各项观测。第一次观测值与以后观测所得的读数之差，即为该点的水平位移。

②小角度法。

该方法适用于观测点零乱、不在同一直线上的情况，见图 3-5。在离基坑 2 倍开挖深度距离的地方，选设测站点 A，若测站点至观测点 T 距离为 S，则在不小于 $2S$ 范围之外选设后视方向 A，多选用建筑物的棱边或避雷针等作为固定目标 A'。

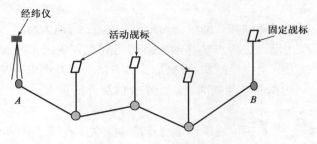

图 3-4　活动觇标观测法

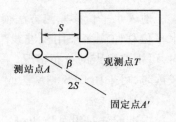

图 3-5　小角度法

用经纬仪测定 β 角,一般用 $2\sim4$ 测回测定,并测量 A 至观测点 T 的距离。为保证 β 角初始值的正确性,要进行二次测定。其后根据每次测定 β 角的变动量计算 T 点的位移量:

$$\Delta T = \frac{\Delta\beta}{\rho}S \qquad (3\text{-}1)$$

式中:$\Delta\beta$——β 角的变动量($''$);

　　　ρ——换算常数,即将 $\Delta\beta$ 化成弧度的系数,$\rho = 3600\times180/\pi = 206265$;

　　　S——测站至观测点的距离。

视准线法是基坑水平位移量测最常用方法,具有精度高、直观性强、操作简单、确定位移量迅速等优点。当位移量较小时,可采用活动觇标法进行监测;当位移量增大,超出觇标活动范围时,可使用小角度法量测。该方法的主要缺点是只能测出垂直于视准线方向的位移分量,难以确切地测出位移方向;要较准确地测定位移方向,可采用前方交汇法等方法量测。

基坑围护墙(坡)顶水平位移监测精度,应根据围护墙(坡)顶水平位移报警值按表 3-3 确定。地下管线的水平位移监测精度,不宜低于 1.5mm。基坑周边环境(如地下设施、道路等)的水平位移监测精度,应符合相关规范、规程的规定。

基坑围护墙(坡)顶水平位移监测精度要求(mm)　　　表 3-3

设计控制值	≤30	30~60	>60
监测点坐标中误差	≤1.5	≤3.0	≤6.0

注:监测点坐标中误差是指监测点相对测站点(如工作基点等)的坐标中误差,是点位中误差的 $1/\sqrt{2}$。

2)深层水平位移监测

(1)测试仪器

土体和围护结构的深层水平位移,通过测斜仪进行观测。测斜仪,主要由测头、测读仪、电缆和测斜管四部分组成,如图 3-6 所示。其中:测头有伺服加速度计式和电阻应变计式,二者均可以测出测管轴线与铅垂线之间的夹角;测读仪有便携式数字数字显示应变仪和静态电阻应变仪等;电缆采用有长度标记的电缆线,且在测头重力作用下不伸长,通过电缆向测头提供电源、传递量测信号、量测测点到孔口的距离,提升和下放测头;测斜管有铝合金管和塑料管两种,每节长度 $2\sim4$m,管内有两组正交的纵向导槽,测量时测头在一对导槽内可上下移动;测斜管的模量与土体模量接近。

请扫码观看活动测斜仪的原理及安装视频

(2)测斜仪基本原理

当被测土体产生变形时,测斜管轴线产生挠曲,用测斜仪量测测斜管轴线与铅垂线之间夹角的变化量,从而获得土体内部各点水平位移,基本原理,如图 3-7 所示。

当测斜管管底进入基岩或足够深的土层时,认为管底不动,并以管底作为基准点,如图 3-8a)所示,则从管底向上第 n 测段处的总水平位移为:

$$\Delta_i = \sum_{i=1}^{n} \delta_i = \sum_{i=1}^{n} l_i \cdot \sin\theta_i \qquad (3-2)$$

当测斜管管底未进入基岩或埋置较浅时,可以管顶作为基准点,如图 3-8b)所示,实测管顶的水平距离为 δ_0,并由管顶向下计算第 n 测段处的总水平位移为:

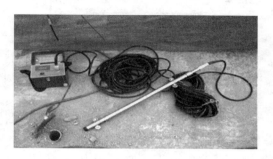

图 3-6 测斜仪基本组成

$$\Delta_i = \delta_0 - \sum_{i=1}^{n} \delta_i = \delta_0 - \sum_{i=1}^{n} l_i \cdot \sin\theta_i \qquad (3-3)$$

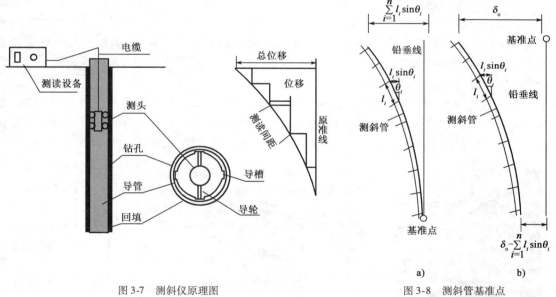

图 3-7 测斜仪原理图　　　　　图 3-8 测斜管基准点

由于测斜管在埋设时不可能使其轴线为铅垂线,测斜管埋设好后,总存在一定的倾斜或挠曲,因此,各测段处的实际总水平位移 Δ_i' 应该是各次测得的水平位移与测斜管的初始水平位移之差。

当以管底作为基准点时:

$$\Delta_i' = \Delta_i' - \Delta_{0i}' = \sum_{i=1}^{n} l_i (\sin\theta_i - \sin\theta_{0i}) \qquad (3-4)$$

当以管顶作为基准点时:

$$\Delta_i' = \Delta_i' - \Delta_{0i}' = \delta_0 - \sum_{i=1}^{n} l_i (\sin\theta_i - \sin\theta_{0i}) \qquad (3-5)$$

测斜管可用于测量单向位移,也可用于测双向位移。测双向位移时,可由两个方向的位移值求出其矢量和,求得位移的最大值和方向。

（3）测斜管的埋设原则与方法

监测深层水平位移时，首先要埋设测斜管。测斜管埋设的原则如下：测斜管应在基坑开挖一周前埋设，埋设前检查测斜管质量，测斜管连接时保证上下管段的导槽相互对准顺畅，接头处应密封处理，并注意保证管口的封盖；测斜管长度应与围护墙深度一致或不小于所监测土层的深度；当以下部管端作为位移基准点时，应保证测斜管进入稳定土层2~3m。测斜管与钻孔之间孔隙应填充密实，埋设时测斜管应保持竖直无扭转，其中需测量的方向一致。

测斜管埋设的三种方法是：

①钻孔埋设，主要用于土层探层挠曲测试。首先在土层中预钻孔，孔径略大于所选用测斜管的外径；然后将在地面连接好的测斜管放入钻孔内，随后在测斜管与钻孔之间的空隙内回填细砂或水泥、黏土拌和的材料，配合比取决于土层的物理力学性能和水文地质情况；与下述各埋设方式相同，埋设就位的测斜管必须保证有一对凹槽与基坑边缘相垂直；如图3-9a）所示。

②绑扎埋设，主要用于混凝土灌注桩体和墙体深层挠曲测试。在混凝土浇筑前，通过直接绑扎或设置抱箍等将测斜管固定在桩或者墙体钢筋笼上，如图3-9b）所示。为防止地下水的浮力和液态混凝土的冲力作用，测斜管的绑扎和固定必须十分牢固，否则容易与钢筋笼相脱离，导致测斜管安装失败。当需要的测斜管较长，必须进行测斜管管段连接时，必须将上、下管端的滑槽严格对准，以保证测量质量。

③预制埋设，主要用于打入式预制排桩水平位移测试。采取预埋测斜管的方法时，如图3-9c）所示，应对桩端进行局部保护处理，以避免桩锤锤击时对测斜管的损害。由于该方法在打桩过程中容易损害测斜管，一般仅用于开挖深度较浅、排桩长度不大的基坑工程。

a)钻孔埋设

b)绑扎埋设

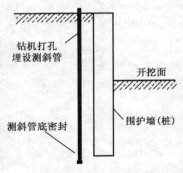
c)预制埋设

图3-9　测斜管埋设方法

（4）测试方法

用测斜仪进行深层水平位移监测时，测斜仪应下入测斜管底5~10min，待探头接近管内温度后再量测；量测时，自基准点管顶或管底逐段向下或向上，每50cm或100cm测出测斜管的倾角；测读仪读数稳定后，提升电缆至欲测位置，每次应保证在同一位置上进行测读；每个监测方向均应进行正、反两次量测，以消除测斜仪本身的固有误差。当以上部管口作为深层水平位移相对基准点时，每次监测均应测定孔口坐标的变化。测斜仪精度应不小于表3-4的规定。

请扫码观看活动式测斜仪量测视频

测 斜 仪 精 度　　　　　　　　　　　　　表3-4

基坑等级	一级	二级和三级
系统精度（mm/m）	0.10	0.25
分辨率（mm/500mm）	0.02	0.02

（5）监测与资料分析

根据施工进度,将测斜仪探头沿管内导槽放入测斜管内,根据测读仪测得的应变读数,求得各测段处的水平位移,并绘制水平位移随深度的分布曲线,可将不同时间的监测结果绘于同一图中,以便分析水平位移发展的趋势。

3）竖向位移监测

竖向位移监测也称沉降监测,主要采用精密水准测量,监测的范围宜从基坑边线起到开挖深度2~3倍的距离。

（1）基准点设置

基准点设置以保证其稳定可靠为原则,在监测基坑四周的适当位置,必须埋设3个沉降监测基准点,且基准点的埋设必须设置在基坑开挖影响范围之外（至少大于5倍基坑开挖深度处）,其余要求同水平位移监测中基准点的埋设。

（2）地表沉降监测

地表沉降监测采用精密水准测量（二等水准精度）,不宜采用精度较低的三角高程测量。水准仪可采用（WILD）N_3精密水准仪或SI精密水准仪,并配备钢钢水准尺。对水准仪的I角,在开工前应作检查,以后定期检查。因工地条件限制,有些观测点不可能做到前后视距离相等,因而对I角的要求更为严格,一般不应大于±10″（规范规定为±15″）。

（3）周边建筑物沉降监测

邻近建筑物变形监测点布置的位置和数量,应根据基坑开挖可能影响的范围和程度,同时考虑建筑物本身的结构特点和重要性,综合确定。与建筑物的永久沉降观测相比,基坑引起邻近房屋沉降的现场监测具有点数量多、监测频率高、监测周期短的特点。监测点设置的数量和位置,应根据建筑物的体形、结构形式、工程地质条件、沉降规律等因素综合考虑,尽量将其设置在监测建筑物具有代表性的部位,以便能够全面地反映监测建筑物的沉降;同时,监测点的设置必须便于监测和不易遭到破坏。

（4）地下管线沉降监测

在收集基坑周围管线图、调查管线走向、管线类型、管线埋深、管线材料、管线直径、管道每节长度、管壁厚度、管道接头形式和受力等条件的基础上,查明管线距基坑的距离。根据管线主管部门的意见,综合考虑管线的重要性及对变形的敏感性来设置监测点。一般在管线的端点、转角点、接头部位和长管线的中间部位布置测点。

常用的地下管线沉降的监测方法,有套管法和抱箍法两种。套管法就是在现有路面处钻孔,钻至管线部位,在钻孔内插入测杆,通过测杆的读数和各次读数之间的差值来反映管线的沉降量;抱箍法是先在管线区域内开挖,挖至管线暴露后在管线上安装一个套箍,将套箍的端头引出地表后进行管线回填,管线发生沉降变形时,通过量测伸出地面的套箍端的高程及各次高程的差值来测试出管线的沉降。其中,套管法适用于绝大部分管线、操作简单快速,但测试精度较低;而抱箍法具有测试精度高的优点,由于需要凿开路面,开挖深度大,多适用于次级干道,对特别重要的管道,如燃气管道效果较好。

请扫码观看电磁沉降仪的原理及安装视频

(5)土体分层沉降监测

土体分层沉降是指离地面不同深度处土层内点的沉降或隆起,通常用磁性分层沉降仪量测,如图3-10所示。通过在钻孔中埋设一根硬塑料管作为引导管,再根据需要分层埋入磁性沉降环(磁环),用测头测出各磁性沉降环的初始位置。在基坑施工过程中分别测出各沉降环的位置,便可以算出各测点处的沉降值。

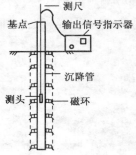

图3-10 土体分层沉降仪

①分层沉降仪的构造和工作原理。

常用的分层沉降仪由沉降管、磁环、保护管、测头、指示器等组成。一般情况下,每层土体里应设置一个磁环,在基坑土体发生变形的过程中,土层和磁环同步下沉或回弹。测头根据电磁感应原理设计,将磁感应沉降环预先通过钻孔方式埋入地下待测的各点位,当测头通过磁感应环时,产生电磁感应信号并送至地面仪表显示,同时发出声光报警。读取孔口标记点上对应测尺的刻度数值,即沉降环的深度。磁环所在位置的高程可由下式计算:

$$H = H_j - L \tag{3-6}$$

式中:H——磁环高程;

H_j——基准点高程,可将沉降管管顶作为量测的基准点;

L——测头至基准点的距离。

每次测量值与前次测值相减,即该测点的沉降量。

各土层在施工过程中的沉降或隆起可由下式计算:

$$\Delta H = H_0 - H_t \tag{3-7}$$

式中:ΔH——某高程处土的沉降;

H_0——基坑开挖前磁环高程;

H_t——基坑开挖后磁环高程。

上式可量测某一高程处土的沉降值,但由于基准点水准测量的误差,可导致磁环的高程误差;也可只测土层变形量,假定埋设较深处的磁环为不动的基点,用沉降仪测出各磁环的深度,即可求得各土层的变形量。

②分层沉降仪的安装。

分层沉降仪安装时,需先在土里钻孔;根据成孔孔深,备好规格合适、总长足够的塑料管,在各段子外部按照预定测点深度的位置装上磁环,最底端的管口必须作封堵处理,以防泥沙堵塞;每段管子逐根放入孔内后,应在地表管口上施加压力,使孔底部的管头插入土层中,再向孔壁与管外壁之间的空隙中填入中细砂,以利于磁环更好地随着土层垂向变化而上下移动;管子全部到位后,固定孔口,做好孔口保护装置,并测量孔口高程和各磁环的初始高程。

③观测和资料整理。

分层沉降仪埋好后,至少要在5d之后才能进行观测。分层沉降观测与基坑其他观测同时进行。分层沉降观测点相对于邻近工作基点的高差中误差应小于±1.0mm。每次对沉降进行观测,读尺深度的参考点必须始终为同一点。读数参考点的变化由专业测量人员进行测定。每次观测结束都应提供时间—深度—沉降曲线。

（6）基坑回弹监测

基坑回弹是基坑开挖对坑底土体卸荷引起基坑底面及坑外一定范围内土体的回弹或隆起。深大基坑的回弹量对基坑本身和邻近建筑物都有较大影响,因此需做基坑回弹监测。基坑回弹监测可采用回弹监测标和深层沉降标,也可采用分层沉降仪,当磁环埋设于基坑开挖面以下时监测到的土层隆起也就是土层回弹量。回弹宜通过设置回弹监测点,采用几何水准并配合传递高程的辅助设备进行监测,传递高程的金属杆或钢尺等应进行温度、尺长和拉力等项修正。

①回弹监测标及埋设。

回弹监测标如图3-11所示,其埋设方法如下:钻孔至基坑设计高程以下200mm,将回弹标连接于钻杆下端,顺钻孔放至孔底,并将回弹标压入孔底土中400～500mm,旋转钻杆,使回弹标脱离钻杆。放入辅助测杆,用辅助测杆上的测头进行水准测量,确定回弹标顶面高程。监测完毕后,将辅助测杆、保护管提出地面,用砂或素土将钻孔回填,为便于开挖后找到回弹标,可先用白灰回填500mm左右。

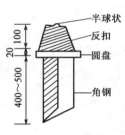

图3-11 回弹标监测
（尺寸单位:mm）

②深层沉降标及埋设。

深层沉降标由一个三卡锚头、一根1/4in的内管和一根1in的外管组成,内管和外管都为钢管。内管连接在锚头上,可在外管中自由滑动,如图3-12所示。用光学仪器测量内管顶部的高程,高程的变化就相当于锚头位置土层的沉降或隆起。

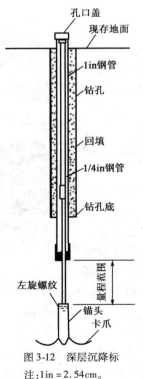

图3-12 深层沉降标
注:1in=2.54cm。

沉降标的埋设方法如下:用钻机在预定位置钻孔,孔底高程略高于需量测土层的高程,约高一个锚头长度;将1/4in钢管旋在锚头顶部外侧的螺纹连接器上,用管钳旋紧;将锚头顶部外侧的左旋螺纹用黄油润滑后,与1in钢管底部的左旋螺纹相连,但不必太紧。将装配好的深层沉降标慢慢地放入钻孔内,并逐步加长,直至放入孔底,用外管将锚头压入预测土层的指定高程位置。并在孔口临时固定外管,将内管压下约150mm,此时锚头上的三个卡子会向外弹,卡在土层中,卡子一旦弹开就不会再缩回。顺时针旋转外管,使外管底部与锚头之间的距离稍大于预估的土层隆起量。固定外管,将外管与钻孔之间的空隙填实,做好测点的保护装置,孔口一般以高出地面200～1000mm为宜。

③基坑回弹监测方法。

基坑回弹量量测,通常采用精密水准仪测出布置监测点的高程变化,即基坑开挖前后监测点的高程差作为基坑的回弹量。

基坑回弹量随基坑开挖的深度而变化,监测工作应随基坑开挖深度而随时进行,以得出基坑回弹随开挖深度的变化曲线。但由于开挖现场施工条件的限制,开挖中途进行测量很困难,因此每个基坑一般不得少于三次监测。第一次监测在基坑开挖之前,即监测点刚埋置之后;第二次在基坑开挖到设计高程立即进行监测;第三次在打基础垫层或浇灌混凝土基础之前。对于分阶段开挖的深基坑,可在中间增加监测次数。

(7)竖向位移监测精度

基坑围护桩(墙)顶、墙后地表与立柱的竖向位移监测精度应根据竖向位移报警值,按表3-5确定。地下管线的竖向位移监测精度不宜低于0.5mm,坑底隆起(回弹)监测精度不宜低于1mm,各等级几何水准法观测时的技术要求应符合表3-6的要求。水准基准点宜均匀埋设,数量不少于3个,埋设位置和方法要求与水平位移点相同。各监测点与水准基准点或工作基点应组成闭合环路或附合水准路线。

基坑围护墙(坡)顶、墙后地表及立柱的竖向位移监测精度(mm)　　　　表3-5

竖向位移报警值	≤20(35)	20~40(35~60)	≥40(60)
监测点测站高差中误差	≤0.3	≤0.5	≤1.5

注:监测点测站高差中误差是指相应精度与视距的几何水准测量单程一测站的高差中误差;括号内数值对应于墙后地表及立柱的竖向位移报警值。

几何水准观测的技术要求　　　　表3-6

基坑等级	使用仪器、观测方法及要求
一级	$DS_{0.5}$级别水准仪,铟瓦合金标尺,按光学测微法观测,宜按国家二等水准测量的技术要求施测
二级	DS_1级别及以上水准仪,铟瓦合金标尺,按光学测微法观测,宜按国家二等水准测量的技术要求旋测
三级	DS_3或更高级别及以上的水准仪,宜按国家二等水准测量的技术要求施测

3. 支护结构内力监测

支护结构是指深基坑工程中采用的围护墙(桩)、支锚结构、围檩等。支护结构的内力测量(应力、应变、轴力和弯矩等)是基坑监测中的重要内容,也是进行基坑开挖反分析、获取重要参数的主要途径。在有代表性位置的围护墙(桩)、支锚结构、围檩上,布设钢筋应力计和混凝土应变计等监测设备,以监测支护结构在基坑开挖中的应力变化。

1)桩(墙)体内力监测

采用钢筋混凝土材料制作的围护支挡构件,其内力或轴力通常是通过在钢筋混凝土中埋设钢筋计,测定构件受力钢筋的应力或应变,然后根据钢筋与混凝土共同工作及变形协调条件计算得到。钢筋计有钢弦式和电阻应变式两种,二次仪表分别用频率计和电阻应变仪。两种钢筋计的安装方法不相同,轴力和弯矩等的计算方法也略有不同。钢弦式钢筋计安装时,钢筋计与结构主筋进行轴心对焊联结,即钢筋计与受力主筋串联,计算结果为钢筋的应力值。电阻式应变计安装时,电阻式应变计与主筋平行绑扎或点焊在箍筋上,应变仪测得的

请扫码观看钢筋计的原理及安装视频

是混凝土内部该点的应变,传感元件伸出两边的钢筋长度不应小于钢筋计长度的35倍。由于主筋一般沿混凝土结构截面周边布置,所以钢筋计应上下或左右对称布置,或在矩形断面的4个角点处布置4个钢筋计,如图3-13所示。

通过埋设在钢筋混凝土结构中的钢筋计,可以量测围护结构沿深度方向的弯矩、基坑支撑结构的轴力和弯矩、圈梁或围檩的平面弯矩和结构底板所受的弯矩。以钢筋计为例,根据钢筋

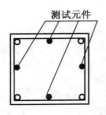

a)钢弦式钢筋计布置　　　　　　b)电阻式应变计布置

图 3-13　钢筋计在混凝土构件中的布置

与混凝土的变形协调原理,由钢筋计的拉力或压力计算构件内力的方法如下:

$$支撑轴力 \qquad p_c = \frac{E_c}{E_t} \overline{p_g} \left(\frac{A}{A_g} - 1 \right) \qquad (3-8)$$

$$支撑弯矩 \qquad M = \frac{1}{2} (\overline{p_1} - \overline{p_2}) \left(n + \frac{bhE_c}{6E_g A_g} \right) h \qquad (3-9)$$

$$地下连续墙弯矩 \qquad M = \frac{1}{2} (\overline{p_1} - \overline{p_2}) \left(1 + \frac{tE_c}{6E_g A_g} h \right) \frac{1000h}{t} \qquad (3-10)$$

式中:P_c——支撑轴力(kN);

E_c、E_g——混凝土和钢筋的弹性模量(MPa);

$\overline{P_g}$——所量测的钢筋拉压力平均值(kN);

A、A_g——支撑截面面积和钢筋截面面积(m^2);

n——埋设钢筋计的那一层钢筋的受力主筋总根数;

t——受力主筋间距(m);

b——支撑宽度(m);

$\overline{p_1}$、$\overline{p_2}$——支撑或地下连续墙两对边受力主筋实测拉压力平均值(kN);

h——支撑高度或地下连续墙厚度(m)。

按上述公式进行内力换算时,结构浇筑初期应计入混凝土龄期对弹性模量的影响。在室外温度变化幅度较大的季节,还需注意温差对监测结果的影响。

2)支撑轴力监测

支撑一般有钢支撑和钢筋混凝土支撑,二者的轴力测试有所不同。对于钢筋混凝土支撑,多采用钢筋应力计测量钢筋应力,混凝土应变计测定混凝土应变,然后通过换算得支撑轴力。

请扫码观看钢支撑轴力监测视频

对于钢支撑,多采用如下方法:在钢支撑端部安装轴力计(串联),直接测得轴力;如用支撑轴力计价格略高,但轴力计经过标定后可以重复使用且测试简单,测得的读数根据标定曲线可直接换算成轴力,数据比较可靠;由于轴力计是串联安装的,安装不好会影响支撑受力,甚至引起支撑失稳或滑脱,必须确保轴力计的安装质量。在现场监测环境许可的条件下,亦可在钢支撑表面粘贴钢弦式表面应变计、电阻应变片等测试钢支撑的应变,或在钢支撑上直接粘贴底座并安装电子位移计、千分表来量测钢支撑变形,再根据钢支撑截面积和平均应变计算其轴力。对于第二类方法,为保证测试精度,每个截面上均匀布置 3 个或 4 个监测元件。

3）土层锚杆监测

在基坑开挖过程中，锚杆要在受力状态下工作数月，为检查锚杆在施工期间是否按照设计方式工作，必须选择一定数量的锚杆进行长期监测，监测其拉力的变化。

测试常用仪器及原理如下：锚杆拉力计安装在承压板和锚头之间，如图3-14所示，采用频率仪或电阻应变仪测试读数，直接得到锚杆拉力。

请扫码观看锚索测力计的原理及安装视频

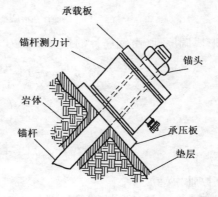

图3-14　锚杆拉力计及其安装

钢筋锚杆可采用钢筋应力计和应变计监测，其埋设方法与在钢筋混凝土中的埋设方法类似，但必须安装在锚杆内的各个钢筋上，采用频率仪或电阻应变仪测试读数，将测试的钢筋拉力乘以钢筋数量即锚杆总拉力；因多根钢筋组合的锚杆，各锚杆的初始拉紧程度是不一样的，所受的拉力与初始拉紧程度的关系很大。

在基坑开挖过程中，锚杆轴力的量测宜每天测读一次，监测次数应根据开挖进度和监测结果及其变化情况适当增减。当基坑开挖至设计高程时，锚杆上的荷载应是相对稳定的。如每周荷载的变化量大于5%锚杆所受的荷载，就及时查明原因并采取措施以保证基坑工程的安全。

4. 土压力和孔隙水压力监测

土压力是指基坑支护结构周围的土体传递给挡土构筑物的压力，土压力的分布在基坑开挖中呈现动态变化，其大小直接决定着挡土结构物的稳定和安全，从挡土构筑物的安全、地基稳定性及经济合理性考虑，对重要的基坑支护结构，有必要进行土压力的现场量测。此外，土体中的应力状态与土中的孔隙水压力和排水条件密切相关，基坑开挖也多是在地下水位以下的土体中进行，超孔压的出现、渗流等问题也与孔隙水压密切相关，监测土体中孔隙水压在施工过程中的变化，可以直观快速地得到土体中孔隙水压力的状态和消散规律，也是基坑支护结构稳定性控制的依据。

通过现场对土压力和孔隙水压力的观测，可验证挡土构筑物各特征部位的侧压力理论分析值及沿深度的分布规律，监测土水压力在基坑开挖过程中的变化规律，如观测到的土水压力急剧变化，必须及时发现影响基坑稳定的因素，并采取相应措施以保证基坑的稳定。

1）监测仪器

目前，在深基坑开挖支护工程现场对土、水压力进行观测常用压力传感器。根据其工作原理,可分为钢弦式、差动电阻式、电阻应变片式和电感调频式等,其中钢弦式压力传感器长期稳定性高、绝缘性好,较适用于土水压力的长期观测。无论是哪一种型号的压力传感器,在埋设之前必须进行稳定性、防水密封性、压力标定、温度标定等检验工作。

（1）钢弦式土压力盒

目前常用的钢弦式土压力盒,分竖式和卧式两种,图3-15中给出了卧式土压力盒的简图。压力盒直径100~150mm,厚度20~50mm。弹性薄膜的厚度为2~3.1mm,它与外壳用整块钢轧制成形,钢弦的两端夹紧在支架上,弦长一般采用70mm。在薄膜中央的底座上,装有铁芯及线圈,线圈的两个接头与导线相连。土压力盒埋设好后,根据施工进度,采用频率仪测得土压力计的频率,从而换算出土压力盒所受的总压力。土压力盒实际测得的是土压力和水压力的总和,扣除孔隙水压力计实测的压力值,才是真正的土压力值。

请扫码观看土压力盒的操作视频

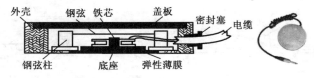

图3-15 卧式钢弦式土压力盒

土压力量测前,应选择合适的土压力盒,量程一般比预计压力大2~4倍,以避免超量程使用。土压力盒应具有较好的密封防水性能,导线采用双芯带屏蔽的橡胶电缆,导线长度可根据实际长度确定,适当保留富余长度,且中间不允许有接头。

（2）钢弦式孔隙水压力计

钢弦式孔隙水压力计,主要由透水石、压力传感器构成。透水石材料,一般采用氧化硅或不锈钢金属粉末,为便于埋设,多采用圆锥形透水石。钢弦式压力传感器,由不锈钢承压膜、钢弦、支架、壳体和信号传输电缆构成,如图3-16所示。其构造是将一根钢弦的一端固定于承压膜的中心处,另一端固定在支架上,钢弦中段旁边安装一电磁线圈,用以激振和感应频率信号,张拉的钢

请扫码观看通气式渗压计的原理及安装视频

弦在一定的应力条件下,其自振频率随之变化。土孔隙中有压水通过透水石作用于承压膜上,使其产生挠曲而引起钢弦的应力发生变化,钢弦的自振频率也相应发生变化。由钢弦自振频率的变化,可测得孔隙水压的变化。

孔隙水压力计的工作原理是把多孔元件(如透水石)放置在土中,把土体颗粒隔离在元件外面,而只让水进入有感应膜的容器内,再测量容器中的水压力,即可测出孔隙压力。

孔隙水压力量测前,应选择合适的孔隙水压力计,量程一般取测点深度处水柱的1.5~2.0倍。电缆通常采用氯丁橡胶护套或聚氯乙烯护套的二芯屏蔽电缆,电缆亦能承受一定的压力,以免因地基沉降而被拉断,并具有较好的密封防水性能。

图3-16 钢弦式孔隙水压力计
1-屏蔽电缆;
2-盖帽;3-壳体;
4-支架;5-线圈;
6-钢弦;7-承压膜;8-底盖;9-透水体;10-锥头

2）传感器的安装

（1）土压力盒的安装

土压力是量测在挡土构筑物表面的作用力,土压力盒应安装在挡土构筑物内,使其应力膜与构筑物表面齐平。土压力盒后面应具有良好的刚性支撑,在土压力作用下不产生任何微小的相对位移,以保证测量的可靠性。

土中土压力盒的埋设通常采用钻孔法,即先在预定埋设位置采用钻机钻孔,孔径大于压力盒直径,再将土压力盒放置在其中的预定高程位置;钻孔法也可在一个孔内埋设多个土压力盒,此时将土压力盒固定在定制的薄型槽钢或钢筋架上,一起放入钻孔中,就位后回填细砂。该方法,由于钻孔回填砂石的密实度难以控制,测得的土压力与土中实际的土压力存在一定差异,通常实测数据偏小。钻孔法埋设土压力盒的工程适应性较强,但钻孔位置与桩墙之间不可能密贴,需保持一定距离,因而测得的数据与实际作用在桩墙上的土压力相比具有一定的近似性。

对于钢板桩或钢筋混凝土预制构件挡土结构,土压力盒用固定支架安装在预制构件上,固定支架、挡泥板及导线保护管使土压力盒和导线在施工过程中免受损坏,如图 3-17 所示。

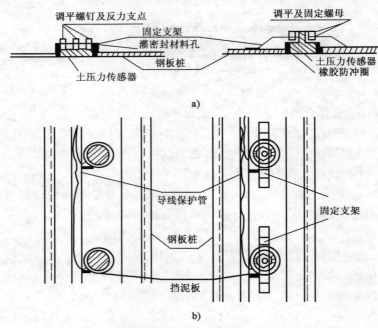

图 3-17 钢板桩上的土压力盒的安装及导线保护管的设置

对于地下连续墙等现浇混凝土挡土结构,土压力盒采用幕布法安装,即在拟观测槽段的钢筋笼上布置一幅土工织布帷幕,帷幕上土压力盒的安装位置事先缝制一些安装袋,土压力盒安装在帷幕上,随钢筋笼放入槽段内,使现场浇筑混凝土后土压力盒在挡土构件和被支挡土体之间,土压力盒应安置在地下连续墙钢筋笼迎土面一侧,如图 3-18 所示。

除幕布法外,地下连续墙中土压力盒的安装也可采用活塞压入法、弹入法(图 3-19)等方法。

(2)孔隙水压力计的安装

首先,根据埋设位置的深度、孔隙水压力的变化幅度等确定埋设孔隙水压力计的量程,以免量程太小而造成孔隙水压力超出量程范围,或量程过大而影响测量精度;接下来对选定量程的孔隙水压力计的透水石进行排气,即将其放入纯水中煮沸 2h,煮沸后的透水石浸泡在冷开水中;测头埋设前,应将孔隙水压力计放在大气中进行初始频率量测,然后将透水石在水中装在测头上;孔隙水压力计的安装和埋设应在水中进行,故在埋设时将测头置于有水的塑料袋中连接于钻杆上,避免与大气接触,一旦与大气接触,透水石层应重新排气。

图3-18 幕布法安装土压力盒

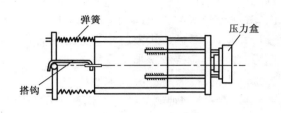

图3-19 弹入法进行土压力传感器埋设装置

备足直径为1～2cm的干燥黏土球(黏土的塑性指数应大于17),或最好采用膨润土,供封孔使用。备足纯净的砂,作为压力计周围的过滤层。如土质较软,可将孔隙水压力计直接压入埋设深度;若有困难,可先钻孔至埋设深度以上1m处,再将孔隙水压力计压至埋设深度,上部用黏土球将孔封至孔口;压入法埋设中土体局部有扰动,会引起超孔隙水压,将影响孔隙水压力的量测精度。如土质较硬,则采用钻孔法埋设,即在埋设处用钻机成孔,达到埋设深度后,先在孔内填入少许纯净砂,将孔隙水压力计送入埋设位置;再在周围填入部分纯净砂,然后上部用黏土球封孔至孔口,如图3-20所示;如在同一钻孔内埋设多个探头,则要封到下一个探头的埋设深度;每个探头之间的间距应不小于1m,且要保证封孔质量,避免水压力贯通;钻孔使土体中原有孔隙水压力降低为零,同时测头周围填砂,不可能达到原有土体的密实度,也会影响到孔隙水压力的量测精度。压力传感器安装后,应做好引出线的保护工作,避免浸泡在水中和在施工中受损。

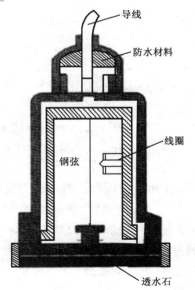

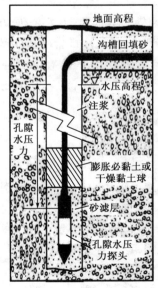

图3-20 孔隙水压力探头及埋设

（3）观测资料整理

在基坑开挖之前，需观测压力传感器的安装状态，检验压力传感器的稳定性，一般 2～3d 观测一次，每次观测应有 3～5 次稳定读数。当一周前后压力数值基本稳定时，该数值可作为基坑开挖之前土体的土压力和孔隙水压力的初始值；基坑开挖过程中，应根据上方开挖阶段、内支撑（或拉锚）的施工阶段确定观测周期，当压力值有显著变化时，应立即复测；土方开挖至设计高程后，基础底板混凝土灌注之前宜每天观测一次，随后可根据压力稳定情况确定观测周期，现场观测应持续至地下室施工至原有地面高程。由土压力传感器实测压力为土压力和孔隙水压力的总和，应扣除孔隙水压力计实测的压力值，才是实际的土压力值。

由现场原型观测数据计算出的土压力值和孔隙水压力值，可整理为以下几种曲线：不同施工阶段沿深度的土压力（或孔隙水压力）分布曲线；某点土压力（或孔隙水压力）变化时程曲线；土压力（或孔隙水压力）与挡土结构位移关系曲线。

当观测到土压力（或孔隙水压力）数值异常或变化速率增快时，应分析原因，及时采取措施，同时要缩短观测的周期。

5. 地下水位监测

基坑工程地下水位监测，包含坑内、坑外水位监测。通过水位观测可以控制基坑工程施工过程中周围地下水位下降的影响范围和程度，防止基坑周边的水土流失。另外，可以检验降水井的降水效果，观测降水对周边环境的影响。地下水位监测点的布置，应符合下列要求：

（1）基坑内地下水位当采用深井降水时，水位监测点宜布置在基坑中央和两相邻降水井的中间部位；当采用轻型井点、喷射井点降水时，水位监测点宜布置在基坑中央和周边拐角处，监测点数量应视具体情况确定。

（2）基坑外地下水位监测点，应沿基坑、被保护对象的周边或在基坑与被保护对象之间布置，监测点间距宜为 20～50m。相邻建筑、重要的管线或管线密集处应布置水位监测点；当有止水帷幕时，宜布置在止水帷幕的外侧约 2m 处。

（3）水位观测管的管底埋置深度，应在最低设计水位或最低允许地下水位之下 3～5m。承压水水位监测管的滤管，应埋置在所测的承压含水层中。

（4）回灌井点观测井，应设置在回灌井点与被保护对象之间。

（5）承压水的观测孔埋设深度，应保证能反映承压水水位的变化，承压降水井可以兼作水位观测井。

（6）套管与孔壁间应用干净细砂填实，然后用清水冲洗孔底，以防泥浆堵塞测孔，保证水路畅通，测管高出地面约 200mm，上面加盖，不让雨水进入，并做好观测井的保护装置。

地下水位监测布置示意图，见图 3-21。

地下水位监测可采用水位管、钢尺、钢尺水位计和水位探测仪器等。其中水位管为钻有小孔的塑料花管，小孔为排水通道，孔径 5mm，间距 50cm，梅花形布置，花管外包土工布挡泥沙，进行过滤；钢尺为普通钢尺，插入水位观测井中，记录湿迹与管顶的距离，根据管顶高程即可计算地下水位高程，钢尺长度需大于地下水位与孔口的距离，多适用于地下水位比较高的水位观测井；钢尺水位计和水位探测仪是由探头、钢尺、电缆及指数灯、蜂鸣器、电压指示和绞盘等组

请扫码观看平尺水位计的原理及安装视频

成的自动监测装置,当探头放入埋设的水位管中,遇水发出蜂鸣声或电压指示等信号时,由钢尺电缆上的刻度直接读出水位深度。

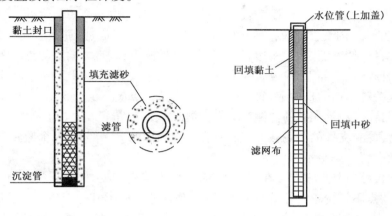

a)潜水水位监测示意图　　　　b)承压水水位监测示意图

图 3-21　地下水位监测布置示意图

地下水位监测的期限是整个降水期,或从基坑开挖到浇筑完成主体结构底板,每天监测一次。当围护结构有渗水、漏水现象时,要加强监测。水位管钻孔埋设注意事项:钻孔后放入底部加盖的水位管;在水位管与孔壁间用干净细砂填实,再用清水冲洗孔底,以防泥浆堵塞测孔;水位管与孔壁间最上面 2m 用黏土球封孔;水位管高出地面约 200mm,上面加盖;做好水位观测井的保护装置。

请扫码观看地下
水位量测视频

坑外地下水位观测多布置在以下位置,如搅拌桩施工搭接处、相邻建筑(构)物处、地下管线相对密集位置,管底高程一般在常年水位以下 4～5m。

第三节　基坑工程监测的相关规定

一、监测点布置原则

总的来说,基坑工程监测点可分为基坑及支护结构监测点和周围环境监测点两大类。基坑工程监测点应该根据具体情况合理布置。

1. 基坑及支护结构监测点布置原则

基坑边坡顶部的水平位移和竖向位移监测点,要设置在基坑边坡坡顶上,沿基坑周边布置,基坑各边中部、阳角处应布置监测点;围护(桩)墙顶部的水平位移和竖向位移监测点要设置在冠梁上,沿围护墙的周边布置,围护墙周边中部、阳角处应布置监测点;上述监测点间距不宜大于 20m,每边监测点数目不应少于 3 个。

深层水平位移监测孔,应布置在基坑边坡、围护墙周边的中心处及代表性的部位,数量和间距视具体情况而定,但每边至少应设 1 个监测孔。当用测斜仪观测深层水平位移时,设置在围护(桩)墙内的测斜管深度要与围护(桩)墙的入土深度一致;设置在土体内的测斜管应保证有足够的入土深度,保证管端嵌入稳定的土体中。

围护(桩)墙内力监测点,应布置在受力、变形较大且有代表性的部位,如平面上宜布置在弯矩最大处、支撑间距最大处和受力较复杂处,立面上宜布置在弯矩最大处、反弯点位置、两道支撑(土锚)的跨中、内支撑及拉锚所在位置计各土层的分界面、配筋率改变处等;监测点数量和横向间距视具体情况而定,但每边至少应设 1 处监测点,竖直方向监测点间距应为 3～5m。

支撑内力监测点平面上,应设置在支撑内力较大或支撑间距最大或受力较复杂或在整个支撑系统中起关键作用的杆件上;每道支撑的内力监测点应不少于 3 个,各道支撑的监测点位置宜在竖向保持一致;钢支撑的监测截面根据测试仪器宜布置在支撑长度的 1/3 部位或支撑的端头,钢筋混凝土支撑的监测截面宜布置在支撑长度的 1/3 部位;每个监测点截面内传感器的设置数量及布置应满足不同传感器测试要求。

立柱竖向位移监测点宜布置在基坑中部、多根支撑交汇处、施工栈桥下、地质条件复杂处的立柱上,监测点不宜少于立柱总数的 10%,逆作法施工时不宜少于 20%,且不少于 5 根。

锚杆(索)的拉力监测点,应选择在受力较大且有代表性的位置,基坑每边跨中部位和地质条件复杂的区域宜布置监测点。每根锚杆(索)上的测试点应设置在锚头附近位置。每层锚杆(索)的拉力监测点数量,应为该层锚杆总数的 1%～3%,并应不少于 3 根;锚杆长度、形式、穿越的土层不同时,每种情况至少测 2 根;每层监测点在竖向上的位置应保持一致。

土钉的拉力监测点,应沿基坑周边布置,基坑周边中部、阳角处宜布置监测点;监测点水平间距不宜大于 20m,每层监测点数目不应少于 3 个;各层监测点在竖向上的位置宜保持一致;土钉杆体上的测试点应设置在受力、变形有代表性的位置。

基坑底部隆起监测点,一般按纵向或横向剖面布置,剖面应选择在基坑的中央、距坑底边约 1/4 坑底宽度处及其他能反映变形特征的位置,数量应不少于 2 个。基坑不大时,纵横断面各布置一条测线;基坑较大时,可布置 3～5 条测线,其间距宜为 20～50m,同一剖面上监测点横向间距宜为 10～20m,数量不少于 3 个。

围护(桩)墙侧向土压力监测点,应布置在受力、土质条件变化较大或有代表性的部位;土压力盒应紧贴围护(桩)墙布置,预设在围护(桩)墙的迎土墙一侧。平面布置上基坑每边不少于 2 个测点;在竖向布置上,测点间距宜为 2～5m,测点下部宜密;当按土层分布情况布设时,每层应至少布设 1 个测点,且布置在各层土的中部。

孔隙水压力监测点要布置在基坑受力、变形较大或有代表性部位。监测点竖向布置宜在水压力变化影响深度范围内按土层分布情况布设,监测点竖向间距一般为 2～5m,并不少于 3 个。

基坑内地下水位监测点布置依据降水方法有所不同,当采用深井降水时,水位监测点宜布置在基坑中央和两相邻降水井的中间部位;当采用轻型井点、喷射井点降水时,水位监测点宜布置在基坑中央和周边拐角处,监测点数量视具体情况而定;水位监测管的埋置深度(管底高程)应在最低设计水位之下 3～5m。对需要降低承压水水位的基坑工程,水位监测管埋置深度应满足降水设计要求。

基坑外地下水位监测点,应沿基坑周边、被保护对象(如建筑物、地下管线等)周边或在两者之间布置,监测点间距宜为 20～50m。相邻建(构)筑物、重要的地下管线或管线密集处应布置水位监测点;如有止水帷幕,宜布置在止水帷幕的外侧约 2m 处。水位监测管的埋置深度(管底高程)应控制在地下水位之下 3～5m。对于需要降低承压水水位的基坑工程,水位监测管埋置深度应满足设计要求。回灌井点观测并应设置在回灌井点与被保护对象之间。

2. 周边环境监测点的布置原则

从基坑边缘以外 2~3 倍开挖深度范围内需要保护的建（构）筑物,必要时应扩大监控范围。对位于地铁、上游引水、河流污水等重要保护对象安全保护区范围内的监测点的布置,应满足相关部门的技术要求。

建（构）筑物的竖向位移监测点布置,应符合以下要求:监测点布置在建（构）筑物四角、沿外墙每 10~15m 处或每隔 2~3 根柱基上,且每边不少于 3 个;监测点布置在不同地基或基础的分界处,建（构）筑物不同结构的分界处,变形缝、抗震缝或严重开裂处的两侧;监测点布置在新、旧建筑物或高、低建筑物交接处的两侧,烟囱、水塔和大型储仓储罐等高耸构筑物基础轴线的对称部位,每一构筑物不少于 4 个;建（构）筑物的水平位移监测点应布置在建筑物的墙角、柱基及裂缝的两端,每侧墙体的监测点不少于 3 个。

建（构）筑物倾斜监测点要符合以下要求:监测点宜布置在建（构）筑物角点、变形缝或抗震缝两侧的承重柱或墙上;监测点应沿主体顶部、底部对应布设,上、下监测点应布置在同一竖直线上;当采用铅垂观测法、激光铅直仪观测法时,应保证上、下测点之间具有一定的通视条件;建（构）筑物的裂缝监测点应选择有代表性的裂缝进行布置,在基坑施工期间发现新裂缝或原有裂缝有增大趋势时,应及时增设监测点,每一条裂缝的测点至少设 2 组,即裂缝的最宽处及裂缝末端宜设置监测点。

地下管线监测点的布置,应符合以下要求:应根据管线年份、类型、材料、尺寸及现状等情况,确定监测点设置;监测点宜布置在管线的节点、转角点和变形曲率较大的部位,监测点平面间距宜为 15~25m,并宜延伸至基坑以外 20m;上水管、煤气管、暖气管等压力管线宜设置直接监测点,直接监测点可设置在管线上,也可以利用阀门开关、抽气孔以及检查井等管线设备作为监测点;在无法埋设直接监测点的部位,可利用埋设套管法设置监测点,也可采用模拟式测点将监测点设置在靠近管线埋深部位的土体中;基坑周边地表竖向沉降监测点的布置范围应为基坑深度的 2~3 倍,监测剖面宜设在坑边中部或其他有代表性的部位,并与坑边垂直,监测剖面数量视具体情况而定,每个监测剖面上的监测点数量不宜少于 5 个。

土体分层竖向位移监测孔,应布置在有代表性的部位,形成监测剖面,数量视具体情况而定;同一监测孔的测点宜沿竖向布置在各层土内,数量与深度应根据具体情况确定,在厚度较大的土层中应适当加密。

二、监测的期限和频率

1. 监测的期限

基坑工程施工的宗旨在于确保工程快速、安全、顺利地完成,因此施工监测基本上要伴随基坑开挖和地下结构施工的过程,即从基坑开始开挖直至地下结构施工到 ±0.00 高程。现场施工监测工作一般需连续开展数个月,基坑越大,监测期限则越长。对有特殊要求的基坑周边环境的监测,应根据需要延续至变形趋于稳定后结束。

2. 监测的频率

在基坑开挖前可以埋设的各监测项目,必须在基坑开挖前埋设并读取初读数。初读数是监测的基点,需复校无误后才能确定,通常是在连续两次测量无明显差异时,取其中一次的测量值作为初始读数,否则应继续测读。埋设在土层中的监测仪器如土压力盒、孔隙水压力计、测斜管和分层沉降环等,最好在基坑开挖1周前埋设,以使被扰动的土有一定间歇时间,从而使初读数有足够的稳定过程。混凝土支撑内的钢筋计、钢支撑轴力计、土层锚杆轴力计及锚杆应力计等需随施工进度而埋设的组件,在埋设后读取初读数。

基坑工程监测频率的确定应能满足系统反映监测对象所测项目的重要变化过程,而又不遗漏其变化时刻的要求,因此基坑工程的监测频率不是一成不变,而是根据基坑开挖及地下工程的施工进程、施工工况以及其他外部环境影响因素的变化及时地做出调整。一般在基坑开挖期间,地基土处于卸荷阶段,支护体系处于逐渐加荷状态,应适当加密监测;当基坑开挖完后一段时间,监测值相对稳定时,可适当降低监测频率。监测项目的监测频率应考虑基坑类别、基坑及地下工程的不同施工阶段以及周边环境、自然条件的变化和当地经验综合确定。对于应测项目,在无数据异常和事故征兆的情况下,开挖后现场仪器监测频率可按表3-7确定。

现场仪器监测的监测频率[《建筑基坑工程监测技术规范》(GB 50497—2009)]　　表3-7

基坑类别	施工进程		基坑设计深度			
			≤5m	5~10m	10~15m	>15m
一级	开挖深度 (m)	≤5	1次/d	1次/2d	1次/2d	1次/2d
		5~10	—	1次/d	1次/d	1次/d
		>10	—	—	2次/d	2次/d
	底板浇筑后时间 (d)	≤7	1次/d	1次/d	2次/d	2次/d
		7~14	1次/3d	1次/2d	1次/d	1次/d
		14~28	1次/5d	1次/3d	1次/2d	1次/d
		>28	1次/7d	1次/5d	1次/3d	1次/3d
二级	开挖深度 (m)	≤5	1次/2d	1次/2d	—	—
		5~10	—	1次/d	—	—
	底板浇筑后时间 (d)	≤7	1次/2d	1次/2d	—	—
		7~14	1次/3d	1次/3d	—	—
		14~28	1次/7d	1次/5d	—	—
		>28	1次/10d	1次/10d	—	—

注:1. 有支撑的支护结构各道支撑开始拆除到拆除完成后3d内监测频率应为1次/d。
　　2. 基坑工程施工至开挖前的监测频率视具体情况确定。
　　3. 当基坑类别为三级时,监测频率可视具体情况适当降低。
　　4. 宜测、可测项目的仪器监测频率可视具体情况适当降低。

当出现异常现象和数据时,应提高监测频率甚至连续监测;当有危险事故征兆时,应实时跟踪监测,并及时向甲方、施工方、监理及相关单位报告监测结果。具体情况如下:监测数据达到报警值;监测数据变化较大或者速率加快;存在勘察未发现的不良地质;超深、超长开挖或未及时加撑等未按设计工况施工;基坑及周边大量积水、长时间连续降雨、市政管道出现泄漏;基坑附近地面荷载突然增大或超过设计限值;支护结构出现开裂;周边地面突发较大沉降或出现严重开裂;邻近建筑突发较大沉降、不均匀沉降或出现严重开裂;基坑底部、侧壁出现管涌、渗漏或流砂等现象;基坑工程发生事故后重新组织施工;出现其他影响基坑及周边环境安全的异常情况。

测读数据必须在现场整理,对数据有疑虑可及时复测,当数据接近或达到报警值时应尽快通知有关单位,以便施工单位采取应急措施。监测日报表最好当天提交,最迟不能超过次日上午,以便施工单位尽快据此安排和调整生产进度。如监测数据不准确,不能及时提供信息反馈,指导施工就失去监控的意义。

三、监测警戒值和报警

在基坑工程监测中,每一监测项目都应根据工程的实际情况、周边环境和设计要求,事先确定相应的警戒值,以判断位移或受力状况是否会超过允许范围,判断工程施工是否安全可靠,是否需调整施工步序或优化原设计方案。因此,监测项目警戒值的确定对工程安全至关重要。一般情况下,警戒值应由两部分控制,即总允许变化量和单位时间内允许变化量。

1. 警戒值的确定原则

基坑工程施工监测的预警值就是设定一个定量化指标系统,在其容许的范围之内认为工程是安全的,并对周围环境不产生有害影响,否则认为工程是非稳定或危险的,并将对周围环境产生有害影响。建立合理的基坑工程监测的预警值是一项十分复杂的研究课题,工程的重要性越高,其预警值的建立越困难。

预警值应根据下列原则确定:满足现行的相关规范、规程的要求,大多是位移或变形控制值;对于围护结构和支撑内力、锚杆拉力等,不超过设计计算预估值;根据各保护对象的主管部门提出的要求;在满足监控和环境安全的前提下,综合考虑工程质量、施工进度、技术措施及经济等因素。

2. 警戒值的确定

确定预警值主要参照现行相关规范和规程的规定值、经验类比值以及设计预估值这三个方面的数据,各级基坑变形的设计和控制值见表3-8;此外还要综合考虑基坑规模、工程地质和水文地质条件、周围环境的重要性程度以及基坑的施工方案等因素。确定变形控制标准时,应考虑变形的时空效应,并控制监测值的变化速率,安全等级为一级的基坑工程宜控制在 2～3mm/d 之内,安全等级为一级以下的基坑工程宜控制在 3～5mm/d 之内;当变化速率突然增加或连续保持高速率时,应及时分析原因,采取相应对策。

基坑及支护结构监测报警值 表3-8

序号	监测项目	支护结构类型	基坑类别								
			一级			二级			三级		
			累计值		变化速率	累计值		变化速率	累计值		变化速率
			绝对值	相对基坑深度(h)控制值		绝对值	相对基坑深度(h)控制值		绝对值	相对基坑深度(h)控制值	
			(mm)	(%)	(mm/d)	(mm)	(%)	(mm/d)	(mm)	(%)	(mm/d)
1	围护墙(边坡)顶部水平位移	放坡、土钉墙、喷锚支护、水泥土墙	30～35	0.3～0.4	5～10	50～60	0.6～0.8	10～15	70～80	0.8～1.0	15～20
		钢板桩、灌注桩、型钢水泥土墙、地下连续墙	25～30	0.2～0.3	2～3	40～50	0.5～0.7	4～6	60～70	0.6～0.8	8～10

序号	监测项目	支护结构类型	一级 累计值 绝对值 (mm)	一级 累计值 相对基坑深度(h)控制值 (%)	一级 变化速率 (mm/d)	二级 累计值 绝对值 (mm)	二级 累计值 相对基坑深度(h)控制值 (%)	二级 变化速率 (mm/d)	三级 累计值 绝对值 (mm)	三级 累计值 相对基坑深度(h)控制值 (%)	三级 变化速率 (mm/d)
2	围护墙（边坡）顶部竖向位移	放坡、土钉墙、喷锚支护、水泥土墙	20～40	0.3～0.4	3～5	50～60	0.6～0.8	5～8	70～80	0.8～1.0	8～10
		钢板桩、灌注桩、型钢水泥土墙、地下连续墙	10～20	0.1～0.2	2～3	25～30	0.3～0.5	3～4	35～40	0.5～0.6	4～5
3	深层水平位移	水泥土墙	30～35	0.3～0.4	5～10	50～60	0.6～0.8	10～15	70～80	0.8～1.0	15～20
		钢板桩	50～60	0.6～0.7	2～3	80～85	0.7～0.8	4～6	90～100	0.9～1.0	8～10
		型钢水泥土墙	50～55	0.5～0.6		75～80	0.7～0.8		80～90	0.9～1.0	
		灌注桩	45～50	0.4～0.5		70～75	0.6～0.7		70～80	0.8～0.9	
		地下连续墙	40～50	0.4～0.5		70～75	0.7～0.8		80～90	0.9～1.0	
4	立柱竖向位移		25～35	—	2～3	35～45	—	4～6	55～65	—	8～10
5	基坑周边地表竖向位移		25～35	—	2～3	50～60	—	4～6	60～80	—	8～10
6	坑底隆起(回弹)		25～35	—	2～3	50～60	—	4～6	60～80	—	8～10
7	土压力		(60%～70%)f_1			(70%～80%)f_1			(70%～80%)f_1		
8	孔隙水压力										
9	支撑内力		(60%～70%)f_2			(70%～80%)f_2			(70%～80%)f_2		
10	围护墙内力										
11	立柱内力										
12	锚杆内力										

注：1. h-基坑设计开挖深度；f_1-荷载设计值；f_2-构件承载能力设计值。

　　2. 累计值取绝对值和相对基坑深度(h)控制值两者的小值。

　　3. 当监测项目的变化速率达到表中规定值或连续3d超过该值的70%，应报警。

　　4. 嵌岩的灌注桩或地下连续墙报警值宜按上表数值的50%取用。

重力式挡墙最大水平位移预估值的确定详见工程建设行业标准《建筑基坑工程技术规范》(YB 9258—1997)，参见表3-9。

重力式挡墙最大水平位移预估值　　　　　　　　　　表3-9

墙的纵向长度(m)		≤30	30～50	>50
土层条件	良好地基	(0.005～0.01)H	(0.010～0.015)H	>0.015H
	一般地基	(0.015～0.02)H	(0.02～0.025)H	>0.025H
	软弱地基	(0.025～0.035)H	(0.035～0.045)H	>0.045H

注：H-监控开挖深度。

相邻房屋的安全与正常使用判别准则应参照国家或地区的房屋检测标准确定。如表3-10所列为建筑物的基础倾斜允许值。建筑整体倾斜度累计值达到2/1000或倾斜速度连续3d大于$0.0001H/d$（H为建筑承重结构高度）时报警。

建筑物的基础倾斜允许值   表3-10

建筑物类别		允许倾斜	建筑物类别		允许倾斜
多层和高层建筑地基	$H \leq 24m$	0.004	高耸结构基础	$H \leq 20m$	0.008
	$24m < H \leq 60m$	0.003		$20m < H \leq 50m$	0.006
	$60m < H \leq 100m$	0.002		$50m < H \leq 100m$	0.005
	$H > 100m$	0.0015		$100m < H \leq 150m$	0.004
	—	—		$150m < H \leq 200m$	0.003
	—	—		$H > 250m$	0.002

注：H为建筑物地面以上高度；倾斜用基础倾斜方向二端点的沉降盖与其距离的比值表示。

地下管线的允许沉降和水平位移量值由管线主管单位根据管线的性质和使用情况确定。如无具体规定，可按表3-11采用。

建筑基坑工程周边环境监测报警值   表3-11

	项 目 监 测 对 象		累计值（mm）	变化速率（mm/d）	备 注
1	地下水位变化		1000 —	500	
2	管线位移	刚性管道 压力	10～30 —	1～3	直接观察点数据
		刚性管道 非压力	10～40	3～5	
		柔性管线	10～40 —	3～5	
3	邻近建筑位移		10～60	1～3	
4	裂缝宽度	建筑	1.5～3	持续发展	
		地表	10～15	持续发展	—

此外，经验类比值是根据大量工程实际经验积累而确定的预警值，如下一些经验预警值可以作为参考：煤气管道的沉降和水平位移，均不得超过10mm，每天发展不得超过2mm；自来水管道沉降和水平位移，均不得超过30mm，每天发展不得超过5mm；基坑内降水或基坑开挖引起的基坑外水位下降不得超过1000mm，每天发展不得超过500mm；基坑开挖中引起的立柱、桩隆起或沉降不得超过10mm，每天发展不得超过2mm；支护墙体位移，对只存在基坑本身安全的监测，最大位移一般取80mm，每天发展不超过10mm；对周围有需严格保护构筑物的基坑，应根据保护对象的需要来确定；对支护结构墙体侧向位移和弯矩等光滑的变化曲线，若曲线上出现明显的转折点，也应作报警处理。

基坑与周围环境的位移和变形值是为了基坑安全和对周围环境不产生有害影响需要在设计和监测时严格控制的；而围护结构和支撑的内力、锚杆拉力等，则是在满足以上基坑和周围环境的位移和变形控制值的前提下由设计计算得到的。因此，围护结构和支撑内力、锚杆拉力等应以设计预估值作为确定预警值的依据,一般将预警值确定为设计允许最大值的80%。

3. 监测报警

在施工险情预报中,应同时考虑各项监测内容的量值和变化速度及其相应的实际变化曲线,结合观察到的结构、地层和周围环境状况等综合因素做出预报。从理论上讲,设计合理的、可靠的基坑工程,在每一工况的挖土结束后,应该是一切表征基坑工程结构、地层和周围环境力学形态的物理量随时间而渐趋稳定;反之,如果测得表征基坑工程结构地层和周围环境力学形态特点的某一种或某几种物理量,其变化随时间不是渐趋稳定,则可以断言该工程是不稳定的,必须修改设计参数、调整施工工艺。

位移—时间曲线是判断基坑工程稳定性的重要依据,施工监测到的位移—时间曲线可能呈现出三种形态:曲线始终保持变形加速度小于0,则该工程是稳定的;曲线出现变形加速度等于0,即变形速度不再继续下降,则工程进入"定常蠕变"状态,须发出警告,应加强围护和支撑系统;曲线出现变形加速度大于0,则表示已进入危险状态,须立即停工,进行加固。此外,对于围护结构侧向位移曲线和弯矩曲线上发生的明显转折点或突变点,也应引起足够的重视。

当出现下列情况之一时,必须立即进行危险报警,并对基坑支护结构和周边环境中的保护对象采取应急措施:当监测数据达到监测报警值的累计值;基坑支护结构或周边土体的位移突然明显增长或基坑出现流砂、管涌、隆起、陷落或较严重的渗漏等;基坑支护结构的支撑或锚杆体系出现过大变形、压屈、断裂、松弛或拔出的迹象;周边建筑的结构部分、周边地面出现较严重的突发裂缝或危害结构的变形裂缝;周边管线变形突然明显增长或出现裂缝、泄漏等;根据当地工程经验判断,出现其他必须进行危险报警的情况。

报警制度宜分级进行,如目前基坑常用的三分级:达到报警值的80%时,在日报表上做预警记号,口头报告管理人员;达到报警值的100%时,在日报表上做报警记号,写出书面报告面交管理人员;达到报警值的110%时,在日报表上做紧急报警记号,除写出书面报告外,通知主管工程师立即到现场调查,开现场会,研究应急措施。

四、基坑监测报表和监测报告

1. 监测报表

在基坑监测前要设计好各种记录表格和报表。记录表格和报表应分监测项目、根据监测点的数量分布合理地设计。记录表格的设计应以记录和数据处理方便为原则,并有一定的空间,一般对监测中观测到和出现的异常情况做及时记录。监测报表一般形式有日报表、周报表、阶段报表。其中日报表最为重要,通常作为施工调整和安排的依据;周报表作为参加工程例会的书面文件,对一周的监测成果作简要的汇总;阶段报表作为某个基坑施工阶段监测数据的小结。

监测日报表应及时提交给工程建设、监理、施工、设计、管线与道路监察等有关单位,并另备一份经工程建设或现场监理工程师签字后返回存档,作为报表及监测工程量结算的依据。报表中应尽可能配备形象化的图形或曲线,如测点位置图或桩墙体深层水平位移曲线图等,使工程施工管理人员能够一目了然。报表中呈现的必须是原始数据,不得随意修改、删除,对有疑问或由人为和偶然因素引起的异常点应该在备注中说明。

在监测过程中除了要及时整理出各种类型的报表、绘制测点布置位置平面和剖面图外,还要及时整理各监测项目的汇总表和一些曲线,如各监测项目时程曲线、各监测项目的速率时程曲线、各监测项目在不同工况和特殊日期变化发展的形象图(如围护墙顶、建筑物和管线的水平位移和沉降用平面图、水压力和土压力可用剖面图)。

在绘制各监测项目时程曲线、速率时程曲线以及在不同工况和特殊日期变化发展的形象图时,应将工况点、特殊日期以及引起变化显著的原因标在各种曲线和图上,以便较直观地看到各监测项目物理量变化的原因。上述这些曲线应每天加入新的监测数据,逐渐延伸,并将预警值也画在图上,以便及时看到数据的变化趋势和变化速度,以及接近预警值的程度。

2. 监测报告

在工程结束时应提交完整的监测报告。监测报告是监测工作的回顾和总结,主要包括如下内容:

(1)工程概况。

(2)监测项目和各测点的平(立)面布置图。

(3)所采用的仪器设备和监测方法。

(4)监测数据处理方法、监测结果汇总表和有关汇总分析曲线。

(5)监测结果的评价。

前三部分的格式和内容与监测方案基本相似,可以监测方案为基础,按监测工作实施的具体情况,如实地叙述监测项目、测点布置、测点埋设、监测频率、监测周期等方面的情况,要着重论述与监测方案相比,在监测项目、测点布置的位置和数量上的变化及变化的原因等。同时附上监测工作实施的测点位置平面布置图和必要的监测项目(土压力盒、孔隙水压力计、深层沉降和侧向位移、支撑轴力)剖面图。

第四部分是监测报告的核心,主要内容包括:整理各监测项目的汇总表、各监测项目时程曲线、各监测项目的速率时程曲线;在各种不同工况和特殊日期变化发展的形象图的基础上,对基坑及周围环境各监测项目的全过程变化规律和变化趋势进行分析,提出各关键构件或位置的变位或内力的最大值;与原设计预估值和监测预警值进行比较,并简要阐述其产生的原因。在论述时应结合监测日记记录的施工进度、挖土部位、出土量多少、施工工况、天气和降雨等具体情况对数据进行分析。

第五部分是监测工作的总结与结论,通过基坑围护结构受力和变形以及对相邻环境的影响程度,对基坑设计的安全性、合理性和经济性进行总体评价,总结设计施工中的经验教训,尤其要总结信息反馈对施工工艺和施工方案的调整及改进所起的作用。

任何一个监测项目从方案拟订、实施到完成后对数据进行分析整理,除积累大量第一手的实测资料外,总能总结出相当的经验和有规律性的东西,不仅对提高监测工作本身的技术水平有很大的促进,对丰富和提高基坑工程的设计和施工技术水平也有很大的促进。监测报告的撰写是一项认真而仔细的工作,报告撰写者需要对整个监测过程中的重要环节、事件乃至各个细节都比较了解,这样才能够真正地理解和准确地解释所有报表中的数据和信息,并归纳总结出相应的规律和特点。因此,撰写报告最好由亲自参与每天监测和数据整理工作的人结合每天的监测日记写出初稿,再由既有监测工作和基坑设计实际经验,又有较好的岩土力学和地下结构理论功底的专家进行分析、总结和提高,这样的监测总结报告不仅对类似工程有较好的借鉴作用,而且对该领域的科技有较大的推动作用。对于兼作地下结构外墙的围护结构,有关墙体变位、圈梁内力、围护渗漏等方面的实测结果都将作为构筑物永久性资料归档保存,以便日后查阅。在这种情况下,基坑监测报告的重要性将提高到更高一个层次。

第四节 工程实例——森林公园南门地铁车站北部深基坑围护结构变形特性监测

一、工程概况

北京地铁八号线上从南向北共有北土城站、奥体中心站、奥林匹克公园站、森林公园南门站四个车站。森林公园南门站是北京地铁八号线一期的第四座车站,也是北端终点站,位于中轴路与科荟路相交的十字路口下,车站南北横跨科荟路,车站北侧设折返线,车站南北中轴线与北京城市中轴线重合,车站中心里程为 K4 + 1.956。

森林公园南门站为岛式站台车站,站台宽 14.0m;车站南段车站北侧是规划的森林公园,南侧是北京奥林匹克公园,西侧是奥运村。与景观大道结合,结构标准断面宽 23.0m,三层三跨框架结构;车站北段与景观平台结合,结构面宽为 23.0m 和 25.1m,三跨框架结构;层数为 2~4 层。南端设两个出入口,均与景观大道结合;北端设地面出入口一座,并与周围公交枢纽相结合,地面出入口顶端为规划景观平台。车站南北端各设单层风道共 4 座。车站为地下两层三跨岛式站台,主体结构呈南北走向,轨顶高程 28.986m,埋深 15.6m 左右,主体结构南北长 179.40m,其中南段长约 57.60m,宽 33.00m;中间段长为 56.40m,宽为 23.10m;北段长约 65.40m,宽 42.70m。该站结构底板高程 27.296m,底板埋深 17.114~17.564m。主体结构顶板高程为 35.60m 左右,顶板埋深为 9.0m 左右。

依据目前车站与景观大道、景观平台的结合方案,并综合考虑车站站址环境及周边规划情况。本站采用明挖施工,由于科荟路下车站结构已施工完毕(即预埋段),本次基坑分为南、北两个独立基坑(图 3-22),北区基坑与折返线基坑相接。

图 3-22 森林公园站基坑分区示意图

二、基坑围护方案

1. 围护结构形式

北区基坑地下一层(上级基坑)采用放坡开挖,分两级放坡,坡比为 1:1.25,开挖深度为 7.7m 左右,地下二层(下级基坑)采用 $\phi800mm$ 的钻孔灌注桩加两层内支撑系统,开挖深度为 9.7m 左右,开挖宽度为 24.7m,基坑总开挖深度为 17.4m 左右。基坑开挖剖面及地质情况如图 3-23 所示。

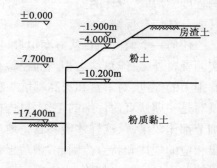

图 3-23 基坑剖面及土层分布

2.围护结构参数设计

车站主体北区基坑剖面如图3-24所示。桩长为15m,入土深度5.3m,第一层钢支撑的轴力设计值为382.3kN/m,第二层钢支撑的轴力设计值为876.5kN/m。选用钻孔灌注桩的参数为$\phi800@1200mm$,桩间采用喷射混凝土封层找平,桩顶设冠梁;内支撑采用钢管支撑,水平间距为2.80m、2.60m和2.65m,第一层钢支撑直径为600mm,壁厚$t=12mm$,第二层钢支撑直径为800mm,壁厚$t=14mm$。

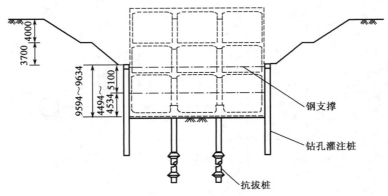

图3-24　车站主体北区基坑剖面(尺寸单位:mm)

3.监测方案

1)监测内容

为确保基坑施工顺利进行和基坑周围建筑物、地下管线的安全,在基坑开挖过程中对以下八项进行现场监测:桩体变形、锚索拉力、钢支撑抽力、桩内钢筋应力、基坑内外观察、边坡土体顶部水平位移、桩顶位移和地下水位。监测内容主要有以下几个方面:围护桩桩体水平位移(桩体变形)、围护桩钢筋内力和钢支撑轴力。重点分析图3-25中截面1-1围护桩变形、锚索受力和钢支撑轴力变化规律。截面1-1剖面监测点布置见图3-26。

2)监测仪器

桩体变形采用CX系列钻孔测斜仪测量;锚索应力采用钢弦式锚索应力计和SS-Ⅱ型频率计数器测量;钢支撑轴力,在钢支撑的一端安装钢弦式轴力计监测支撑轴力,采用SS-Ⅱ型频率计数器测量;护坡桩桩身内力监测采用JXG-1型钢弦式钢筋应力传感器和SS-Ⅱ型频率计数器;基坑内外观察、边坡土体顶部水平位移及桩顶位移选用高精度经纬仪测量。

3)观测时间与频率

观测周期、次数确定为:自开挖起,1~7d内,每12h观测一次;8~15d内,每天观测一次;16~30d内,每2d观测一次;30d以后,每3d观测一次。当变形超过有关标准或场地变化较大时,加大观测频率;当大雨、暴雨或基坑荷载条件改变时应及时监测;当有危险事故征兆时应连续观测。根据工程进度安排,基坑监测时间与基坑施工保持同步。

4)监测点的布设

为经济有效地获得监测数据,力争用较少的工作量来反映整个基坑的稳定情况,采取在典型区域集中布置相关测试项目的原则,以达到各种测试结果、作用关系相互验证的目的。根据工程的实际情况,对车站主体结构北区基坑采用如下测点布置方式:

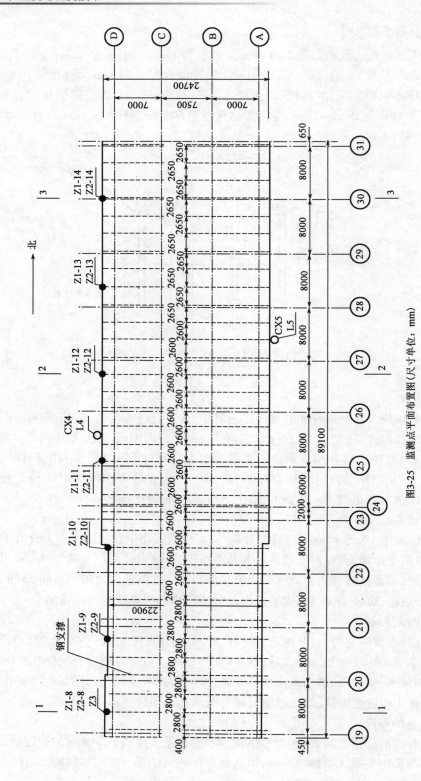

图3-25　监测点平面布置图（尺寸单位：mm）

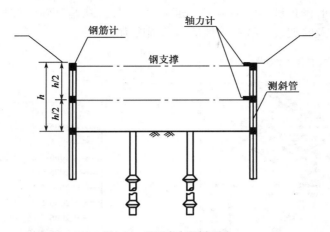

图 3-26 监测点布置剖面图

围护桩桩体水平位移(桩体变形)监测点布置,在基坑东西两长边中点的围护桩上各布置一个桩体水平位移监测点,编号为 CX4 和 CX5;围护桩钢筋内力监测点与桩体水平位移监测点布置在同一根围护桩上,编号为 L4 和 L5。钢支撑轴力监测点布置,基坑内钢支撑共有 2 层(1-1 断面为 3 层,见图 3-30),每 15m 布置一个轴力监测点,第一层监测点编号为 Z1-8 ~ Z1-14,第二层监测点编号为 Z2-8 ~ Z2-14,第三层监测点编号为 Z3,共 15 个监测点。

5)监测频率

基坑开挖期间,对围护桩桩体变形、钢筋内力和钢支撑轴力进行 24h 监测,开挖完毕后每天量测一次,浇筑完底板后 3d 量测一次。

4.监测数据分析

1)桩身水平位移变化规律

桩体水平位移是基坑监测的一个主要内容,在基坑两个长边上共布置了两个测斜孔(编号为 CX4、CX5)。其中,CX4 测斜孔由于施工原因未能进行正常测试,选取 CX5 的测斜数据进行分析。如图 3-27 所示为关键工况下 CX5 的桩体水平位移—深度变化曲线,其中负值表示桩体向基坑内位移,正值表示向基坑外位移。

从图 3-27 可以看出:在下级基坑开挖阶段,2006 年 4 月 22 日开挖第一层土(冠梁至第二层钢支撑处)未施加钢支撑时,围护桩的最大水平位移为 6.37mm,出现在桩顶。当 5 月 9 日施加第一层钢支撑后,围护桩的最大水平位移为 8.17mm,出现在 3.5m 处。5 月 16 日基坑开挖第二层土(开挖至基底)未施加第二层钢支撑时,围护桩的最大水平位移为 11.93mm,出现在 6m 处。当 5 月 27 日施加第二层钢支撑后,围护桩的最大水平位移为 15.58mm,出现在 6m 处。基坑开挖至基底后,到 6 月 21 日浇筑底板,期间桩体水平位移继续增大,但增加的幅度显著减小。当 7 月 16 日拆除第二层钢支撑后,围护桩的水平位移有增大的趋势,但增大的幅度并不大。由于 7 月 20 日 CX5 处的测斜管道到破坏,未能继续监测。

通过上述分析可得桩身水平位移变化规律如下:

当基坑开挖第一层土(冠梁至第二层钢支撑处)未施加钢支撑时,桩顶产生较大位移,并且在施加第一层钢支撑后,该位移也很难恢复。从 5 月 16 日基坑开挖到基底,到 5 月 27 日施加第二层钢支撑期间,围护桩的水平位移迅速增大。因此,在基坑施工过程中,应该尽量减少无支撑暴露的时间,及时架设支援并施加适当的预应力。

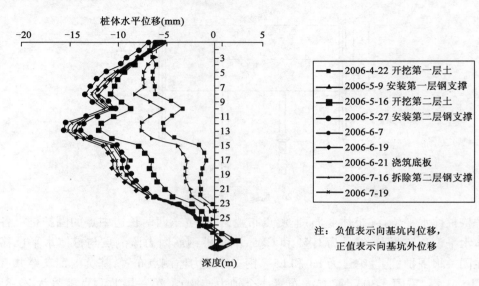

图 3-27 关键工况下 CX5 桩体水平位移—深度变化曲线

基坑开挖过程中,围护桩的最大水平位移与开挖深度和时间的关系非常密切。从围护桩变形曲线的形态来看,在基坑开挖到一定深度而未架设钢支撑时,围护桩呈向坑内变形的前倾型曲线,桩顶水平位移最大。随着基坑的开挖和支撑的施加,围护桩变形曲线由前倾型逐渐向弓形变化,最大水平位移发生的部位也随之下移。在 5 月 27 日施加第二层钢支撑后,桩体水平位移增加的速率减小,说明钢支撑可以大大限制桩体的水平位移。

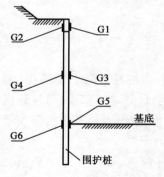

图 3-28 钢筋计编号示意图

2)围护桩钢筋内力变化规律

为了解基坑施工过程中围护桩的受力情况,在基坑两个长边上共布置了两个围护桩内力监测点(编号为 L4、L5),其中 L4 由于施工过程中将钢筋计的导线破坏,L5 中 G2 和 G5 钢筋计导线损坏,无法进行正常测试,以下分析监测点 L5 的 G1、G3、G4 和 G6 钢筋计测得的数据。钢筋计编号示意图如图 3-28 所示,如图 3-29 所示为钢筋内力—时间变化曲线。

从图 3-29 可以看出,5 月 9 日安装该处第一层钢支撑后,钢筋计 G1、G3、G6 受拉,G4 受压,这段时期内各钢筋计的内力增加缓慢。5 月 16 日基坑开挖至基底,各钢筋计内力突然增加。从基坑开挖至基底到 5 月 27 日安装该处第二层钢支撑这段时间内,钢筋计 G6 由受拉变为受压。在安装该处的第二层钢支撑后,钢筋计 G1、G3 和 G4 的受力明显减小,而 G6 却略有增加。在 6 月 21 日底板浇筑完毕后,各钢筋计的变化不是很明显。7 月 16 日拆除该处的第二层钢支撑后,各钢筋计的受力都略有增加。由于 7 月 20 日 L5 测点遭到破坏,未能继续监测。

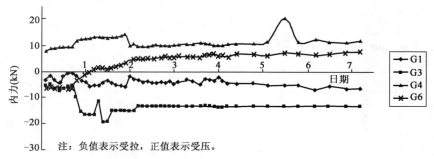

注：负值表示受拉，正值表示受压。

图 3-29 桩体钢筋内力—时间变化曲线

注：横轴上的数字对应时间：0 – 2006.5.8；1 – 2006.5.18；2 – 2006.5.28；3 – 2006.6.7；4 – 2006.6.17；5 – 2006.6.27；6 – 2006.7.7；7 – 2006.7.17

通过上述分析可得围护桩钢筋内力变化规律如下：钢筋受力均较小，因此在围护桩设计时可以考虑酌情折减钢筋的配筋量，以降低造价，提高经济效益；钢支撑能够调整围护桩的受力，如在施加第二层钢支撑后钢筋计受力减小，而拆除第二层钢支撑后钢筋计的受力增加；基坑施工过程中，从每层土开挖完毕到施加该层钢支撑这段时间以及钢支撑拆除过程为最不利时期，应尽量减少基坑无支撑暴露的时间。

3）钢支撑轴力变化规律

在基坑施工过程中，对两层钢支撑（1-1 断面为三层）的轴力进行监测，可以指导施工，防止由于轴力过大使围护结构发生破坏。根据设计要求，每 15m 布置一个钢支撑轴力监测点，共 15 个监测点。测试结果较多，选取具有代表性的三个断面的钢支撑轴力进行分析（图 3-29），轴力变化曲线见图 3-30 ~ 图 3-32。

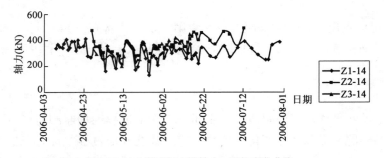

图 3-30 1-1 断面钢支撑轴力—时间变化曲线

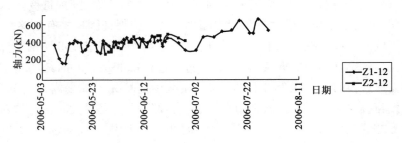

图 3-31 2-2 断面钢支撑轴力—时间变化曲线

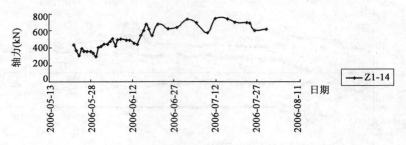

图 3-32　3-3 断面钢支撑轴力—时间变化曲线

从图 3-30 可以看出,对于 1-1 断面,在 4 月 9 日安装第一层钢支撑(Z1-8)之前已经开挖至第二层钢支撑处,其轴力由于施工和气温等因素的影响有所波动,但基本保持稳定。当 4 月 16 日开挖第二层钢支撑至基底的土层后,其轴力明显增加。4 月 27 日安装第二层钢支撑(Z2-8),安装后轴力减小,说明预应力有损失,而后保持稳定,期间 Z1-8 的轴力基本不变。5 月 1 日安装第三层支撑(Z3),在安装 Z3 后初期,轴力有所减小,说明同样存在预应力损失问题,而 Z1-8 和 Z2-8 的轴力都明显减小,其后由于施工及气温等因素的影响,三层钢支撑的轴力呈波动趋势,6 月 4 日浇筑底板后基本保持稳定。在 6 月 16 日拆除 Z3 后,Z1-8 的轴力呈减小趋势,而 Z2-8 的轴力呈增大趋势。

从图 3-31 可以看出,对于 2-2 断面,第一层钢支撑(Z1-12)安装初期同样存在预应力损失问题。在 5 月 16 日开挖第二层支撑至基底的土层后,其轴力明显增大。5 月 27 日安装第二层钢支撑(Z2-12)后,随着 Z2-12 轴力的增大,Z1-12 的轴力呈减小的趋势。6 月 21 日浇筑底板后,两层钢支撑的轴力都减小。在 7 月 16 日拆除 Z2-12 处钢支撑后,Z1-12 的轴力增大。

从图 3-32 可以看出,对于 3-3 断面,在安装第一层钢支撑(Z1-14)时已经开挖至基底,由于未安装第二层钢支撑(Z2-14),Z1-14 的轴力一直呈增大趋势,在 7 月 19 日浇筑底板后轴力才有所减小。

5. 结论

通过北京地铁八号线森林公园南门站北部基坑施工过程现场监测研究,可以得到基坑施工过程中围护结构的变形和受力变化规律,主要有:基坑开挖过程中,围护桩的最大水平位移与开挖深度和时间密切相关;在基坑开挖到一定深度而未架设钢支撑时,围护桩呈向坑内变形的前倾型曲线,桩顶水平位移最大;随着基坑的开挖和支撑的架设,围护桩变形曲线由前倾型逐渐向弓形变化,最大水平位移发生的位置也随之下移。应保证围护桩有足够的入土深度,因为桩体的变形不仅发生在开挖面以上,在开挖面以下也会产生一定变形。钢支撑能够控制围护桩水平位移及桩内钢筋内力的继续增大,基坑施工过程中的最不利时期为每层土开挖完毕到施加该层钢支撑这段时间以及钢支撑拆除时,应减少基坑无支撑暴露的时间并加强监测。下层支撑的架设与拆除对上层支撑的轴力有影响,省掉设计中应架设的钢支撑对于围护体系非常不利。钢支撑的轴力由于受到施工情况和气温的影响产生了波动,应尽量在每天的同一时间测量钢支撑的轴力。在基坑施工过程中,钢支撑的轴力均未达到轴力设计值,表明钢支撑是安全的且钢支撑轴力还有比较大的利用空间,应对设计方案进行优化。

复习思考题

1. 基坑工程监测的目的和意义有哪些?

2. 简述基坑工程现场监测的主要内容。

3. 简述基坑工程变形监测的内容及各其对应监测方法和所用的仪器设备。

4. 绘图并说明测斜仪的工作原理,并简述测斜管的埋设方法。

5. 绘图并说明分层沉降仪的工作原理,并简述其埋设方法。

6. 基坑回弹监测的常用仪器有哪些? 各自的监测方法是什么?

7. 简述支护结构内力监测的内容及各其对应监测方法和所用的仪器设备。

8. 简述土压力和孔隙水压力的监测方法,并分别说明土压力盒和孔隙水压力计的安装方法。

9. 基坑地下水位监测的方法是什么?

10. 简述基坑及支护结构监测点布置原则。

11. 简述周边环境监测点的布置原则。

12. 简述监测期限的定义和监测频率的选定方法。

13. 基坑监测警戒值的确定原则是什么?

14. 简述位移时间曲线和基坑稳定之间的关系。

15. 基坑工程监测报警三分级的内容是什么?

16. 基坑工程监测包含哪些监测报表? 基坑工程监测报告的主要内容有哪些?

第四章　隧洞工程监测

第一节　隧洞工程监测的目的

请扫码观看第四章电子课件

在岩土介质中修建隧道或洞室,由于穿越地层的地质条件千变万化,岩土介质的物理力学性质异常复杂,而工程地质勘察多是局部的、有限的,因而对地质条件、岩土介质物理力学性质的认识总存在诸多不确定性和不完善性。由于地下隧洞是在这样的前提条件下设计和施工的,所以设计和施工方案总存在着某些不足,需要在施工中进行检验和改进。为保证洞室、隧道工程安全、经济、顺利地进行,并在施工过程中实时改进施工工艺和参数,需对隧洞工程修建全过程进行监测。在设计阶段要根据周围环境、地质条件、施工工艺特点,做出施工监测设计和预算,在施工阶段要按监测结果及时反馈,以合理调整施工参数和技术措施,最大限度地减少地层移动,以确保工程安全并保护周围环境。

总的来说,监测的目的就是掌握围岩稳定与支护受力、变形的动态信息,并以此判断设计、施工的安全与经济。具体说来,监测的目的如下:及时掌握和提供围岩和支护系统的变化信息和工作状态;评价围岩和支护系统的稳定性、安全性;及时预报围岩险情,以便采取措施,防止事故发生;指导安全施工,修正施工参数或工序;验证、修改设计参数;为地下隧洞设计和施工积累资料,为围岩稳定性理论研究提供基础数据;对地下隧洞未来性态做出预测,依据各类观测曲线的形态特征,掌握其变化规律,对其未来性态做出有效预测;法律及公证的需要,经过认证的监测单位,提供的监测结果具有公正效力;对由于工程事故引起的责任和赔偿问题,监测资料有助于确定其原因和责任;作为工程运营时的监测手段。

第二节　隧洞工程监测的内容及测试方法

隧洞工程监测的内容,一般包括现场观测、岩体力学参数测试、应力应变测试、压力测试、位移测试、温度测试和物探测试。

一、应力应变测试

隧洞工程的应力应变测试主要包括岩体支护、衬砌内应力、表面应力量测等内容。其目的是了解混凝土的变形特性以及混凝土的应力状态;掌握混凝土喷层所受应力的大小,判断喷射混凝土的稳定状况;判断支护结构长期使用的可靠性以及安全程度;检验二次衬砌设计的合理性;积累资料。

1. 量测原理

混凝土应力量测包括初期支护喷射混凝土应力和二次衬砌模筑混凝土应力量测,是将量测元件(装置)直接安装于喷层或二次衬砌中,测试围岩变形过程中由不受力状态逐渐过渡到受力状态过程中的应力变化。

2. 量测方法

目前,量测混凝土应力的方法主要有应力(应变)计量测法和应变砖量测法。

1)应力(应变)计量测法

混凝土应变计,如图 4-1 所示,是量测混凝土应力的常用仪器,量测时将应变计埋入混凝土层内,通过钢弦频率测定仪测出应变计受力后的振动频率,用相关公式进行计算,也可用图表法从事先标定出的频率—应变曲线上求出作用在混凝土层上的应变,然后再转求应力。

2)应变砖量测法

应变砖量测法,也称电阻量测法。所谓应变砖,实质上是由电阻应变片、外加银箔防护做成银箔应变计,再用混凝土材料制成(50~120)mm×40mm×25mm 的长方体(外壳

图 4-1　混凝土应变计

形如砖),由于可测出应变量,故名应变砖。量测时应变砖直接埋入混凝土内,混凝土在围岩应力的作用下,由不受力状态逐渐过渡到受力状态,应变砖也随着产生应力,由于应变砖和混凝土基本上是同类材料,埋入混凝土的应变砖不会引起应力的异常变化,所以应变砖可直接反映混凝土层的变形与受力的大小,这是应变砖量测较其他量测方法优异之处。采用电阻应变仪量测出应变砖应变量的大小,然后根据事先标定出应变砖的应力—应变曲线可求出混凝土层所受应力的大小。

3. 测试断面的布置

混凝土应力量测在纵断面上应与其他选测项目的布置基本相同,一般布设在有代表性的围岩段,在横断面上除要与锚杆受力量测测孔相对应布设外,还要在有代表性的部位布设测点,在实际量测中通常有三测点、六测点、九测点等多种布置形式。在二次衬砌内布设时,一般应在衬砌的内外两侧进行布置,有时也可在仰拱上布设一些测点。

4. 注意事项

为了使量测数据能直接反映混凝土层的变形状态和受力的大小,要求量测元件材质的弹性模量应与混凝土层的弹性模量相近,从而不致引起混凝土层应力的异常分布,以免量测出的应力(应变)失真,影响评价效果。

二、压力测试

地下隧洞工程的压力测试主要包含锚杆或锚索内力及抗拔力、围岩压力及两层支护间压力量测和钢支撑内力及外力测试。

1. 锚杆或锚索内力及抗拔力

锚杆或锚索内力及抗拔力量测的目的是:了解锚杆受力状态及轴力的大小,为确定合理的锚杆参数提供依据;判断围岩变形的发展趋势,概略判断围岩内强度下降区的界限;评价锚杆

的支护效果；掌握围岩内应力互分布的过程。

1）量测原理

锚杆的主要作用是限制围岩的松弛变形。这个限制作用的强弱，一方面受围岩地质条件的影响，另一方面取决于锚杆的工作状态。锚杆的工作状态好坏主要以其受力后的应力、应变来反映。因此，如果能采用某种手段测试锚杆在工作时的应力、应变值，就可以知道其工作状态的好坏，也可以由此判断其对围岩松弛变形的限制作用的强弱。

2）锚杆内力量测方法

量测采用与设计锚杆强度相等且刚度相当的各式钢筋计来观测锚杆的应力、应变。量测锚杆要依据具体工程中支护锚杆的安设位置、方式而定，如局部加强锚杆，要在加强区域内有代表性的位置设量测锚杆。

量测锚杆主要有以下类型：

（1）机械式量测锚杆

在中空的杆体内放入 4 根长细杆，将其头部固定在锚杆内预计的位置上，如图 4-2 所示。量测锚杆的长度一般在 6m 以内，测点最多为 4 个，用千分表直接量测读数，量出各点间长度的变化，而后除以被测点间距得出应变值，再乘以钢材的弹性模量，即得各点的应力。由于可了解锚杆轴力及其应力分布状态，再配以岩体内位移的测量结果就可以设计锚杆长度及根数，还可以掌握岩体内应力重分布的过程。

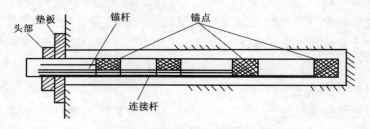

图 4-2　量测锚杆的构造与安装

（2）电阻应变片式量测锚杆

在中空锚杆内壁或在实际使用的锚杆上轴对称贴四块应变片，以四个应变片的平均值作为量测应变值，这种方法可以消除弯曲应力的影响，测得的应变值乘以钢材的弹性模量可得该点的应力，如图 4-3 所示。

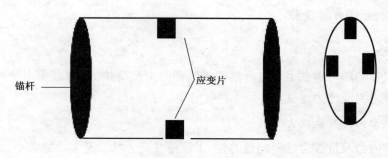

图 4-3　电阻应变片式量测锚杆

（3）电感式和差动式钢筋计量测锚杆

用接长钢筋（设计锚杆用钢筋）将钢筋计对接于测试部位（区段），制成量测锚杆，并测取空载读数，依据锚杆使用过程中测试的读数乘以钢材的弹性模量可得该点的应力。

（4）电阻式钢筋计量测锚杆

取设计锚杆，在测试部位两面对称车切、磨平后，粘贴电阻片，做好防潮处理，制成量测锚杆，并测取空载读数，依据锚杆使用过程中测试的读数乘以钢材的弹性模量可得该点的应力。

（5）振弦式钢筋计测试

振弦式钢筋计用作锚杆测力计的安装比较简单，只需将其与一定尺寸的连接杆串接即可。

量测锚杆测试中应注意以下问题：测试锚杆安装及钻孔均按设计锚杆的同等要求进行，但应注意安装过程中不得损坏电阻片、防潮层及引出导线等；做好各项记录，并及时整理；数据整理应及时进行，主要应整理出不同时间的锚杆轴力 N 或应力深度 $\sigma\text{-}L$ 关系曲线和不同深度各测点锚杆轴力 N 或应力—时间 $\sigma\text{-}t$ 关系曲线。

3）锚杆的抗拔力量测方法

锚杆的抗拔力量测采用锚杆拉拔计，如图 4-4 所示。

其操作程序及注意事项如下：锚杆拉拔计使用前，应在具有一定资质的实验室对仪器进行标定。测试前，现场加工一块铁（或钢）垫板，中间孔径不小于锚杆直径，一侧带有凹槽，凹槽长、宽及厚度稍大于锚杆垫板的相应尺寸。测试时，将预先加工的垫板放在锚杆垫板上，其带有凹槽的一面朝向岩石墙面。将锚杆拉拔计的接口与待测锚杆的外露端连接紧固。拉拔计百分表归零，然后增压使油泵压力逐渐升高。油泵压力达到设计拉力，可停止继续加压。记录锚杆位置及油泵压力值，油泵卸压。如果油泵压力未达到

图 4-4 锚杆拉拔计

设计拉力，锚杆破坏，则可认为该锚杆安装质量不合格。量测结束，根据锚杆拉拔试验的油泵压力与试验标定数据或曲线换算出锚杆拉拔力，填写锚杆拉拔测试报表，检查核实后，上报有关部门。

2. 围岩压力及两层支护间压力

围岩压力及两层支护间压力量测目的是了解初期支护、二衬对围岩的支护效果和了解初期支护、二衬的实际承载及分担围岩压力情况，检验隧道偏压，保证施工安全，优化支护参数。

1）量测原理

隧道开挖后，围岩要向净空方向变形，而支护结构要阻止这种变形，就会产生围岩作用于支护结构上的围岩压力和两层支护间的压力。对围岩应力、应变进行观测，能够及时有效地掌握围岩内部的受力与变形状态，进而判断围岩的稳定性；对围岩与支护结构之间的压力即接触应力进行量测，可及时掌握围岩与支护间的共同工作情况、稳定状态及支护的力学性能等。

2）量测手段

（1）围岩应力应变测试

围岩应力应变测试常用应变计和电测锚杆,具体有以下三种类型:

①钢弦式应变计:在使用中,把单个应变计与被测围岩刚度相匹配的钢管（钢筋）连接起来,用水泥砂浆埋入岩孔,再用频率计进行激发、接收测试。该测量不受接触电阻、外界电磁场影响,性能稳定,耐久性较好。

②差动式电阻应变计:连接方法同钢弦应变计,有灵敏度高、稳定性、耐久性好的特点。

③电测锚杆（电阻片测杆）:把电阻片按需要贴在一根剖为两半的金属或塑料管内壁上,再把两半合拢,并做好防水、防潮处理,用水泥砂浆固结在围岩测孔中。测杆的刚度要尽量与被测围岩的刚度相匹配。该测试优点是简单经济、灵敏度高;缺点是在地下潮湿环境中长期应用效果不好,性能不稳定。

（2）接触应力量测

接触应力量测一般是指围岩与支护或喷层与现浇混凝土间的接触应力测试。该量测除与围岩和支护结构的特性有关外,还与两者间的接触条件有很大关系,如密贴或回填等。多采用压力传感器（压力盒）进行测试,将压力盒埋设于混凝土支护与围岩接触面的测试部位,则压力盒所受压力即为该部位（测点）压力。常用的压力盒如下:

请扫码观看土压力盒的原理及安装视频

①钢弦式压力盒:如图 4-5 所示,作为一种弹性受力元件,具体性能稳定,便于远距离、多点观测。其具有受温度与外界条件干扰小的优点;缺点是工作条件与标定条件不一致,且与埋设介质之间存在刚度匹配和压力盒的边缘效应等问题。一般在软黏土介质中测试结果较理想。

②变磁阻调频式土压力传感器:当压力作用于承压板上时,通过油层传递到二次膜上,使之产生变形,通过改变磁路间隙、磁阻和线圈电感,从而改变 L-C 振荡电路的输出信号频率,力的变化与频率的变化成正比,以此来测定压力。如图 4-6 所示。

图 4-5　钢弦式压力盒

该传感器输出信号幅度大,抗干扰能力强,灵敏度高,适于遥测。但也存在刚度匹配问题,在较硬介质中,效果不太理想。

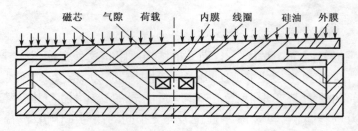

磁芯　气隙　荷载　内膜　线圈　硅油　外膜

图 4-6　变磁阻调频式土压力传感器

③格鲁茨尔压力盒：如图 4-7 所示，它是一种液压式压力计，传感元件为一扁平油腔，通过油压泵加压，由油压表直接量测油腔的压力。这种压力盒不但可以用于接触应力的测试，也可用于同种介质的内部量测。

受压部　　平衡瓣　　压力管路　　泵　　回路

图 4-7　格鲁茨尔压力盒

国内依照此原理，生产出液压枕或油压枕，如图 4-8 所示。该仪器可埋设在混凝土结构、岩体内或结构与围岩的接触面处，长期测试结构、围岩或它们的接触面的应力。液压枕测试具有直观可靠、结构简单、防潮防震、不受干扰、稳定性好、读数方便、成本低、无须电源、能在有瓦斯的隧洞工程中使用等优点，是现场测试常用的仪器。

图 4-8　液压枕

通常在混凝土结构和混凝土与围岩接触面上埋设液压枕，只需在浇筑混凝土前将其定位固定，待浇筑好混凝土后即可。在钻孔内埋设时，需先在试验位置垂直于岩面钻预计测试深度的钻孔，孔径一般为 $\phi33 \sim \phi45$，埋设前用高压风水将孔内岩粉冲洗干净，然后把液压枕放入，并用深度标尺校正其位置，最后用速凝砂浆充填密实。一个钻孔中可以放多个液压枕，按需要分别布置在孔底中间和孔口。液压枕常要紧跟工作面埋设，对外露的压力表应加罩保护，以防爆破或是其他人为因素造成的损坏。

3）测点布置

压力盒布设在围岩与初衬之间，即测得围岩与初衬之间的接触压力；压力盒布设在初衬与二衬之间，即测得两层支护间的接触压力。压力盒布设中，应把测点布设在具有代表性断面的关键部位上（如拱顶、拱腰、拱脚、边墙仰拱等），并对各测点逐一进行编号。埋设压力盒时，要使压力盒的受压面向围岩。

4）注意事项

压力盒埋设时应注意：在隧道壁面，当测围岩施加给喷射混凝土层的径向压力时，先用水泥砂浆或石膏把压力盒固定在岩面上，再谨慎施作喷射混凝土层，不要使喷射混凝土与压力盒之间有间隙，保证围岩与压力盒受压面贴紧；要注意保护压力盒的电缆线，否则前功尽弃。

3. 钢支撑内力及外力

如果隧道围岩类别低于Ⅳ类，隧道开挖后需采用各种钢支撑进行支护。钢支撑内力量测的目的是了解拱架或受力钢筋与混凝土对围岩的组合支护效果以及了解钢拱钢架或受力钢筋的实际工作状态，以便视具体情况决定是否需要采取加固措施；判断初期支护或二次衬砌的承载能力，以保证施工安全，优化设计参数。

1)量测仪器

量测一般采用测力计。测力计分为液压式和电测式两种。其中液压式结构简单、可靠,现场直接读数,使用方便;电测式测量精度高,可远距离和长期观测。

(1)电测式

采用钢筋计(量测型钢)或表面应变计(量测格栅)。钢筋计多采用振弦式,其传感器又称钢弦式钢筋计,配合钢弦式频率仪测试,这种钢筋计的构造简单,性能亦较稳定,耐久性较强,其直径能较接近设计锚杆直径,经济性较好,是一种比较适用的传感器。

(2)液压式

液压式测力计构造如图4-9所示,类似于液压枕,压力作用使油缸内油压发生变化,直接通过压力表读出油压变化。仪器简单、经济、稳定性高,适于长期观测。

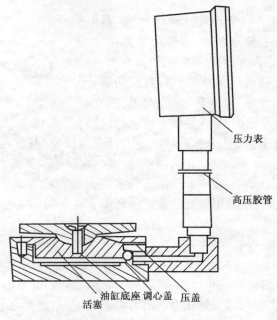

压力表

高压胶管

油缸底座 调心盖 压盖
活塞

图4-9 液压式测力计构造

2)量测方法

在现场钢筋受力的测试中,常用的方法是将钢筋计串联于被测钢筋上(即将被测钢筋截断一节后焊接上钢筋计),也可将钢筋计并联于被测钢构件上。

(1)钢筋计串联量测

当钢筋计与被测钢筋串联时,钢筋轴力等于钢筋计轴力。此时,钢筋计轴力可通过频率计量测钢弦产生的振动频率,再根据钢筋计生产厂家提供的钢筋计频率与轴力标定函数计算所得。

但用串联法量测可能存在以下弊端:量程选择较为苛刻,需注意直径匹配,否则会造成钢筋计发生超量程现象,当钢筋截面积较大时,如果采用小型号的钢筋计与该钢筋串联,则会使钢筋计超量程而导致钢筋计失效,而大量程钢筋相对精度偏低;串联法只能量测钢筋应力,量测拱架等钢构件的应力则不现实,而且安设仪器时需事先截断一节被测钢筋,操作麻烦。

（2）钢筋计并联量测

当钢筋计与被测钢筋（或钢构件）并联时,由于钢筋直接绑焊在被测钢筋（钢构件）上,可认为钢筋计和并联部位钢筋（钢构件）以并联方式共同受力,而钢筋计及并联部位钢筋一起受力（图 4-10）。因此,钢筋（钢构件）轴力 F 可按以下公式计算:

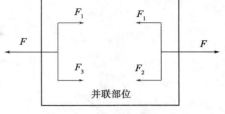

图 4-10　钢筋计并联法量测示意图

$$F = F_1 + F_2$$

其中:
$$F_1 = A_1 E_1 \varepsilon_1 , F_2 = A_2 E_2 \varepsilon_2$$

由于钢筋计与并联部位钢筋（钢构件）并联受力,可近似认为 $\varepsilon_1 = \varepsilon_2$,故有:

$$F = F_1 \left(1 + \frac{A_1 E_1}{A_2 E_2} \right)$$

式中:F、F_1、F_2——被测钢筋（钢构件）、钢筋计和并联部位钢筋（钢构件）轴力;

A_1、A_2——钢筋计和并联部位钢筋（钢构件）截面积;

E_1、E_2——钢筋计和并联部位钢筋（钢构件）弹性模量;

ε_1、ε_2——钢筋计和并联部位钢筋（钢构件）应变值。

采用钢筋计并联法量测钢筋或钢构件内力,有如下优点:可解决钢筋串联法可能造成的超量程问题,以较小量程的钢筋计来量测截面积较大的钢筋内力（即在钢筋计量程选取上较为宽松）;用并联法不仅可以量测钢筋的内力,而且可以量测钢拱架等钢构件的受力（图 4-11）,这样可以克服用表面应变计的方法量测钢拱架受力时,对仪器的保护困难和调试不易等问题;钢筋计并联法量测钢筋内力还可省去钢筋计串联法安装钢筋计时截断钢筋的工作,使现场钢筋计安装更为方便。

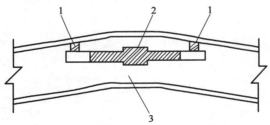

图 4-11　并联法量测钢拱架受力示意图
1-焊接钢筋;2-钢筋计;3-钢支撑

3）仪器安装及量测

安装前,在钢拱架待测部位并联焊接钢弦式钢筋计,在焊接过程中注意对钢筋计淋水降温,然后将钢拱架由工人搬至洞内立好,记下钢筋计型号,并将钢筋计编号,用透明胶布将写在纸上的编号紧密粘贴在导线上。注意将导线集结成束保护好,避免在洞内被施工所破坏。据钢筋计的频率—轴力标定曲线将量测数据换算成相应的轴力值,然后根据钢筋混凝土结构有关计算方法算出钢筋轴力计所在的拱架断面的弯矩,并在隧道横断面上按一定的比例把轴力、弯矩值点画在各钢筋计分布位置,将各点连接形成隧道钢拱架轴力及弯矩分布图。对于型钢拱架,用表面应变计或钢筋应力计,其中格栅钢拱架钢筋计的安装、量测方法同上,注意在衬砌的内外层钢筋中成对布设。液压式测力计安装如图 4-12 所示。

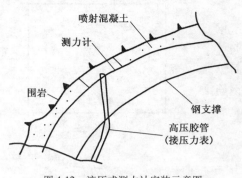

图 4-12　液压式测力计安装示意图

4）安装钢筋计注意事项

钢筋计的连杆需事先用匹配的螺纹钢电焊焊好。焊接时要用电工胶布把另一头的螺纹包住，以保护螺纹免受损坏；在初支护格栅拱架绑扎焊接成型后，将钢筋计并联在格栅拱架主筋上指定位置。把钢筋计与钢筋焊接时，先用湿布保护钢筋计，以免温度过高损坏钢筋计；钢筋计的电缆线顺格栅拱架而下，在上台阶下部集束。

三、位移测试

在隧洞工程监测中，位移量测具有重要意义，其测试稳定可靠、简单经济，测试结果可直接用于指导施工、验证设计以及评价围岩与支护的稳定性。

1. 净空相对位移测试（收敛测试）

1）量测原理

隧道开挖后，改变了围岩的初始应力状态，围岩应力重分布引起洞壁应力释放，使围岩产生变形，洞壁有不同程度的向内净空位移。在开挖后的洞壁（含顶、底）及时安设测点，内壁面两点连线方向的位移之和量测称为收敛量测，两次量测的距离之差为收敛值。收敛量测是地下隧洞监控量测的重要内容，根据测试的变形速率可判断围岩稳定程度和二次衬砌的合理施作时机；收敛值是最基本的量测数据，必须准确测量，计算无误。

请扫码观看净空收敛量测视频

2）收敛量测装置的基本构成

净空相对位移测试方法较多，但基本上由以下部分组成：

（1）壁面测点

由埋入围岩壁面 30～50mm 的埋杆或测头组成，它代表围岩壁面的变形情况，要求测点加工精确，埋设可靠。

（2）测尺（测杆）

用打孔的钢卷尺或金属管对围岩壁面某两点之间的相对位移测取粗读数，在测试中需对测孔的打孔、测杆的加工进行精确控制，还要对测杆的长度进行温度修正。

（3）测试仪器

由测表、张拉力设备与支架组成，是测试的主要构成部分。一般测表多为百分表或游标卡尺，对变化量进行精读数；张拉力设备多为重锤、弹簧或应力环，观测时对测尺施加定量张拉力，使每次施测时测尺本身长度处于同一状态；支架是安装测表、测尺、张拉设备等组合仪器组件的装置；在满足测试要求的情况下，以尺寸小、重量轻为宜。

（4）连接部分

连接测点和仪器的构件，可采用单向（销接）或万向（球铰接）连接，连接部分要求精度高、连接方便、操作简单，能做任意方向测试。

3）常用量测方法

（1）测杆

由数节可伸缩的异径金属管组成，管上装有游标卡尺或百分表，用以测定两端测点之间的相对位移；适用于小断面洞室观测；测试简单，纯人工操作，精度较低。

（2）净空变化测定计（收敛计）

目前国内外收敛计种类较多，大致可分为如下三种：

①重锤式：主要由支架、百分表、带孔钢尺、连接销、测杆、重锤等部分组成，如图4-13所示，测试方向单一，测试精度一般，由重锤施加张拉力。

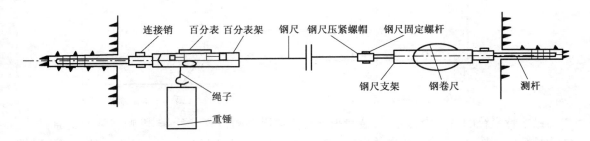

图4-13　单向重锤式收敛计

②万向弹簧式收敛计：主要由支架、百分表、带孔钢尺、弹簧、连接球铰、测杆等部分组成，如图4-14所示，测试方向任意，测试精度一般，由弹簧施加张拉力。

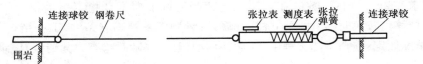

图4-14　万向弹簧式收敛计

③万向应力环式：主要由应力环、带孔钢尺、连接球铰、测杆等部分组成，如图4-15所示，能量测任意方向，测试精度高，性能稳定，量力环精确控制张拉力，且测试方便。

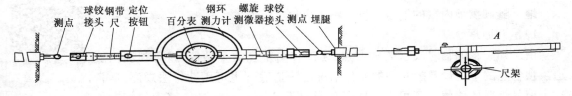

图4-15　万向应力环式收敛计

（3）巴塞特收敛系统

巴塞特收敛系统监测锚固在隧道衬砌上参考点的位移，参考点排列安装在隧道轴的法线平面上，如图4-16所示。系统的铰接臂与参考点相互对应连接，形成一系列有效的三角体，如图4-17所示，倾斜传感器安装在每支臂上。参考点的空间位移会引起臂的移动，从而导致倾斜读数的变化；倾斜读数由数据记录仪记录，并且由远端的计算机按照一定的时间间隔进行数据检索。通过绘图分析软件，位移数据结果就会以图形或图表的形式显示出来。

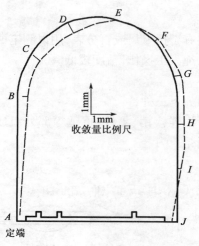

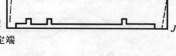

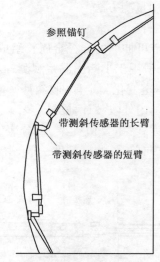

图 4-16　巴塞特收敛系统参考点布置图　　　　图 4-17　巴塞特收敛系统仪器安装图

巴塞特系统的特点为：系统安装在很贴近隧道墙壁的位置处，不会影响正常的交通；与光学测量系统不同，无视线的要求并可以安装在拐角处；不受由通过的列车所引起的空气折射指标的影响；受周围振动、温度变化及电磁环境影响较小。

4）量测注意事项

开挖后尽快埋设测点，并测取初值，要求 12h 内完成；测点（测试断面）应尽可能靠近开挖面，一般要求在 2m 以内；读数应在重锤稳定或张力调节器指针稳定指示规定的张力值时读取；当相对位移值较大时，要注意消除换孔误差；量测频率视围岩条件、工程结构条件、位移速率及施工情况而定；整个量测过程中，应做好详细记录，并随时检查有无错误；记录内容包括断面位置、测点（测线）编号、初始读数、各次测试读数、温度以及开挖面距量测断面的距离等；应及时计算出各测线的相对位移值、相对位移速率及与时间和开挖断面距离之间的关系，并列表或绘图，直观表示。

2. 拱顶下沉量测

地下隧洞拱顶内壁的绝对下沉量称为拱顶下沉值。

1）量测原理

由已知高程的临时或永久水准点，使用较高精度的全站仪，就可观测出隧道拱顶各点的下沉量及随时间的变化情况。隧道底部也可用此方法观测，通常这个值是绝对位移值。还可以用收敛位移计测拱顶相对于隧道底面的相对位移。值得注意的是拱顶是隧道周边的一个特殊点，其位移情况具有较强代表性。拱顶下沉量测的测点，一般可与周边位移测点共用。

请扫码观看拱顶沉降监测视频

2）量测方法

拱顶下沉可用多种方法量测，对于浅埋隧道，可由地面钻孔，使用挠度计或其他仪表量测拱顶相对于地面不动点的位移值。对于深埋隧道，可用拱顶应变计，将钢尺或收敛计挂在拱顶点作为标尺来进行观测。

（1）收敛计量测

拱顶下沉量的大小，可通过净空收敛观测值利用计算的方法得到，如图 4-18 所示。根据测线 A、B、C 的实测值并利用三角形面积换算求得拱顶下沉量，$\Delta h = h_1 - h_2$。

其中：

$$h_1 = \frac{2}{a} \sqrt{S(S-a)(S-b)(S-c)}$$

$$h_2 = \frac{2}{a} \sqrt{S'(S'-a')(S'-b')(S'-c')}$$

$$S = \frac{1}{2}(a+b+c)$$

$$S' = \frac{1}{2}(a'+b'+c')$$

式中：a、b、c——前次量测 BC 线、AB 线、AC 线所得的实测值；

a'、b'、c'——后次量测 BC 线、AB 线、AC 线所得的实测值。

（2）全站仪量测

在被测断面的拱顶位置布设 1~3 个反光贴片，并在距离该断面数 10m 位置（可选择已施作二衬，或可认为该处衬砌变形已经稳定的位置），贴 1 个反光片作为后视点，使用全站仪的"对边缺测"功能，可以量测出被测点与后视点间的相对位移，该位移即拱顶下沉量。量测示意图见图 4-19。

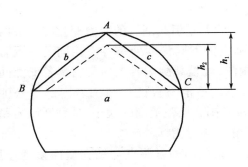

图 4-18 拱顶下沉计算布置示意图

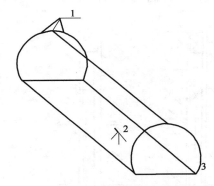

图 4-19 使用全站仪进行隧道拱顶下沉量测示意图
1-拱顶下沉观点；2-全站仪站点；3-后视点

3. 地表下沉量测

地下隧洞地表下沉量测，是为了判定地下工程建筑对地面建筑物的影响程度和范围，并掌握地表沉降规律，为分析洞室开挖对围岩力学形态的扰动状况提供信息，一般在浅埋情况下观测才有意义。

1）量测原理

通过地表下沉量和下沉速率，可以判断分析隧道洞口围岩是否稳定，为设计优化支护参数提供可靠的数据，保证施工安全。

2）量测方法

（1）基点布设

地表、地中沉降测点，原则上主要测点应布置在隧道中心线上，并在与隧道轴线正交平面

请扫码观看地表沉降监测视频

的一定范围内布设必要数量的测点,并在有可能下沉的范围外设置不会下沉的固定测点。在隧道开挖纵横向各 3～4 倍洞径外的区域,埋设 2 个基点,以便互相校核,参照标准水准点埋设,所有基点应和附近水准点联测取得原始高程。

(2)测点布设

在测点位置挖长、宽、深均为 200mm 的坑,然后放入地表测点预埋件,测点一般采用直径 20～30mm、长度 200～300mm 的平圆头钢筋制成,测点四周用混凝土填实,待混凝土固结后即可量测。

(3)量测

用高精度全站仪进行观测,可使用棱镜配合全站仪用于地表下沉的测量。

3)注意事项

观测坚持四固定原则,即施测人员、测站位置、测量延续时间和施测顺序固定,且应每隔 30d 用精密水准测量的方法进行基点与水准点的联测;观测在仪器检验合格后方可进行,且避免在测站和标尺有振动时进行。

4. 围岩体内位移量测

为了判断围岩位移随深度变化规律,确定围岩的移动范围,分析支架与围岩相互作用的关系,判断开挖后围岩的松动区、强度下降区与围岩相互作用的关系、锚杆长度适宜程度以及相邻隧道施工对既有隧道围岩稳定性的影响,需要进行围岩体内位移量测。

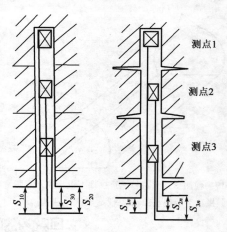

图 4-20 围岩内部位移量测

1)量测原理

由于隧道开挖引起围岩的应力变化与相应的变形,距离临空面不同深度处是各不相同的。围岩内部位移量测,就是观测围岩表面与内部各测点间的相对位移值。该值不仅能反映围岩内部的松弛程度,更能反映围岩松弛范围的大小,是判断围岩稳定性的一个重要参考指标。

埋设在钻孔内的各测点与钻孔壁面紧密连接,岩层移动时能带动测点一起移动,如图 4-20 所示。变形前各测点钢带在孔口的读数为 S_{io},变形后第 n 次量测时各钢带在孔口的读数为 S_{in}。测量钻孔不同深度岩层的位移,即测量各点相对于钻孔最深点的相对位移。

第 n 次量测时,测点 1 相对于钻孔的总位移量为:$S_{1n} - S_{1o} = D_1$;测点 2 相对于钻孔的总位移量为:$S_{2n} - S_{2o} = D_2$;测点 i 相对于钻孔的总位移量为:$S_{in} - S_{io} = D_i$。于是,测点 2 相对于测点 1 的位移是 $\Delta S_{2n} = D_2 - D_1$;测点 i 相对于测点 1 的位移是 $\Delta S_{in} = D_i - D_1$。

当在钻孔内布置多个测点时,就能分别测出沿钻孔不同深度岩层的位移值。测点 1 的深度越大,本身受开挖的影响越小,所测出的位移值越接近绝对值。

2)测试装置的基本构成

通常采用多点位移计或钻孔伸长计量测。在实际量测工作中,先是向围岩钻孔,然后用位移计量测钻孔内(围岩内部)各点相对于孔口(岩壁)的相对位移。

位移计有两种类型,一类是机械式,另一类是电测式。机械式位移计通常由定位装置、位移传递装置、孔口固定装置、百分表或读数仪等部分组成:

(1)定位装置

定位装置又称锚头,是将位移传递装置固定于钻孔中的某一点,则其位移代表围岩内部点位移。定位装置可采用注浆式锚头或机械式锚头,机械式又分楔缝式、胀壳式(图4-21)、支撑式(图4-22)、压缩木式等。一般情况下,软岩、干燥环境多采用胀壳式、支撑式、灌注砂浆式锚固器;硬岩、潮湿环境多采用楔缝式和压缩木式。

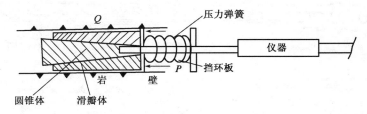

图4-21 胀壳式锚固器

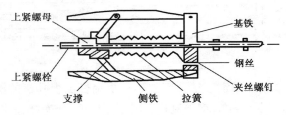

图4-22 支撑式锚固器

(2)位移传递装置

位移传递装置是将锚固点的位移以某种方式传递至孔口,以便测取读数。传递的方式有机械式和电测式两种。其中机械式位移传递构件有直杆式、钢带式及钢丝式;电测式位移传感器有电磁感应式、差动电阻式、电阻式及振弦式。

(3)孔门固定装置

孔门固定装置一般测试的是孔内各点相对于孔口固定点的相对位移,故须在孔口设固定基准面。如图4-23所示。

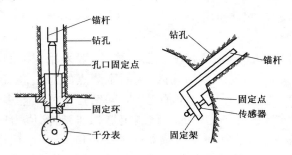

图4-23 直杆式伸长计孔口固定装置

3）常用的测试仪器

（1）机械式位移计

结构简单,安装方便,稳定可靠,价格低廉,但观测精度较低,观测不太方便,适用于小断面及外界干扰小的地下隧洞的观测。一般单孔可以观测 1~6 个测点的位移。常见的机械式位移计包括机械式和机械式多点位移计。

① 单点机械式位移计。

由锚头、位移传递杆、孔口测读部分组成,如图 4-24、图 4-25 所示。

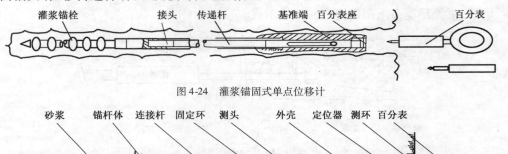

图 4-24　灌浆锚固式单点位移计

图 4-25　楔缝式单点位移计

单点位移计实际上是端部固定于钻孔底部的一根锚杆加上孔口的测读装置。位移计安装在钻孔中,锚杆体可用直径 22mm 的钢筋制作,锚固端用楔子与钻孔壁楔紧,自由端装有测头,可自由伸缩,测头平整光滑。定位器固定于钻孔孔口的外壳上,测量时将测环插入定位器,测环和定位器上都有刻痕,测量时将两者的刻痕对准,测环上安装有百分表、千分表或深度测微计以测取读数。测头、定位器和测环用不锈钢制作。单点位移计具有结构简单、制作容易、测试精度高、钻孔直径小、受外界因素影响小、容易保护等优点,可紧跟开挖面安设,应用较多。

由单点位移计测得的位移量是洞壁与锚杆固定点之间的相对位移,若钻孔足够深,则孔底可视为位移很小的不动点,故可视测量值为绝对位移。不动点的深度与围岩工程地质条件、断面尺寸、开挖方法和支护时间等因素有关。在同一测点处,若设置不同深度的位移计,可测得不同深度的岩层相对于洞壁的位移量,据此可画出距洞壁不同深度的位移量的变化曲线。单点位移计通常与多点位移计配合使用。

② 多点机械式位移计。

多点机械式位移计由锚固器和位移测定器组成,一般采用深度测微计、千分表或百分表做量具。锚固器安装在钻孔内,起固定测点的作用,位移测定器安装在钻孔口部,与锚固器之间用钢丝杆联连。同一钻孔中可设置多个测点,一个测点设置一个锚固器,各自与孔口的位移测定器相连,监测值为这些测点相对于洞壁的相对位移量。这种将位移传感器固定在孔口上,用金属杆或金属丝把不同埋深处的锚头的位移传给位移传感器的位移计,称作并联式多点位移计,如图 4-26 所示。

请扫码观看多点位移计的原理及安装视频

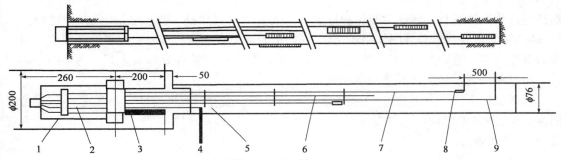

图 4-26　并联式多点位移计(尺寸单位:mm)

1-保护罩;2-传感器;3-预埋安装杆;4-排气管;5-支承板;6-护套管;7-传递杆;8-锚头;9-灌浆管

此外,还有串联式多点位移计,如图 4-27 所示。

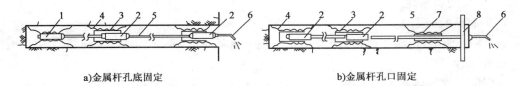

a)金属杆孔底固定　　　　　　　　　　　b)金属杆孔口固定

图 4-27　串联式多点位移计

1-孔底固定装置;2-电感式位移传感器;3-铜套管;4-弹簧片;5-连接杆;6-电缆;7-导向管;8-孔口固定装置

（2）电测式位移计

电测式位移计,是把非电量的位移量通过传感器的机械运动转化为电量变化信号输出,再由导线传给接收仪接收并显示。电测式位移计的传感器须有读数仪来配合输送、接收电信号,并读取读数,常用的有电阻式、电感式、差动式、变压式和钢弦式等种类。第二章中对以上传感器原理进行过介绍,这里不多作赘述。电测式位移计多用于进行深孔多点位移测试,其观测精度较高、测读方便、能进行遥测、适应性强,但受外界影响较大、稳定性较差、费用较高。

4）测孔布置

围岩内部位移测孔布置,除应考虑地质、隧道断面形状、开挖等因素外,还应与周边位移测线相应布设,以便使两项测试结果能够相互印证,协同分析与应用。一般每 100 ~ 500m 设一个量测断面。

第三节　隧洞工程监测的相关规定

一、量测项目的确定和量测手段的选择

1. 监测项目的确定原则与内容

1）以安全监测项目为主的原则

作为判断地下隧洞围岩稳定的最直观、最可靠的项目,位移观测和应力观测应成为主要观测项目。其中对中小地下隧洞,应以围岩收敛观测为主;对高边墙、大跨径的地下隧洞,位移观

测项目应以钻孔多点位移计为主、钻孔倾斜仪配合,前者可测围岩内部不同深度处位移,后者则具有隐蔽性特点及位移连续变化的特点。实践表明,目前的尺式或钢丝式收敛计进行大跨径、高边墙洞室收敛位移观测作用还比较有限;围岩应力观测应以锚杆应力观测和预应力锚索应力观测为主。这些观测,不论在空间分布上或在数量上,都应体现以安全观测为主的原则。

2)观测项目设计应体现全面的原则

观测项目不仅要突出重点,还要考虑全面的原则。因为观测目的是多方面的,不仅要考虑围岩安全,还要考虑荷载条件及变化、设计计算等要求,但对于次要观测项目,如围岩温度观测,宜少量布置。

3)观测项目宜同步设置

对系统观测断面的观测点及重要部位的随机观测点,应同时埋设两类或两类以上观测项目(仪器),如围岩内部位移量测、锚杆应力量测、锚索应力量测等。这样可通过成果的相互印证,提高成果的可靠性。

4)少而精的原则

对长期观测项目(施工期和运营期),应以地下隧洞围岩实际工作状况为前提,力求少而精。

5)经济性原则

在保证观测仪器质量的前提下,应适当考虑观测仪器的经济性。

根据以上原则,可以确定地下隧洞现场监测的内容和项目。《锚杆喷射混凝土支护技术规范》(GB 50086—2001)规定的监测内容和项目见表4-1,分为必测项目和选测项目。

地下隧洞现场监测内容和项目 表4-1

项目类别	必 测 项 目			选 测 项 目							
项目序号	1	2	3	4	5	6	7	8	9	10	11
项目名称	地质和支护状况观察	周边位移	拱顶下沉	地表下沉	围岩内部位移	松动圈范围	围岩压力	两层支护间接触应力	钢架结构受力	支护结构受力	锚杆应力

日本《新奥法设计技术指南(草案)》将新奥法修建地下工程时所进行的监测项目分为 A 类和 B 类(表4-2),其中 A 类是必须要进行的监测项目,B 类则是根据情况选用的监测项目。

依围岩条件而定的监测项目及其重要性 表4-2

项目／围岩条件	A 类监测			B 类监测						
	洞内观察	洞周收敛	拱顶下沉	地表下沉	围岩内位移	锚杆轴力	衬砌应力	锚杆拉拔试验	围岩试件	洞内弹性波
硬岩地层(断层等破碎带除外)	·	·	·	△	△ *	△ *	△	△	△	△
软岩地层(不产生很大的塑性地压)	·	·	·	△	△ *	△ *	△ *	△	△	△
软岩地层(塑性地压很大)	·	·	·	△	·	·	○	△	○	△
土砂地层	·	·	·	○	△ *	△ *	○			△

注:·必须进行的项目;○应该进行的项目;△必要时进行的项目;△*这类项目的监测结果对判断设计是否保守是很有用的。

　　洞内观察是人工用肉眼观察隧洞和支衬变形和受力情况、松石和渗水情况及围岩的完整性等,以给监测直接的定性指导,是最直接有效的手段。

　　对于浅埋岩石隧洞如城市地铁,地表沉降动态是判断周围地层稳定性的一个重要标志。这种监测方法简便,监测结果能反映地下工程开挖过程中隧洞周围岩土介质变形的全过程,在这种情况下,可以把地表沉降作为一个主要的监测项目,这种监测的重要性随埋深变浅而加大。对于深埋岩石隧洞工程,水平方向位移的监测往往比较重要,这种监测可以采用洞周收敛计进行,也可以在边墙设置水平方向的位移计监测。

　　2. 量测方法的选择及仪表的确定

　　监测手段和仪表的确定主要取决于围岩工程地质条件、力学性质以及测量的环境条件。通常,对于软弱围岩中的隧洞工程,由于围岩变形量值较大,因而可以采用精度稍低的仪器和装置;而在硬岩中则必须采用高精度监测元件和仪器。在一些干燥无水的隧洞工程中,电测仪表往往能工作得很好;在地下水发育的地层中进行电测就较为困难。埋设各种类型的监测元件时,对深埋地下工程,必须在隧洞内钻孔安装,对浅埋地下工程则可以从地表钻孔安装,从而可以监测隧洞工程开挖过程中围岩变形后的全过程。

　　仪器选择前需首先估算各物理量的变化范围,并根据测试的重要性程度确定测试仪器的精度和分辨率。如收敛位移监测一般采用收敛计;在大型洞室中,若围岩较软,收敛变形量较大,则可采用测试精度较低、价格便宜的卷尺式收敛计;在硬岩中的洞室或洞径较小的洞室,收敛位移较小,则测试精度和分辨率要求较高,需选择钢丝式收敛计;当洞室断面较小而围岩变形较大时,则可采用杆式收敛计。选择位移计时,在人工测读方便的部位,可选用机械式位移计;在顶拱、高边墙的中上部,宜选用电测式位移计,可引出导线或遥测;对于特别深的孔,要求精度较高时,应选择使用串联式多点位移计;用于长期监测的测点,尽管在施工时变化较大,精度可稍低,但在长期监测时变化较小,因而要选择精度较高的位移计。

　　在水利水电行业,已总结出不同用途的位移计所对应的精度等级和量程范围,见表4-3。

位移计的量程与精度选择范围　　　　　　　　　　　　　　　表4-3

精度范围(mm)	0.0025	0.025	0.25	2.5
仪器灵敏度(mm)	0.0025~0.01	0.025~0.1	0.25~1.0	2.5~10
典型用途	现场岩石试验或变形较小工程	坚硬岩石中隧洞开挖或浅基础	岩石中大洞室开挖工程或边坡	位移量较大的洞室或位移大的边坡
量程(mm)	5~25	25~50	50~80	250
重调范围(mm)	20	150	300	1000

　　选择压力和应力测量元件时,应优先选用液压枕;在坚硬的岩石中,应力梯度较高,则选用压力盒。在经济和环境允许的前提下应尽量选用钢弦式的压力盒和锚杆应力计,只有在干燥的隧洞中才选用电阻式或其他形式的压力盒和锚杆应力计。此外,选择仪器时要尽量选择简单、可靠、耐久、成本低的;采用机械手段和电测手段结合使用。

　　综上所述,地下隧洞监测内容及使用仪器见表4-4。

地下隧洞监控测量项目及所用仪器 表4-4

序号	项 目 名 称	方 法 及 工 具
1	地质及支护状况观察	岩性、结构面产状及支护裂缝观察或描述,地质指南针等
2	周边位移	各种类型收敛计
3	拱顶下沉	水准仪、钢尺、测杆或全站仪
4	锚杆或锚索内力及抗拔力	各类电测锚杆、锚杆测力计及拉拔器
5	地表下沉	水准仪或全站仪
6	围岩体内位移(洞内设点)	洞内钻孔中安设单点、多点杆式或钢丝式位移计
7	围岩体内位移(地表设点)	地面钻孔中安设各类位移计
8	围岩压力及两层支护间压力	各种类型压力盒
9	钢支撑内力	测力计或应变计
10	支护、衬砌内应力,表面应力及裂缝量测	各类混凝土应变计、应力计、测缝计等
11	围岩弹性波测试	各种声波仪

二、测点的布置原则

地下隧洞现场监测应根据围岩地质条件、量测项目和施工方法等综合确定量测部位和测点的布置。

1.量测部位布设

量测部位的布设包括量测断面和量测测线等的布设。

1)量测断面布置

(1)量测断面布置基本要求

①代表性:不同围岩类别、衬砌形式至少设一个断面。

②特殊性:断层、破碎带、洞口等隧道特殊部位应设监测断面。

③各种位移、力的监测项目应尽量布置在同一监测断面上,如图4-28所示。

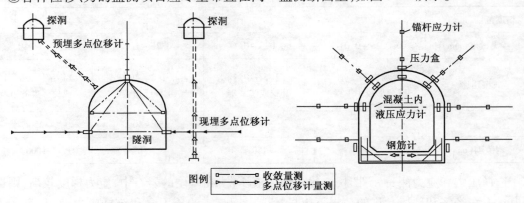

图4-28 位移、应力应变监测断面

④各种力监测项目应尽量布置在同一监测断面上。

⑤施工初期阶段,监测断面间距取小值,随后适当增大。

⑥测点埋设不超过掌子面 2m,并不超过开挖后 24h。

（2）量测断面分类

量测断面分为单项量测断面和综合多项目量测断面两类。其中单项量测断面是把量测的单项内容布设在同一个断面,以了解围岩和支护在该断面的动态变化情况;综合多项目量测断面是把多项量测内容布设在同一个量测断面,使各项量测结果、各种量测手段互相校验、相互印证,对该断面的动态变化进行综合的数值分析和理论分析,做出更接近工程实际的判断。

（3）量测断面布置间距

地下隧洞的量测断面一般均沿纵向间隔布设。由于各量测项目的要求不同,其量测断面的间距亦不同。地下隧洞的量测断面的间距有以下两种情况:

①隧道洞顶地表下沉与埋深关系很大,断面间距可参照表 4-5,其中 B 为隧道开挖宽度。

地表下沉量测断面间距 表 4-5

埋深 h 与开挖宽度 B 的关系	$2B < h$	$B < h < 2B$	$h < B$
断面间距（m）	20 ~ 50	10 ~ 20	5 ~ 10

②拱顶下沉、洞周收敛量测断面间距与隧道长度、围岩条件和施工方法等多种因素有关,一般可按《锚杆喷射混凝土支护技术规范》（GB 50086—2001）的规定确定,见表 4-6。

拱顶下沉、周边位移量测断面间距（m） 表 4-6

条件 围岩	洞口附近	埋深小于 2 倍 开挖宽度	施工进展 200m 前	施工进展 200m 后
硬岩地层（断层等破碎带除外）	10	10	20	30
软岩地层（不产生很大的塑性地压）	10	10	20	30
软岩地层（塑性地压很大）	10	10	20	30
土砂地层	10	10	10 ~ 20	20

③其他量测项目,一般可布设在综合测试断面上（常称为代表性断面）。在一般围岩条件下,可间隔 200 ~ 500m 布设一个断面。如在施工过程中发生塌方等险情,需要根据监测数据进行确定工程处理的时机和措施,根据实际需要确定量测断面间距。

2）量测测线布置

净空位移量测需要布置测线,其布设方法和要求可参照表 4-7 和图 4-29、图 4-30。

净空变化量测基准线布置 表 4-7

地段 施工方法	一般地段	特 殊 地 质			
		洞口	埋深小于 $2D$	膨胀或偏压地段	实施 B 类量测地段
全断面	1 ~ 2 条水平基线	1 ~ 2 条水平基线	三条三角形基线	三条基线	三条基线
短台阶	两条水平基线	两条水平基线	四条基线	四条基线	四条基线
多台阶	每台阶一条水平 基线	每台阶一条水平 基线	外加两条斜基线	外加两条斜基线	外加两条斜基线

注:D 为隧洞直径。

其中,十字形布置形式适用于底部施工已基本完成的隧洞;对较宽或较高的隧洞或监测数据最后作为反分析使用的隧洞,测线布置多个三角形或交叉形布置;当边墙很高时,可沿墙高设置多个水平测量基线;断面较小时,可采用较简洁的布置形式。

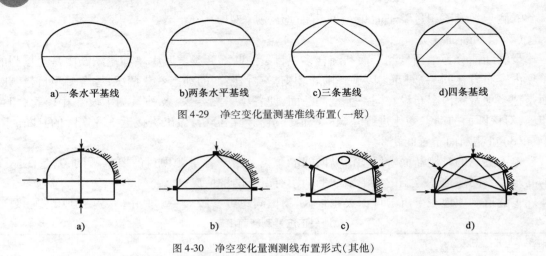

a)一条水平基线　　b)两条水平基线　　c)三条基线　　d)四条基线

图 4-29　净空变化量测基准线布置(一般)

a)　　　　　b)　　　　　c)　　　　　d)

图 4-30　净空变化量测测线布置形式(其他)

2. 量测孔和测点的布设

1)围岩内部位移量测孔布置

围岩内部位移的量测孔,除应考虑地质、洞形、开挖等因素外,一般与净空位移量测线相应布置,以便测试结果相互验证,便于进行力学分析和应用,其布置方法如图 4-31 所示。

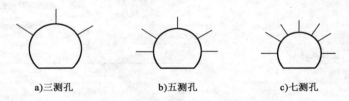

a)三测孔　　　　　b)五测孔　　　　　c)七测孔

图 4-31　围岩内部位移测孔

钻孔通常布置在拱顶、边墙和拱脚部位,若条件允许,可从地表或其他隧洞钻孔预埋。孔深为超出围岩变形影响范围 1.5~3 倍洞径,软岩取大值。孔口和孔底都应布设测点,在软弱结构面、接触面和滑动面等两侧均应布设测点。

2)声波量测孔布置

声波量测孔宜布置在有代表性的部位,具体布置可参考图 4-31。布置时应考虑围岩层理、节理的方向与声波测试孔方向的关系,要兼顾单孔、双孔两种测试。有时在同一个部位上,可呈直角形布设个斜孔,以便充分掌握围岩构造对声测结果的影响。

3)地表和地中沉降测点布置

地表和地中沉降测点,主要布置在隧道中轴线上方的地表或土中钻孔中,并在与洞室轴线正交平面的一定范围内布设必要数量的测点,见图 4-32。

4)轴力量测锚杆布置

轴力量测锚杆在断面上的布置位置,要根据隧道工程设计的支护锚杆位置来确定,如果是局部加强锚杆,要在加强区域内有代表性位置设置测量锚杆;若为全断面设系统锚杆(不含底板),在断面上布置位置可参照围岩内部位移测孔布置。

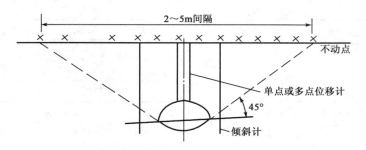

图 4-32　地表下沉测点布置示意图

5）衬砌内应力及接触压力测点布置

初期支护及二次衬砌的内应力及其与围岩的接触压力量测的测点，一般应布置在有代表性部位，如拱顶、拱腰、拱脚、边墙腰及墙脚等位置，并应考虑与锚杆受力量测孔相对应布置，如图 4-33 所示。在有偏压、底鼓等特殊情况下，则应视具体情况调整测点位置和数量。

a)三测孔　　　　　　　b)五测孔　　　　　　　c)七测孔

图 4-33　衬砌内应力及接触压力测点布置

三、监测的实施

1. 测点的安装

应尽早实施，以获得靠近工作面的动态数据。一般规定，应测项目测点的初读数，应在开挖后的 24h 内。测读初读数时，测点位置距开挖工作面的距离不应超过 2m，距离开挖掌子面越近，观测效果越好，但需加强测点的保护。

2. 监测周期和频率

地下隧洞各个监测项目的量测周期和频率如表 4-8 所示。

地下隧洞监测项目的量测周期和频率　　　　　　　　　　　　　　表 4-8

序号	项目名称	量测时间间隔			
		1～15d	16d～1个月	1～3个月	3个月以上
1	地质及支护状况观察	每次爆破后进行			
2	周边位移	1～2次/d	1次/2d	1～2次/周	1～3次/月
3	拱顶下沉	1～2次/d	1次/2d	1～2次/周	1～3次/月
4	锚杆或锚索内力及抗拔力	—	—	—	—
5	地表下沉	开挖面距量测断面前后<2倍开挖宽度，1～2次/d； 开挖面距量测断面前后<5倍开挖宽度，1次/2d； 开挖面距量测断面前后>5倍开挖宽度，1次/周			

序号	项 目 名 称	量 测 时 间 间 隔			
		1～15d	16d～1个月	1～3个月	3个月以上
6	围岩体内位移(洞内设点)	1～2次/d	1次/2d	1～2次/周	1～3次/月
7	围岩体内位移(地表设点)	同地表下沉			
8	围岩压力及两层支护间压力	1～2次/d	1次/2d	1～2次/周	1～3次/月
9	钢支撑内力	1～2次/d	1次/2d	1～2次/周	1～3次/月
10	支护、衬砌内应力,表面应力及裂缝量测	1～2次/d	1次/2d	1～2次/周	1～3次/月
11	围岩弹性波测试	—	—	—	—

监测频率除满足表4-8的相关规定外,应根据监测变化的大小进行调整;应以变化最大者来决定监测频率,且整个断面内的监测频率应相同;若设计有特殊要求,按设计确定频率;遇突发事件则加强观测。

3.结束量测时间

当围岩达到基本稳定后,以1次/3d的频率测试2周,若无明显变化,则可结束量测;对于膨胀性岩体,位移长期不能收敛时,主变形速率小于1mm/月为止。

四、监测的警戒值

1.容许位移量

容许位移量是指在保证隧洞不产生有害松动和保证地表不产生有害下沉量的条件下,自隧洞开挖起到变形稳定为止,在起拱线位置的隧洞壁面间水平位移总量的最大容许值,或拱顶的最大容许下沉量。在隧洞开挖过程中若发现监测到的位移总量超过该值,或者根据已测位移预计最终位移将超过该值,则意味着围岩不稳定,必须加强支护系统。

容许位移量与岩体条件、隧洞埋深、断面尺寸及地表建筑物等因素有关,例如城市地铁,通过建筑群时一般要求地表下沉不超过5～10mm;对于山岭隧道,地表沉降的容许位移量可由围岩的稳定性确定。

表4-9是外国工程师根据工程情况制定的危险警戒标准,表4-10为法国对断面积为50～100m²的洞室拱顶沉降量的监控标准,表4-11是日本新宇佐美隧道对软弱的膨胀性岩石允许变形量的规定,表4-12是我国某些隧道在施工中采用的控制标准。

弗朗克林警戒标准 表4-9

等 级	标 准	措 施
三级警戒	任一测点的位移大于10mm	报告管理人员
二级警戒	二相邻测点位移均大于15mm,或任一测点位移速率超过15mm/月	口头报告,召开会议,写出书面报告和建议
一级警戒	位移大于15mm,并且各处测点位移均在加速	主管工程师立即到现场调查,召开现场会议,研究应急措施

法国制订的拱顶沉降量控制标准　表 4-10

埋　深　（m）	拱顶容许最大下沉量（cm）	
	硬质围岩	软质围岩
10～50	1～2	2～5
50～100	2～6	10～20
＞500	6～12	20～40

日本新宇佐美隧道容许变形量　表 4-11

地 层 性 质	覆盖层厚度（m）	容许变形量（m）	开挖半径（m）
变质安山岩等	0～100	5	3.45
	100～200	5	3.50
	200 以上	10	3.60
温泉余土	0～100	10	3.5
	100～200	15	3.6
	200 以上	20	3.7

我国几个隧洞的容许位移量和容许位移速率值　表 4-12

隧洞名称	地质条件	拱顶沉降（cm）	拱脚收敛位移（cm）	位移速率（mm/天）
古楼铺隧洞	含水膨胀性黏土	3.0	8.0	3
腰岘河单线铁路隧道	黄土	1.05	1.32	—
下坑单线铁路隧道	软弱千枚岩	—	4.5	1
金川矿巷	深埋流变型变质岩	—	10.0	2
南岭双线隧道	断层交割薄盖坡积层	—	8.0	—

如表 4-13 所示是中华人民共和国行业标准《公路隧道设计规范》（JTG D70—2004）对洞周允许相对收敛量和开挖轮廓预留变形量的规定。中国国家标准《岩土锚杆与喷射混凝土支护工程技术规范》（GB 50086—2015）对洞周允许相对收敛量的规定与此类似，但只适用于高跨比为 0.8～1.2 和跨径不大于 20m（Ⅲ类）、15m（Ⅳ类）、10m（Ⅴ类）的情况。

洞周允许相对收敛量和开挖轮廓预留变形量　表 4-13

围岩类别	洞周允许相对收敛量（%）			开挖轮廓预留变形量（cm）	
	隧道埋深（m）			跨径（m）	
	＜50	50～300	301～500	9～11	7～9
Ⅳ	0.1～0.3	0.2～0.5	0.4～1.2	5～7	3～5
Ⅲ	1.15～0.5	0.4～1.2	1.8～2.0	7～12	5～7
Ⅱ	0.2～0.8	0.6～1.6	1.0～3.0	12～17	7～10
Ⅰ	—	—	—	10～15	

注：1. 洞周相对收敛量系指实测收敛量与两测点间距离之比。

2. 脆性岩体中的隧洞允许相对收敛量取表中较小值，塑性岩体中的隧洞则取表中较大值。

3. 本表所列数据，可在施工中通过实测和资料积累做适当调整。

4. 跨径超过 11m 时可取用最大值。

苏联学者通过对大量观测数据的整理,得出了用于计算洞室周边允许最大变形值的近似公式。

拱顶:

$$\delta_1 = 12 \times \frac{b_0}{f^{1.5}}(\text{mm})$$

边墙:

$$\delta_2 = 4.5 \times \frac{H^{1.5}}{f^2}(\text{mm})$$

式中:f——普氏系数;

b_0——洞室跨径;

H——边墙自拱脚至底板的高度(m);

δ_2——一般在从拱脚起算$(1/3 \sim 1/2)H$段内测定。

事实上,容许位移的确定并不是一件容易的事,每一具体工程条件各异,显现出较复杂的情况,因此需根据工程具体情况,结合前人的经验,再根据工程施工进展情况进行改进。特别是对完整的硬岩,失稳时围岩变形往往较小,要特别注意。

2. 容许位移速率

容许位移速率是指在保证围岩不产生有害松动的条件下,隧洞壁面间水平位移速度的最大容许值,它与岩体条件、隧洞埋深及断面尺寸等因素有关。容许位移速率目前尚无统一规定,一般都根据经验选定,例如美国某些工程对容许位移速率的规定:第一天的位移量不超过容许位移量的$1/5 \sim 1/4(2.54 \sim 3.18\text{mm})$,第一周内平均每天的位移量应小于容许位移量的$1/20$(约$0.63\text{mm}$)。我国容许位移速率的实例如表4-12所示。此外,南岭隧道、大瑶山隧道、下坑隧道、金川矿区运输平巷、张家港铁矿的稳定变形速度为0.6mm/d,引滦入津输水隧洞在开挖后一个月的稳定变形速度大于10mm/30d。此外,一般规定,在开挖面通过测试断面前后的$1 \sim 2\text{d}$内容许出现位移加速,其他时间内都应减速,达到一定程度后才能修建二次支护结构。

目前,围岩达到稳定的标准通常都采用位移速率。如我国《岩土锚杆与喷射混凝土支护工程技术规范》(GB 50086—2015)中以收敛速率$0.1 \sim 0.2\text{mm/d}$,拱顶下沉速率为$0.07 \sim 0.15\text{mm/d}$作为围岩稳定的标志之一。法国新奥法施工标准中规定:当月累计收敛量小于7mm,即每天平均变形速率小于0.23mm,认为围岩已基本稳定。

3. 根据位移—时间曲线判断围岩稳定性

由于岩体的流变特性,岩体破坏前的变形曲线可以分成三个区段(图4-34):

(1)基本稳定区,主要标志是变形速率不断下降,即变形加速度小于0。

(2)过渡区,变形速度长时间保持不变,即变形加速度等于0。

(3)破坏区,变形速率渐增,即变形加速度大于0。

相应地,现场监测到的围岩位移—时间曲线也可能呈现出以上三种形态,对于隧洞开挖后在洞内测得的位移曲线,如始终保持变形加速度小于0,即Ⅰ区段,表明围岩变形速度不断下降,围岩是稳定的;如位移时间曲线随即出现变形加速度等于0的情况,即Ⅱ区段,即变形速度不再继续下降,说明围岩进入"定常蠕变"状态,须发出警告,加强支护;一旦位移出现变形加速度大于0的情况,即Ⅲ区段,则表示已进入危险状态,须立即停工,进行加固。

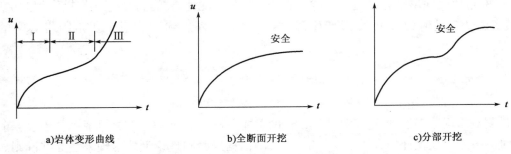

a)岩体变形曲线　　　　　　b)全断面开挖　　　　　　c)分部开挖

图4-34　岩体流变曲线与位移—时间曲线的相似

根据该方法判断围岩的稳定性,应区分围岩中随分部开挖释放的弹塑性位移突然增加,使位移时间曲线呈现出位移速率加速,由于此时位移速率增加是由隧洞开挖引起,所以并不预示着围岩进入破坏阶段。

在隧洞施工险情预报中,应同时考虑收敛或变形速度、相对收敛量或变形量及位移时间曲线,并结合洞周围岩喷射混凝土和衬砌表面状况等综合因素做出预报。隧洞位移或变形速率的骤然增加往往是围岩破坏、衬砌开裂的前兆,当位移或变形速率突然增加直至警戒值后,为控制隧洞变形的进一步发展,可采取停止掘进、补打锚杆、挂钢筋网、补喷混凝土加固等施工措施,待变形趋于正常后才可继续开挖。

第四节　监测数据的分析反馈及信息化施工

一、监测数据的分析

由于各种原因,现场监测所得的原始数据具有一定的离散性,必须进行误差分析、回归分析和归纳整理等去粗存精的分析处理后,才能很好地对监测结果进行解释,以充分利用监测分析成果。例如要了解某一时刻某点位移的变化速率,简单地将相邻时刻测得的数据相减后除以时间间隔,作为变化速率显然是不确切的,正确的做法是对监测得到的位移—时间数组作滤波处理,经拟合后得时间—位移曲线 $u=f(t)$,然后计算该函数在时刻 t 的一阶导数值,即为该时刻的位移速率。总的来说,监测数据数学处理的目的是验证、反馈和预报,即将各种监测数据相互印证,以确认监测结果的可靠性;探求围岩变形或应力状态的空间分布规律,了解围岩稳定性特征,以便提供反馈,合理地设计支护系统;监视围岩变形或应力状态随时间的变化情况,对最终值或变化速率进行预测预报。

从理论上说,设计合理可靠的支护系统,应使一切表征围岩与支护系统力学形态的物理量随时间渐趋稳定;反之,若测得表征围岩或支护系统力学形态特征的某几种或某一种物理量,其变化随时间不趋于稳定,则可判定围岩不稳定,须加强支护或修改设计参数。

位移与时间的关系既有开挖因素的影响,又有流变因素的影响,而与进展的关系虽然反映的是空间关系,但因开挖进展与时间密切相关,所以同样包含了时间因素。由于不可能在开挖后立即紧贴开挖面埋设元件进行监测,因此从开挖到元件埋设好后读取监测零读数已经历过时间 t_0,在这段时间里已有量值为 u_1 的围岩变形释放。此外,在隧洞开挖面尚未到达监测断面时,其实也已有量值为 u_2 的变形产生,这两部分变形都加到监测值中才是围岩真实的变形。即:

$$u = u_m + u_1 + u_2$$

式中:u_m——变形监测值。

量测数据反馈于设计、施工是监控设计的重要一环,但目前尚未形成完整的体系。当前采用的量测数据反馈设计的方法主要是定性的,即依据经验和理论上的推理来建立些准则。根据量测的数据和这些准则即可修正设计支护参数和调整施工措施。量测数据反馈设计、施工的理论法,就是将监控量测与理论计算相结合的反分析计算法。这里简要介绍根据对量测数据的分析来修正设计参数和调整施工措施的一些准则。

1. 地质预报

地质预报就是根据地质素描来预测开挖面前方围岩的地质状况,以便考虑选择适当的施工方案调整各项施工措施。包括:在洞内直观评价当前已暴露围岩的稳定状态,检验和修正初步的围岩分类;根据修正的围岩分类,检验初步设计的支护参数是否合理,如不恰当则应予以修正;直观检验初期支护的实际工作状态;根据当前围岩的地质特征,推断前方一定范围内围岩的地质特征,进行地质预报;防范不良地质工况突然出现;根据地质预报,并结合对已作初期支护实际工作状态的评价,预先确定下一循环的支护参数和施工措施;配合量测工作进行测试位置选取和量测成果的分析。

2. 周边位移分析

净空位移是围岩动态的最显著表现,所以隧道工程现场量测主要以净空位移作为围岩稳定性评价及围岩稳定状态判断的指标。一般而言,隧洞开挖后,若围岩位移量小,持续时间短,其稳定性就好;若位移量大,持续时间长,其稳定性就差。以围岩位移作为指标来判断其稳定状态,有赖于对实际工程经验的总结和对位移量测数据的分析。判断标准用围岩的位移来判断其稳定状态,关键是要确定一个"判断标准"是判断围岩稳定与否的界限。它包括三个方面:位移量(绝对或相对)、位移速率及位移加速度。

根据已确定的判断标准,如果围岩位移速度不超过允许值,且不出现蠕变,则可以认为围岩是稳定的,初期支护是成功的。若稳定性较好,则可以考虑适当加大循环进尺。如果位移值超过允许值不多,且初期支护中的喷射混凝土未出现明显开裂,一般可不予补强。如果位移与上述情况相反,则应采取处理措施,如调整支护参数,可以增强锚杆、加钢筋网喷混凝土、加钢支撑、增设临时仰拱等;施工措施方面,可以缩短从开挖到支护的时间、提前打锚杆、提前设仰拱、缩短开挖台阶长度和台阶数、增设超前支护等。

二次衬砌(内层衬砌)的施作时间,按新奥法施工原则,当围岩或围岩初期支护基本达到稳定后,就可施作。特别指出,在流变性和膨胀性强烈的地层中,单靠初期支护不能使围岩位移收敛时,应在位移收敛以前,施作混凝土二次衬砌,做到有效地约束围岩位移。

3. 围岩内位移及松动区分析

围岩内位移与松动区的大小一般采用多点位移计量测,按此绘制各位移计的围岩内部位移,见图4-35,由图可确定围岩的松动范围。与周边位移同理,如实测围岩的松动区超过了允许的最大松动区,表明围岩已出现松动破坏,此时必须加强支护或调整施工措施,以控制松动范围。如加强锚杆(加长、加密或加粗)等,一般要求锚杆长度大于松动区范围。如与以上情形相反,甚至锚杆后段的拉应力很小或出现压应力时,则适当缩短锚杆长度、缩小锚杆直径或减小锚杆数量等。

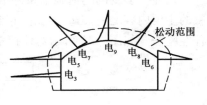

图4-35 围岩内部位移图

4. 围岩压力分析

由围岩压力分布曲线可知围岩压力的大小及分布状况。围岩压力的大小与围岩位移量及支护刚度密切相关,围岩压力大即作用于初期支护的压力大。这可能有两种情况:一是围岩压力大但变形量不大,表明支护时机尤其是支护封底时间可能过早或支护刚度太大,可作适当调整,让围岩释放较多的应力;二是围岩压力大且变形量也很大,此时应加强支护,限制围岩变形,控制围岩压力的增长。当测得的围岩压力很小但变形量很大时,考虑可能会出现围岩失稳。

5. 喷层应力分析

喷层应力是指切向应力,因为喷层的径向应力总是不大的。喷层应力与围岩压力和位移有密切关系。喷层应力大的原因有两个方面:一是围岩压力和位移大;二是支护不足。在实际工程中,一般允许喷层有少量局部裂纹,但不能有明显的裂损、剥落、起鼓等。如果喷层应力过大,或出现明显裂损,则应适当增加初始喷层厚度。如果喷层厚度已较厚时,则不应再增加喷层厚度,而应增强锚杆、调整施工措施、改变封底时间等。

6. 地表下沉分析

对于浅埋隧道,可能由于隧道的开挖而引起上覆岩体的下沉,致使地面建筑的破坏和地面环境的改变。如果量测结果表明地表下沉量不大,能满足要求,说明支护参数和施工措施是适当的;如果地表下沉量大或出现增加的趋势,则应加强支护和调整施工措施,如加喷混凝土、增设锚杆、加钢筋网、加钢支撑、超前支护等,或缩短开挖循环进尺、提前封闭仰拱,甚至预注浆加固围岩等。横向地表下沉曲线如非左右对称,下沉值有显著不同时,多是由于偏压地形、相邻隧道的影响以及滑坡等引起。故应附加其他量测,仔细研究地形、地质构造等影响。

7. 锚杆轴力量测分析

根据量测锚杆测得的应变,即可得到锚杆的轴力。锚杆轴力在洞室断面处各处是不同的,根据日本隧道工程的调查发现,锚杆轴力超过屈服强度时,净空变位值一般超过50mm;同一断面内,锚杆轴力最大值多数在拱部45°附近到起拱线之间的锚杆;拱顶锚杆,不管净空位移值大小如何,出现压力的情况是不少的。

二、信息反馈与预测预报

在复杂多变的隧道施工条件下如何进行准确的信息反馈与可靠的预测预报是监控量测试验的主要内容之一。迄今为止,信息反馈与预测预报通过两个途径来实现,即力学计算法和工程经验法。如图4-36所示对监控量测及其反馈过程做了简单归纳。

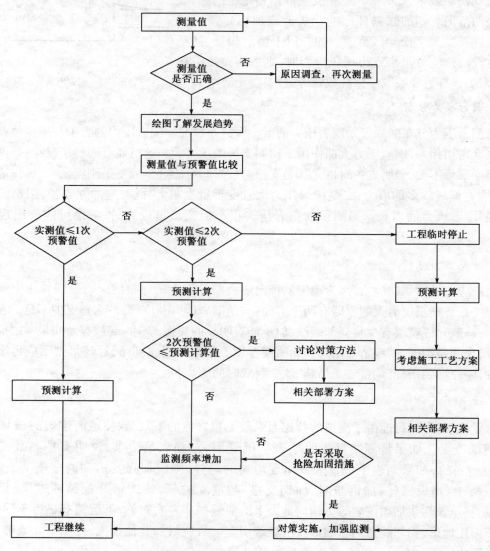

图4-36　监控量测的反馈过程示意图

1.力学计算法

通过力学计算来调整和确定支护系统,力学计算所需的输入数据则采用反分析技术。根据现场量测数据推算出如塑性区半径、初始地应力、岩体变形模量、岩体流变参数、二次支护荷载分布,这些数据是对支护系统进行计算所需要的。目前已有较多的计算机分析软件可用于进行地下结构的分析计算,如 ANSYS、MARC、FLAC、ADINA 等。

2. 工程经验法

建立在现场量测的基础之上,其核心是根据经验建立一些判断标准,根据量测结果或回归分析数据来判断围岩的稳定性和支护系统的工作状态。在施工监测过程中,数据"异常"现象的出现可作为调整支护参数和采取相应施工技术措施的依据。

三、信息化施工

1. 施工监测和信息化设计

岩石隧洞最早的设计理论是来自俄国的普氏理论。普氏理论认为在山岩中开挖隧洞后,洞顶有一部分岩体将因松动而可能塌落,塌落之后形成拱形,然后才能稳定;这块拱形塌落体就是作用在衬砌顶上的围岩压力,然后按结构上承受这些围岩压力来设计结构;这种方法与地面结构的设计方法相仿,归类为荷载结构法。经过较长的实践,人们发现这些方法多适合于明挖回填法施工的岩石隧洞。逐渐认识到了围岩对结构受力变形的约束作用,提出了假定抗力法和弹性地基梁法,这类方法对于覆盖层厚度不大的暗挖地下结构的设计计算是较为适合的。另一方面,把岩石隧洞与围岩看作一个整体,按连续介质力学理论计算岩石隧洞及围岩的内力。由于岩体介质本构关系研究的进步和数值方法和计算机技术的发展,连续介质方法已能求解各种洞型、多种支护形式的弹性、弹塑性、黏弹性和黏弹塑性解,已成为岩石隧洞计算中较为完整的理论。但由于岩体介质和地质条件的复杂性,计算所需的输入量(初始地应力、弹性模量、泊松比等)都有很大的不确定性,因而大大地限制了这些方法的实用性。

20 世纪 60 年代起,奥地利学者和工程师总结出了以尽可能不恶化围岩中的应力分布为前提,在施工过程中密切监测围岩变形和应力等,通过调整支护措施来控制变形,从而达到最大限度地发挥围岩本身自承能力的新奥法隧洞施工技术。由于新奥法施工过程中最容易且最直接的监测结果是位移及洞周收敛,而要控制的是隧洞的变形量。因而,人们开始研究用位移监测资料来确定合理的支护结构形式及设置时间的收敛限制法设计理论。在此基础上,又发展起来了信息化设计和信息化施工方法。它是在施工过程中布置监控测试系统,从现场围岩的开挖及支护过程中获得围岩稳定性及支护设施的工作状态信息,通过分析研究这些信息,间接地描述围岩的稳定性和支护的作用,并反馈于施工决策和支持系统,修正和确定新的开挖方案及支护参数,这个过程随每次掘进开挖和支护的循环进行一次。

在信息化施工中,位移反分析法为其核心,基本原理是:以现场量测位移作为基础信息,根据工程实际条件建立力学模型,反求实际岩土力学参数、地层初始地应力及支护结构的边界荷载等。广义反分析法还包括在此之后,利用有限元、边界元等数值方法进行分析,据之进行工程预测和评价,并进行工程决策和决定采取措施,最后进行监测并检验预测结果。如此反复,达到优化设计、科学施工的目的。

如图 4-37 所示是施工监测和信息化设计流程图,以施工监测、力学计算和经验方法相结合为特点,建立了岩石隧洞特有的设计施工程序;与地面工程不同,在岩石隧洞设计施工过程中,勘察、设计、施工等诸环节允许有交叉、反复。在初步地质调查的基础上根据经验方法或力学计算进行预设计,初步选定支护参数。然后,在施工过程中根据监测所获得的关于围岩稳定性和支护系统力学和工作状态的信息,对施工过程和支护参数进行调整。实测表明,对设计所作的这种调整和修改是十分必要的。这种方法并不排斥以往的各种计算、模型实验及经验类比等设计方法,而是把它们最大限度地包容在自己的决策支持系统中去,发挥各种方法特有的长处。

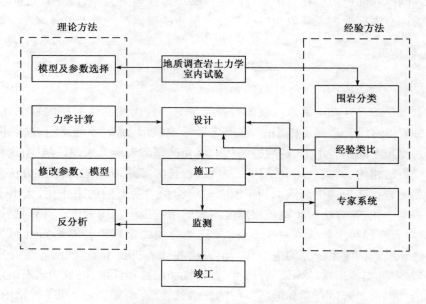

图 4-37　施工监测和信息化设计流程

2. 监测数据在信息化施工中的应用

1）评价围岩稳定性

我国锚喷支护规范规定,当隧道支护上方任何部位的实测收敛相对值达到表 4-13 中所列值的 70% 或采用回归分析进行预报的总收敛相对值接近表 4-13 中所列数值时,须立即采用补强措施,并改变原支护设计参数。从施工监控中围岩稳定的角度来看,应注意围岩位移加速度的出现,这时应立即采取紧急加固措施,对浅埋隧道则应根据地表下沉量来判断围岩稳定性。

2）评价围岩达到稳定的标准,确定最终支护时间和仰拱灌注时间

我国锚喷支护规范规定,隧道最终支护时间应在围岩达到稳定后,满足下述要求:周边收敛速率明显下降;收敛量已达总收敛量的 80% ~ 90%;收敛速率小于 0.1 ~ 0.2mm/d 或拱顶位移速率小于 0.07 ~ 0.15mm/d。

一般软弱围岩仰拱灌注时间可在围岩稳定后、最终支护前进行;对极差的围岩及塑性流变地层,当位移量和位移速率很大时,为维持围岩稳定,仰拱灌注应尽早进行。通常,封底后位移速率会迅速下降,围岩会逐渐趋于稳定,否则应加强支护。当围岩变形量不大,而围岩压力即喷层压力很大时,应适当延迟封底时间,以提高支护的柔性。

3）调整施工工法及支护时机

当测得的位移速率或位移量超过允许值时,除加强支护外还应调整施工方法,如缩短台阶层数、提前锚喷支护时间和仰拱封底时间。如调整方案仍不能使变形速率降至允许值以下时,则应对开挖面进行加固,如采用先支护稳定顶部围岩,用喷射混凝土及锚杆等稳定掌子面等。

4）调整锚杆支护参数

调整锚杆支护参数包括锚杆长度、直径、数量及钢材种类等。当围岩位移速率或位移量超过允许值时，一般应增加锚杆长度；如拉拔力足够时，增加锚杆直径也能取得一定的效果且施工方便。锚杆长度应大于测试所得的松动区范围，并留有一定富余量，如测试显示锚杆后段的拉应变很小和出现压应变时，可适当减小锚杆的长度。当锚杆轴向力大于锚杆屈服强度时，应优先考虑改变锚杆材料，采用高强材料。增加锚杆数量或直径也可获得降低锚杆应力的效果。根据质量检验中进行的锚杆拉拔力试验，当拉拔力小于锚杆屈服强度时，可考虑改变锚杆材料或缩小其直径，但要注意设计安全度亦由此降低。

5）调整喷层厚度

初始喷层厚度一般在 5～10cm。当初始喷层厚度较小，喷层应力大或围岩压力大，喷层出现明显拉裂时，应适当加厚初始喷层厚度；若喷层厚度已选得较大时，可增加锚杆数量，调整锚杆参数或调整施工方法，改变仰拱封底时间以减小初始喷层受力情况；如测得的最后喷层内的应力较大而达不到规定安全度时，必须增加最后喷层的厚度或改变二次支护的时间。

6）调整变形余裕量，修改开挖断面尺寸

根据测得的收敛值或位移值，调整变形余裕量。当收敛值超过允许值，但喷射混凝土未出现明显开裂时，可增大变形余裕量。

第五节　盾构法和顶管法施工监测

一、盾构法施工监测

盾构隧道机械化程度高，对地层的适应性好，广泛应用于水底公路隧道、城市地下铁道和大型市政工程，在富水、较软弱地层中有着独到的优势。

1.盾构法施工监测目的

认识各种施工因素对地表和土体变形的影响，以便有针对性地改进盾构施工工艺和施工参数，减小地表和土体变形，保证工程和周边建筑物安全；预测施工引起地表和土体变形，根据地表变形发展趋势和周围建（构）筑物、地下管线沉降情况，决定是否需要采取保护措施，并为确定经济、合理的保护措施提供依据；检查施工引起的地表沉降和建（构）筑是否超过允许范围，并在发生环境事故时提供仲裁依据；为研究地层、地下水、施工参数和地表及土体变形的关系积累数据，为研究地表沉降和土体变形的分析预测方法等积累资料，并为改进设计提供依据；验证结构的安全性和设计的合理性。

2.盾构法施工监测的内容及监测频率

对于盾构法修建的地下工程，其监测的对象主要是地层、支护结构和周围环境，监测项目主要是地表和深层土体的垂直（沉降）和水平位移、地下水压力和水位、周边建筑物沉降与倾斜、地下管线沉降、支护结构内力和变形等，如表4-14所示。

盾构法监测内容与使用仪器　　　　　　　　　　表 4-14

监 测 对 象	监 测 类 型	监 测 项 目	监 测 仪 器
地层	沉降	(1)地表沉降	水准仪
		(2)分层土体沉降	分层沉降仪、频率计
		(3)盾构底部土体回弹	深层回弹桩、水准仪
	水平位移	(4)地表水平位移	经纬仪
		(5)深层土体水平位移	测斜管,测斜仪
	水土压力	(6)水土压力(侧、前面)	土压力盒、频率计
		(7)地下水位	水位井、标尺
		(8)孔隙水压	孔隙水压力计、频率计
支护结构	结构变形	(1)隧道结构内部收敛	收敛计,巴塞特系统
		(2)隧道、衬砌环沉降	水准仪,全站仪
		(3)隧道洞室三维位移	全站仪
		(4)管片接缝张开度	测微计
	结构外力	(5)隧道外侧土压力	压力盒、频率计
		(6)隧道外侧水压力	孔隙水压力计、频率计
	结构内力	(7)轴向力、弯矩	钢筋应力计或应变计、频率计
		(8)螺栓锚固力	锚杆轴力计、频率计
地面建(构)筑物		(1)沉降	水准仪
地下管线		(2)水平位移	经纬仪
铁路		(3)倾斜	经纬仪
道路		(4)建(构)筑物裂缝	裂缝计

对于具体工程,应根据地层和地表环境条件选择监测项目,对地层和支护结构及周围环境进行动态监测。我国《地下铁道工程施工与验收规范》(GB 50299—1999)规定的盾构法隧道监测项目见表 4-15。

其他监测方法在前面章节中均有所介绍,在此重点就盾构隧道中的支护结构——盾构管片的监测进行详细介绍。

请扫码观看表面测缝计的原理视频

在盾构隧道施工过程中,对管片进行安全监测,可掌握由盾构施工以及地层压力等引起的管片、接头螺栓的应力应变的大小及变化发展规律。掌握管片所受的外界荷载及结构受力状况,通过分析监测数据评价管片结构的受力状态及安全性,及时反馈设计与施工,可采取合理的技术措施,保证工程安全。

管片安全监测主要包括内力监测和变形监测,具体有管片钢筋环向和纵向应力、管片混凝土环向和纵向应变、管片衬砌和地层的接触压力、接头螺栓连接力、管片接缝张开位移等。其中管片的钢筋应力量测主要采用钢筋应力计,在管片生产时即应在管片内、外侧钢筋上焊接钢筋应力计,钢筋应力计读数采用频率接收仪测读;混凝土应变量测采用混凝土应变计,混凝土应变计主要为钢弦式传感器,钢弦式传感器在管片钢筋骨架安装完成后用钢筋或细钢丝绑扎固定,混凝土应变计采用频率接收仪测读;管片接缝张开位移主要采用测缝计量测,测缝计读数采用频率接收仪测读;管片衬砌和地层的接触压力测量采用土压力计。常用的土压力计有应变式土压力计和钢弦式土压力计,在管片生产时即在管片的外表面安装土压力盒或受力面积较大的柔性土压力计,且土压力盒的受压面向外,表面与管片外表面平齐;螺杆应力采用应变计量测,在管片接头螺杆上粘贴应变片以量测螺杆拉力。

盾构法监测内容与监测频率　　　　　　　　　　　　表 4-15

类别	监测项目	监测仪器	测点布置	监测目的	监测频率
必测项目	地表隆陷	水准仪和水准尺	每 30m 一个断面,必要时加密,每断面 7~11 个测点;纵向每 10m 一个测点	监测盾构施工引起的地表及地表建筑物以及地下管线的沉降,确保施工安全	开挖面距监测断面前后 <20m 时 1~2 次/d;开挖面距监测断面前后 <50m 时 1 次/2d;开挖面距离监测断面前后 >50m 时 1 次/周
	地表建筑物沉降及倾斜				
	地下管线变形				
	隧道隆陷		每 5~10m 一个断面	监测盾构施工时隧道的位移情况,确保隧道线形	
选测项目	土体内部位移(垂直和水平位移)	水准仪、测斜仪、分层沉降仪	选择代表地段设一个断面	监测盾构施工引起的地层的垂直和水平变形,了解地层的变形特征,调整盾构的掘进参数,确保安全	
	衬砌环内力与变形	钢筋计和应变传感器	选择代表地段设一个断面	了解施工过程中结构的内力情况	
	土层应力	压力盒		了解施工过程中结构的荷载分布情况	
	孔隙水压力	孔隙水压力计		了解地层参数的变化情况,调整盾构的掘进参数,确保安全	
	地下水位	电测水位仪			

3. 盾构隧道监测方案的设计

1)监测项目的确定

监测项目的选择要考虑的因素众多,具体有工程地质、水文地质、隧道埋深、直径、结构形式、施工工艺、双线隧道与邻近隧道或管道的间距、地面邻近建(构)筑物尺寸、位置、结构特点、设计提供的变形控制值、安全储备系数及工程具体情况和特殊要求等。

表 4-16 中给出了不同地下水和土质情况下,盾构隧道基本监测项目的确定原则。

盾构隧道基本监测项目确定原则　　　　表 4-16

监测项目		地表沉降	隧道沉降	地下水位	建筑物变形*	深层沉降	地表水平位移	其他
地下水位情况	土壤情况							
地下水位以上	均匀黏性土	·	·	△	△			
	砂土	·	·	△	△	△	△	△
	含漂石等	·	·	△	△	△	△	
地下水位以下,且无控制地下水位措施	均匀黏性土	·	·		△	△		
	软黏土或粉土	·	·	·	○	△	△	
	含漂石等	·	·	·	△	△		
地下水位以下,用压缩空气	软黏土或粉土	·	·	·	○	○	○	△
	砂土	·	·	·	○	○	○	△
	含漂石等	·	·	·	△	△	△	△
地下水位以下,用井点降水或其他方法控制地下水位	均匀黏性土	·	·	·	△			
	软黏土或粉土	·	·	·	○	△	△	△
	砂土	·	·	·	○	△	△	△
	含漂石等	·	·	·	△	△	△	

注：·-必须监测的项目；

　　○-建筑物在盾构施工影响范围以内,基础已作加固,需监测；

　　△-建筑物在盾构施工影响范围以内,但基础未作加固,需监测；

　　*-地面和地下的一切建筑物和构筑物的沉降、水平位移和裂缝。

2)施测部位的确定和测点布置

(1)地表变形和沉降监测点的布置(前100m首推段)

沿轴线布设纵监测剖面,垂直轴线布设横监测剖面;纵监测剖面上测点间距小于盾构长度,为 3~5m;沿轴线每隔 20~30m 布设一个横监测剖面;横剖面上按距轴线 2m、5m、9m 递增布设测点;横剖面上测点布设的范围为 2~3 倍盾构外径;在该范围内的建筑物和管线等也需监测其变形;根据以上监测结果可绘制纵、横断面的地表变形曲线。

(2)地表变形和沉降监测点的布置(正常段)

测点沿轴线布设,间距小于盾构长度,为 3~7m;监测距隧道轴线 2~3 倍盾构外径范围内的建筑(构)物的变形。

(3)其他监测项目的布设

土体分层沉降测孔一般布置在隧道中心线上;土体深层水平位移沿盾构中心线前方两侧设测孔;土体回弹测点设在盾构前方一侧的盾构底部以上土体中;隧道沉降每 10~15 个衬砌环设置一个沉降点。

图 4-38 给出了某盾构隧道推进起始段土体变形监测点平面布置图;图 4-39 中给出某盾构隧道周围地层地下水位观井布置图。

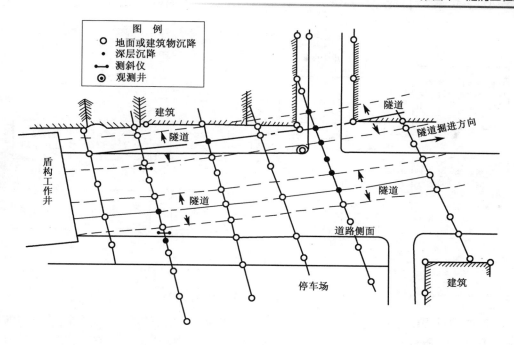

图 4-38　某盾构隧道监测点布置平面图

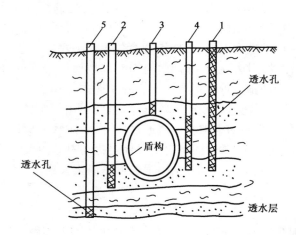

图 4-39　监测隧道周围地层地下水位观测井

1-全长水位观测井;2-监测特定土层的水位观测井;3-接近盾构顶部水位观测井;4-隧道直径范围内土层中水位的观测井;5-隧道底下透水地层的水位观测井

4.盾构推进引起的地层移动特征

盾构推进引起的地层移动因素有盾构直径、埋深、土质、盾构施工情,影响地层移动的原因见图 4-40,其中隧道线形、盾构外径、埋深等设计条件和土的强度、变形特性、地下水位分布等地质条件是客观因素,盾构形式、辅助工法、衬砌壁后注浆、施工管理等是主观因素。

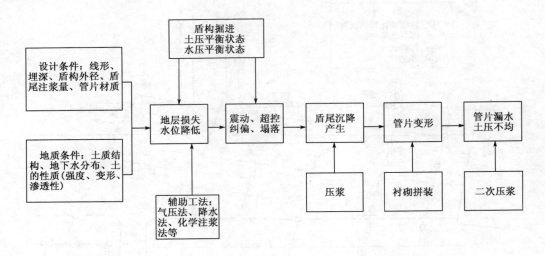

图 4-40　影响地层移动的原因

　　盾构推进过程中,地层移动的特点是以盾构本体为中心的三维运动的延伸,其分布随盾构推进而前移。在盾构开挖面产生的挖土区,这部分土体一般随盾构的向前推进而沉降,但也有一些挤压型盾构因出土量少而使土体前隆。挖土区以外的地层,因盾构外壳与土的摩擦作用而沿推进方向挤压。盾尾地层因盾尾部的间隙未能完全及时地充填而发生沉降。

　　根据对地层移动的大量实测资料分析,按地层沉降变化曲线的情况,大致可分为 5 个阶段:前期沉降发生在盾构开挖面前 $3 \sim H + D(\mathrm{m})$ 范围(H 为隧道上部土层的覆盖深度,D 为盾构外径),地下水位随盾构推进而下降,使地层的有效土压力增加而产生压缩、固结沉降;开挖面前的隆陷发生在切口即将到达测点,开挖面坍塌导致地层应力释放,使地表隆起,盾构推力过大使地层应力增大,地表沉降,盾构周围与土体的摩擦力作用使地层弹塑性变形;盾构通过时的沉降,从切口到达至盾尾通过之间产生的沉降,主要是由于土体扰动引起的;盾尾间隙的沉降,盾构外径与隧道外径之间的空隙在盾尾通过后,由于注浆不及时和注浆量不足而引起地层损失及弹塑性变形;后期沉降,盾尾通过后由于地层扰动引起的次固结沉降。地表沉降常用的估算方法为派克法、有限元法和考虑固结因素的派克修正公式。

二、顶管法施工监测

　　顶管法施工近年来在城市上下水管道、煤气管道和共同沟的施工中已经得到越来越多的应用。顶管可采用钢管、钢筋混凝土管段,直径可达 $3\mathrm{m}$ 以上;顶管埋深也从几米发展到 $30\mathrm{m}$ 以上。深埋顶管在施工中,在顶管两端需开挖较深的工作井,工作井可采用地下连续墙和沉井法施工,工作井在施工中的监测与基坑工程的监测方法相类似。

　　在顶进过程中,要严格地控制顶管机头按设计轴线顶进,并及时纠偏,将导向测量结果用足够大的比例尺绘制成曲线图,使有关人员都知道顶管的进程和倾向。此外,管段每顶进一定的长度,需对管道整个长度上的管段做一次测量,因为管底在土层上可能越挖越深,从而使顶进线路有所改变。顶管在顶进过程中的这些方向和高程的控制是顶管施工中的重要工序之一。

　　浅埋顶管要进行地表沉降、分层沉降、水土压力和地下水位等环境监测,对于埋深大于 3

倍直径的顶管,一般不必进行环境监测。顶管顶进过程中对管道可进行如下项目的监测:管道内力测试、水土对管段的接触压力测试、管道接头相对位移量测和管道收敛变形量测等,但在大多数情况下是不监测的,除非在顶管的设计中采用了新方法或在施工中采用了新工艺,为保证安全并积累经验时才做监测。

1. 顶管导向监测

顶管工程导向监测的目的主要是控制接收井预留孔中心点位的横向误差,确保顶管工具头按测设的导向轴线顶进,正确地穿入接收井的预留孔中,顺利贯通。顶管工程为了缩短工期,往往接收井还没有到位或稳定就急于开工。工作井在顶进过程中,由于沉降和顶座部位顶推压力的累积也会使井体变动。因此在顶进的过程中,井位均已产生位移,孔中心坐标已不在设计位置上,为了监测工作井及接收井中心位置和高程,及时纠正偏差,必须首先在地面布设独立的边角网和高程控制网。在顶管推进时的导向测量工作主要包括顶管导向基准线测设和顶管工具头顶进偏差监测。由于工作井内导向基准线的长度仅 10 多米,而顶管长度达 1 ～ 2km,其比例为 1:100 横向误差的主要部分,应合理配置横向误差。

2. 内力与变形监测

管道内力测试包括管道纵向和环向应力的测试。通过在管道环向和纵向钢筋上安设钢弦式钢筋应力传感器,用测读的环向和纵向的钢筋应力值以推算管道所受的弯矩和轴力;钢筋测力计应在制管厂管段制作时进行埋设。

为取得管道实际承受的水土压力值,用土压力盒直接测试管道外壁面上的接触压力;测试接触压力采用土压力盒,每个量测断面均应在上下左右四个方位各埋设 1 个土压力盒;土压力盒应在制管厂管段制作时进行埋设。

为确保管道结构的安全性,应测试管道周边的水土压力的大小和分布。采用的量测仪表为土压力盒与孔隙水压力计。钢筋测力计、接触土压力盒和管段收敛变形监测工作的实施应与顶进同步进行,即埋设测试元件后测取初读数,埋有测试断面的管段顶进后按需要每天或每两天监测一次,测试数据变化较大时次数适当增加,稳定后逐步减少。管道顶进完毕后仍适当测取一定量的数据,以辅助检验工程的持久稳定性和可靠性。

管道接头相对位移量量测,即设置若干个管道接头相对位移监测断面,每个监测断面上布设 5 个测点。在管道接头两侧用膨胀螺丝安装测标,用数显式测微计量测测标间相对位移。

管道收敛变形量测,指在两条管道内均布设收敛变形量测装置,以测量管段在水土压力作用下的变形情况。断面上收敛变形测线为水平直径、垂直直径以及拱顶与水平直径上两点的连线,用膨胀螺丝形成测点。

第六节　工程实例

一、部分隧洞工程监测实例概要

部分工程的地质条件、结构和施工情况及量测内容和方法如表 4-17 所示。

现场量测工程实例 　　　　表 4-17

工程名称	地 质 条 件	结构和施工情况	量 测 内 容	量 测 方 法
古楼铺隧洞	含水膨胀性黏土夹砾石，埋深 5m，$c = 0.21 \sim 0.32\,kg/cm^2$，$\varphi = 4.5° \sim 8.0°$，含水率 32%～33%，湿重度 $1.9t/m^3$	分部开挖，拱部超前 15～20m，钢拱和 15cm 的喷混凝土支护。墙部开挖先喷混凝土、设钢支架，然后挖底、浇底，最后墙部现浇混凝土，拱部喷混凝土厚度达 40cm，断面尺寸为 6.5m×7.1m	钢拱支架应变	应变片电测
			钢筋网应变	应变片电测
			混凝土、喷混凝土应变	应变计、应变砖
			结构与地层接触压力	电测钢弦压力盒
			水平收敛位移	钢尺
			拱顶绝对下沉	水准仪
			松弛带	声波仪
宝石会堂	红色凝灰质流纹岩，薄覆盖，有破碎带，岩石抗压强度 800～1400kg/cm²，弹性模量 $2 \times 10^5\,kg/cm^2$，泊松比 0.21～0.26，重度 $2.5t/m^3$	毛跨 24m，采用喷锚网支护，后加梁内衬，锚杆长 3.5～5m，钢筋网 $\phi14 \sim 18mm$，喷层厚 10～15cm	顶部支护结构承载力	地锚整体加载
			锚固力	千斤顶拉拔
			围岩相对位移	电感位移计
			喷层环向应变	应变砖、应力解除
			拱梁应变	应变计
			锚杆轴向力	应变片铝锚杆
南桠河隧洞	花岗岩局部地段有岩爆	断面尺寸为 3.6m×3.6m 的直墙拱形，锚杆长 1.5m，喷层厚 5cm	结构整体抗力	扁千斤顶
			径向位移	百分表、千分表
			喷层内应变	应变计
			锚杆轴向力	量测锚杆
百溪隧洞	凝灰岩局部地段构造发育，有掉块塌落	断面为直墙拱形，喷层厚 20cm，锚杆长 4m，钢筋网 $\phi12$，间距 300mm	内部净空收敛位移	收敛计
			围岩内应变	位移计
			喷层内应变	应变计
			钢筋网应变	应变片

二、十三陵抽水蓄能电站地下厂房工程监测

十三陵抽水蓄能电站地下厂房深埋地下 200 多米，设计规模为：长 145m、宽 23m、高 4.6m，拱座部位开挖宽度为 27.5m。厂区岩体为侏罗纪砾岩，其层理不清，略有沉积韵律，呈巨厚层状，产状为 NE40°、SE∠40°左右，总厚达 500 多米，厂房选在最厚的部位。

厂房洞室布置在岩性单一的砾岩内，岩石强度中等，弹性模量较高，渗透性较弱，涌水量不大，裂隙不甚发育，地应力不高，这对厂房区围岩稳定有利的。厂区断层主要有 3 组，这些断层和厂房轴线呈大角度相交，其影响仅限于断层宽度的范围内，但有一组走向近直立的裂隙与厂房轴线交角甚小，对高边墙的稳定极为不利。

1. 监测方案设计

根据厂区内工程结构及支护特点、工程地质条件、施工工序及方法等，本工程采取了系统监测断面和随机监测点相结合的设计原则。为了监测地下厂房围岩的位移、应力、地下水压力、温度及顶拱混凝土内的应力、应变、温度变化，主要布置钻孔多点位移计、锚杆应力计（钢筋计）、预应力锚索应力计，此外，还布置了其他 7 项观测项目，具体情况如

表4-18所示。

观测项目及使用仪器一览表

表4-18

序号	监测项目	仪器名称	数量（套）
1	岩体内部位移	钻孔多点位移计	19
2	内空收敛位移	收敛计	60
3	锚杆应力	锚杆应力杆	24
4	顶拱混凝土应变	应变计/光应力计	20/10
5	顶拱钢筋应力	钢筋计	20
6	锚索预应力变化	测力环	18
7	围岩松动范围	声波仪	10孔（190m）
8	岩体内部温度	温度电阻式温度计	4
9	地下水渗透压力	渗压计	4
10	断层面滑移	位移计	10

地下厂房位移计和锚杆应力计观测断面的平面布置图见图4-41。从中可知,系统观测断面共布置了3个,观测断面之间的距离为36～50m;观测断面到端墙距离为33～35m;它们之间的距离相当于1.5倍洞宽。各观测断面的观测点分别布置在顶拱、拱脚、边墙中部及中下部。钻孔多点位移计长14～24m,分预埋式和后埋式两种。锚杆应力计,顶拱长6m,边墙长8m,其长度和施工支护锚杆相同。

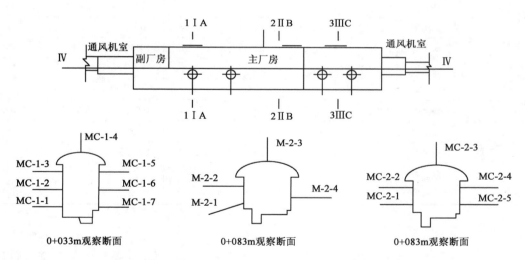

图4-41 地下厂房位移计和锚杆应力计观测布置图
M-位移计;MC-锚杆应力计

钻孔多点位移计每孔安装4只,从孔口向孔内距洞壁的安装距离依次为:2m、5m、10m、20m(20m深钻孔)和2m、4m、8m、15m(15m深钻孔)。锚杆应力计每孔安装3只,从孔口向孔内距洞壁的安装距离依次为:1.0m、2.5m、4.0m(拱顶5m锚杆)、1.0m、2.5m、5.0m(边墙6m长锚杆)和1.0m、3.0m、7.0m(边墙8m长的锚杆)。观测仪器均选择了防潮、抗震及长期稳定性均较好的钢弦式观测仪器。

观测仪器有 6 个钻孔的观测元件是利用排水廊道预埋的,其余均为后埋。预埋元件是在开挖该层岩体之前,将观测仪器安装埋设好,并量测初读数。后埋元件是当掌子面超过设计观测断面(点)1.5~2.0m 时,停止掘进,并及时将观测仪器安装埋设。

2.观测结果及分析

从首批钻孔多点位移计、锚杆应力计安装埋设完毕,到最后一批系统观测断面的围岩观测仪器安装埋设完毕,历时 1 年零 5 个月。到地下厂房开挖完毕,已积累了大量观测资料,现将最主要的钻孔多点位移值、锚杆应力值进行综合整理分析。地下厂房围岩观测及锚杆应力观测结果综合见表 4-19,观测结果的特点如下:地下厂房围岩位移最大值及平均最大值发生在边墙中部,其次为顶拱,再次为边墙中下部,拱脚变形最小;锚杆应力最大值及平均最大值,均发生在边墙中部,其次为拱脚,再次为边墙中下部,拱顶锚杆应力最小;围岩位移较大部位,一般锚杆应力也较大,说明不同项目观测成果之间有较好的一致性和相关性;围岩变形较大部位(或锚杆应力较大部位)附近多有构造出现(或岩体破碎);分层开挖及随后的喷锚支护,明显地影响着曲线的形态,分层开挖厚度适当时,围岩变形增量较小,当分层开挖厚度较大时,围岩变形急剧增加。

围岩内部位移和锚杆应力观测结果综合   表 4-19

名　　　称	项目	32m 高程		45m 高程		56m 高程		拱 顶
		上游侧	下游侧	上游侧	下游侧	上游侧	下游侧	
围岩内部位移 (mm)	最大值	9.36	5.64	29.95	40.13	1.25	12.27	14.73
	最小值	0.34	2.69	15.36	12.40	0.12	0.00	0.14
	算术平均值	4.70	4.17	22.66	26.27	0.69	6.14	7.57
	同高程 平均值	4.44		24.57		3.42		7.57
锚杆应力 (MPa)	最大值	171.30	193.92	346.99	160.28	199.95	206.43	2.14
	最小值	7.36	82.64	68.28	49.29	2057	93.22	−1.66
	算术平均值	89.23	138.28	248.11	113.16	101.26	149.83	0.24
	同高程 平均值	112.64		180.64		125.25		0.24

3.观测成果的工程应用

地下隧洞围岩观测及信息反馈,是新奥法三个要素之一。观测成果对施工安全、预报险情、修改支护参数和选择施工工序及方法都很重要。本次围岩观测成果主要应用于以下几个方面:根据观测资料及时发现险情,采取加强支护措施,从而使围岩稳定得到保证;用观测资料指导开挖,个别由于单层开挖厚度较大(12m),从而使围岩变形突然增加很多,调整了单层开挖厚度,变形增加减少;根据现测资料评价喷锚支护参数,有些部位第三点的锚杆应力仍很大(200MPa 以上),指出了这些部位锚杆长度不能满足围岩应力调整的需要,应适当加长锚固深度;验证建筑物的安全度,判定围岩的稳定性。

三、上海地铁二号线盾构工程监测实例

1. 工程概况

隧道外径 6.2m，内径 5.5m；管片厚 35cm，宽 100cm，一环 6 片；螺栓环向为 12 根 M27 × 400，环间为 16 根 M30 × 950；覆土厚度 6~8m，淤泥质粉质黏土和淤泥质黏土层。

2. 监测内容及范围

监测主要内容为地面沉降监测、轴线附近建筑物及地下管线沉降；监测范围为距离隧道轴线左右 10m；距离盾构机头前方 20m，后方 30m。

3. 监测点的布置

1）地面监测点的布设

用道钉打入地下，再用水泥固牢；沿轴线每隔 5m 布一个测点（轴线点）；每隔 30m 布设一个横监测剖面；横剖面测点按距离轴线 2m、5m、9m……布设。

2）地下管线监测点的布设

用道钉打入地下，再用水泥固牢；在地下管线所在的地面上每隔 10m 布设一个监测点。

3）建筑物监测点的布设

用"L"形钢筋，固定在墙体内；在建筑物墙上每隔 5~10m 布设一个监测点。

4. 监测频率及报警

监测频率为 2 次/d（盾构每天推进约 10m）。

根据业主要求报警值为累计上升 10mm 和下沉 30mm。

5. 监测结果

轴线监测点：盾构切口到达时上升不足 1mm；盾构通过后 3d，沉降量每天在 3mm 左右。累计最大沉降量：最大为 40mm（轴线 700~800m 段）；一般在 20mm 左右。剖面监测点：距轴线 2m 测点，沉降量约为轴线点的 70%；距轴线 5m 测点，沉降量约为轴线点的 40%；距轴线 9m 测点，沉降量很小。地下管线监测点管线监测点沉降量多为 2~5mm。建筑物监测点：建筑物在盾构轴线上方沉降为 10~20mm；建筑物距轴线 9m 沉降为 1~3mm。部分监测数据关系图如图 4-42~图 4-44 所示。

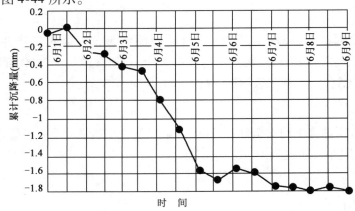

图 4-42　盾构推进期间地表监测点随时间变化曲线

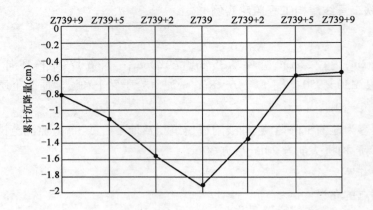

图 4-43　横轴线地表监测点沉降曲线示意图

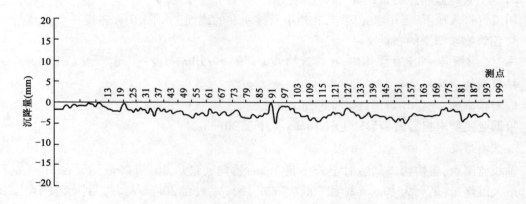

图 4-44　纵轴线地表监测点沉降变化曲线

四、某合流污水外排顶管工程监测实例

1. 工程概况

始发工作井顶管口底高程：-27.00m（自然地坪 4.50m）；接收工作井顶管口底高程：-10.34m；顶管全长：764.78m，江底下平均埋深 7~8m；顶管内径：$\phi2200$ 管段长 3m，管壁厚 240mm；预制混凝土管段：配制三级钢筋，纵向 $\phi10$，环向 $\phi12$。

2. 监测的目的

保证两条管道顶进施工的安全性；跟踪监视第二条管道顶进对第一条管道的影响；验证管道设计中采用的理论在工程施工区域的适用性。

3. 监测方案

1）监测项目和仪器

监测项目和仪器如表 4-20 所示。

<table>
<tr><td colspan="3" align="center">监测项目和仪器</td><td align="right">表4-20</td></tr>
</table>

监 测 项 目	监测元件与仪器	埋 设 方 法
顶管内力	钢筋应力计、频率计	制备钢筋笼时预埋
顶管接触水土压力	土压力盒、频率计	制备钢筋笼时预埋
两顶管间土压力	土压力盒、频率计	钻孔埋设
两顶管间水压力	孔隙水压力计、频率计	钻孔埋设
顶管接头相对位移	数显测微计	顶管顶进后布设
顶管内部收敛	收敛计	顶管顶进前测读初读数

2）监测点布置

监测断面分布如图4-45所示。两顶管间水土压力测试测点布设如图4-46所示。

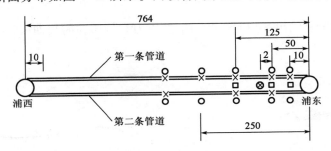

图4-45　监测断面分布图（尺寸单位:mm）

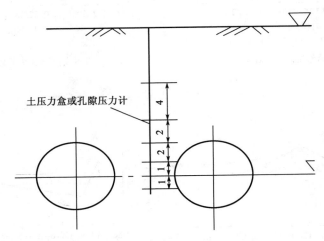

图4-46　两顶管间水土压力测点布设图（尺寸单位:m）

4.监测频率

监测频率为1次/(1~2)d。

5.测试结果分析

1）管段的轴力

管段轴力测试结果如图4-47所示,均小于管段所能承受的最大顶进力10000kN。

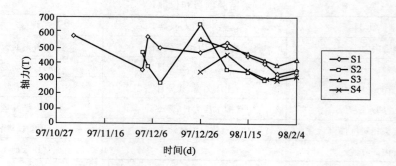

图 4-47　管段轴力测试结果图

2）接触压力和侧压系数

如图 4-48、图 4-49 所示分别给出 S1 和 S2 断面接触压力和侧压力时程曲线，均满足设计要求。

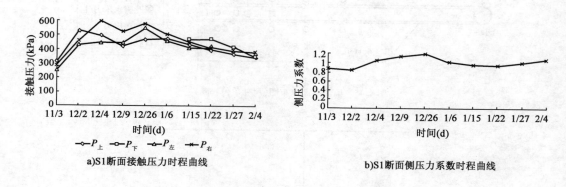

a)S1断面接触压力时程曲线　　　　　　b)S1断面侧压力系数时程曲线

图 4-48　S1 断面接触压力盒侧压力系数时程曲线

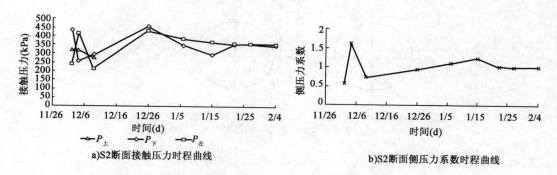

a)S2断面接触压力时程曲线　　　　　　b)S2断面侧压力系数时程曲线

图 4-49　S2 断面接触压力盒侧压力系数时程曲线

3）环向弯矩

监测得到顶管的最大正弯矩为 31.8kN·m/m，最大负弯矩为 37.1kN·m/m（注：约定正弯矩为外壁受压、内壁受拉），均小于设计最大弯矩 52.7kN·m/m。

复习思考题

1. 地下隧洞工程的监测有何重要性？监测的主要目的有哪些？

2. 地下隧洞工程监测中应力应变测试、压力测试和位移测试的主要内容分别是什么？各自常采用什么样的量测方法？

3. 地下隧洞工程监测项目的确定应遵循哪些原则？

4. 围岩内部测点、测线的布置通常有哪几种方式？可画图说明。

5. 什么是容许位移量？它与哪些因素相关？

6. 岩体破坏前的变形曲线如何分段？各段有什么特征？

7. 对监测数据进行分析和数学处理的目的是什么？列举通过对量测数据的分析来修正设计参数和调整施工措施的典型例子。

8. 盾构法工程监控量测的主要目的和内容有哪些？

9. 盾构管片安全监测的意义和主要内容是什么？

10. 列举浅埋顶管安全监测的主要内容和方法。

第五章　地下工程中的声波测试技术

第一节　声波测试技术

请扫码观看第五章电子课件

　　声波测试技术是研究人工激发或者岩石断裂产生的声波在岩体内的传播规律,并据此判断岩体内部结构状态、应力大小、弹性参量及其他物理性质等岩体力学指标的一种工程测试方法。声波测试属于无损检测的范畴,近年来,在建筑、水电、采矿、冶金、铁道等工程中得到了广泛的应用,成为工程测试的重要手段之一。

一、声波测试的基本原理

1. 波的概述

　　波是介质质点离开平衡位置的一种扰动,这种扰动随时间从空间的一个区域传播到另一个区域。在传播过程中没有物质的传输,也就是说无论波在介质中传播得多远,介质质点仅能围绕其平衡位置在一个非常小的空间内振动或转动。波在传播中的速度称为波速度。

　　声波就是从声波源传播出来的波,像水波、地震波一样。当其频率为 20Hz ~ 20kHz 时称为声波。声波的频率范围是人耳可能感知的范围。频率低于 20Hz 时,称为次声波;频率高于 20kHz 时,称为超声波。在声波测试中,习惯上把声波和超声波合在一起,统称为声波。

　　根据声波的振动方向与波传播方向的关系,可把声波分为纵波和横波。若质点的振动方向与波的传播方向一致,这种波称为纵波,又称为压缩波。若质点的振动方向与波的传播方向垂直,这种波称为横波。在气体和液体中的声波只能是纵波,而在固体中声波既有纵波又有横波。岩体属于固体,故在岩体中声波的传播,既包括纵波又包括横波的传播。

2. 声波测试基本原理

　　声波测试的基本原理是用人工的方法在岩土介质和结构中激发一定频率的弹性波,这种弹性波在材料和结构内部传播并由接收仪器接收,通过分析研究接收和记录下来的波动信号来确定岩土介质和结构的力学特性,了解它们的内部缺陷。

　　在弹性介质内某一点,由于某种原因而引起初始扰动或振动时,这一扰动或振动将以波的形式在弹性介质内传播,形成弹性波。声波是弹性波的一种,若视岩土体和混凝土介质为弹性体,则声波的传播服从弹性波传播规律。

　　岩土体中往往包含有各种层面、节理和裂隙等结构面,岩体中的这些结构面在动荷载作用下产生变形,对波动过程产生一系列的影响,如反射、折射、绕射和散射等。这样,岩土体界面起着消耗能量和改变波的传播途径的作用,并导致波的非均质性及各向异性。因此,岩土体结构影响着岩土体中弹性波的传播过程,也就是说岩土体弹性波的波动特性反映了其结构特征,所以,弹性波探测技术已成为工程岩土体研究中一项有效而简便可靠的手段。

二、测试仪器及使用

声波测试仪主要由发射系统、接收系统和微机组成。发射系统包括发射机和发射换能器，接收系统包括接收机和接收换能器，微机主要用于用数据记录和处理搜索。发射机是将由声源信号发生器（主要部件为振荡器）产生一定频率的电脉冲，放大后由发射换能器转换成声波，并向岩体辐射的设备。发射换能器将一定频率的电脉冲加到发射换能器的压电晶片时，晶片在其法向或径向产生机械振动，从而产生声波。晶体的机械振动与电脉冲是可逆的。接收换能器接收岩体传来的声波。发射换能器和接收换能器可以实现声波和电能的相互转换。接收机将接收到的电脉冲进行放大，并将声波波形显示在荧光屏上，通过调整游标电位器，可在数码显示器上显示波至时间，若将接收机与微机连接，则可对声波信号进行数据处理。

1. SYC-2C 型非金属超声测试仪

SYC-2C 型非金属超声测试仪由接收机和发射机两部分组成。该仪器轻便、快速，环境干扰小，可使用 220V 或 18V 供电。通过该仪器测量声波或超声波在固体介质中传播的速度和振幅衰减比，可以完成以下任务：可供研究人员在实验室进行岩样的研究或地震模拟试验；利用弹性波的波速随岩体裂隙发育而降低、随应力增大而加快的特性，研究洞室的节理、裂隙发育情况，确定洞室开挖松弛的范围；利用弹性波速及吸收衰减参数与岩体强度有关的特性，进行岩体强度分级；利用弹性波的纵波和横波速度，测算出岩体动弹性力学参数；利用弹性波速与应力变化的关系，进行地应力的测量，长期观测进行地震预报。

2. CTS-25 型非金属超声波检测仪

该仪器主要用于混凝土的无损检测，通过混凝土声速和混凝土抗压强度的关系，可以估计其强度；通过对混凝土的声速、衰减和波形的测量，可以检查混凝土结构内部的孔洞、裂缝及其他缺陷的位置等。该仪器还可用于对木材、塑料、橡胶、石墨、碳素纤维、陶瓷、岩石等材料的性能测量。该仪器具有波形显示和数字显示装置，便于观察波形和进行声速测量，仪器本身有80dB 的衰减器，可以测量材料的衰减。

3. UVM-2 型声波仪

日产的 UVM-2 型声波仪是通过声循环法进行延时测定，检测时不受试样中多重反射波的影响，能迅速准确地测定材料的声速、弹性模量等参数。仪器使用 $100V \pm 10\%$,50/60Hz 交流电，通过设定发射脉冲宽度，可以匹配 $0 \sim 10MHz$ 的超声探头，接收窗延时为 $0 \sim 400\mu s$，窗口幅度为 $0.2 \sim 400\mu s$，固定延时（用于抑制多重反射波对循环测量的影响）可设定为 $N \times 63.5\mu s$ （$N = 1 \sim 16$），声循环次数可设定为三档：10^2、10^3、10^4，循环次数越多，单次测量时间越长，声时测定显示有效位数越多，分别为 1ns、0.1ns、0.01ns，测量精度较高，与我国现有的国产 SYS 型系列岩石声波探测仪（最小分辨率为 $0.1\mu s$）相比，具有延时测量精度高的优点（在声循环次数为 10^4 时，最小显示位数为 0.01ns）。

纵波测试采用自制 1-3 型宽带纵波换能器，由 1-3 型复合压电晶片、环氧加钨粉背衬声吸收层块、不锈钢屏蔽外壳等组成。横波测试采用 2-2 型宽带横波换能器，由 2-2 型复合压电晶片、环氧加钨粉背衬声吸收层块、环氧金刚砂粉末混合声匹配层、不锈钢屏蔽外壳等组成。该换能器具有测量频带宽、测量精度高、测量稳定性好等优点。

三、测试方法

声波测试方法分类有多种。根据换能器与岩体接触方式的不同,可分为表面测试和孔中测试;根据发射和接收换能器的配制数量不同,可分为一发单收和一发多收;根据声波在介质中的传播方式不同,可分为直达波法、反射波法和折射波法等。

1. 直达波法

直达波法是由接收换能器接收经介质直接传递,未经折射、反射转换的声波的测试方法,又称透射法。该方法能充分反映被测介质内部的情况,声波传递效率高,穿透能力强,传播距离大,可获得较反射波和折射波大几倍的能量,且波形单纯,干扰小,起跳清晰,各类波形易于识别,在条件允许时,宜优先采用。直达波法又分表面直达波法和孔中直达波法两种。

1)表面直达波法

将发、收换能器布置在被测物表面的声波测试方法称为直达波测试法,当发、收换能器布置在同一平面内时称为平透直达波法,当换能器不在同一平面内设置时称为直透直达波法。

平透直达波法测试时,收、发射换能器之间的距离应小于折射波首波盲区半径,如图 5-1 所示。室内岩石试件的声学参数测试不论加载与否,均应采用直透直达波法,如图 5-2 所示。在野外或井下工程测试中,一般利用巷道之间的岩柱或工程的某些突出部位在非同一平面相对设置收、发换能器,如图 5-3 所示。

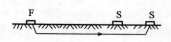

图 5-1　平透直达波法测试图
F-发射换能器;S-接收换能器

图 5-2　直透直达波测试图

2)孔中直达波法

将发射和接收换能器分别置于两个或两个以上钻孔中进行直达波测试的方法称为孔中直达波法。当被测物仅有一个自由面且需要了解被测物内部声波参数变化情况时,可采用这种方法。在被测的结构物上打两个或两个以上的相互平行的钻孔,分别布置发射和接收换能器(图 5-4)。观测时发射和接收换能器从孔底(或孔口)每隔 10 ~ 20cm 同步移动,即可测出两换能器之间岩体不同剖面的波速与振幅的相对变化情况。

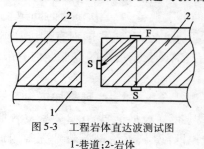

图 5-3　工程岩体直达波测试图
1-巷道;2-岩体

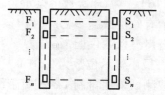

图 5-4　孔中直达波测试法
F_1、F_2、$\cdots$、F_n-发射换能器的第 1、2、$\cdots$、n 个测试位置;
S_1、S_2、$\cdots$、S_n-接收换能器的第 1、2、$\cdots$、n 个测试位置

钻孔布置可采用直线形布置,亦可采用圆环形、三角形等方式布置。钻孔直径一般应比换能器直径大 8~15mm,钻孔深度根据测试目的的不同而不同。测试围岩破碎松动范围时,钻孔深度一般以 2~3m 为宜。两钻孔之间的距离 1m 左右为宜。钻孔数目可根据测试目的、工程的重要程度等确定。

采用孔中直达波测试法时钻孔工作量大,且受到钻孔设备和工艺水平的限制,很难保证两钻孔之间的平行,容易造成测距误差,影响测量精度。

2. 反射波法

反射波法是利用声波在介质中传播时遇到波阻抗面会发生反射的现象,研究喷射混凝土厚度、岩层厚度以及围岩内部结构等的观测方法。反射波法测试时,被测结构往往只有一个自由面,换能器的布置应采用并置方式(图 5-5),换能器之间的距离应根据被测层厚度及波阻抗面的形状而定。测定反射波初至时,首先要确定反射波与直达波的干涉点。根据直达波与反射波的传播路线可知,反射波必然是在相应的直达波后到达接收点。从整个波序看,反射波是直达波的续至波,反射波的起波点是反射波波前与直达波波尾的干涉点。在实际测试过程中,由于介质的不均匀、节理裂隙的绕射、反射界面凹凸不平造成的波前散射等,往往使反射波的干涉点难以辨认。因此,反射波法测试的技术关键是反射波初至的识别。

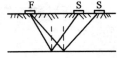

图 5-5　反射波测试法

3. 折射波法

声波由观测界面到达高速介质并沿该介质传播适当距离后又折返回观测界面时称为折射波。折射波法是接收以首波形式出现的折射波的测试方法,它可分为平透折射波法和孔中折射波法。平透折射波法探头布置方式同平透直达波法相同,但接收换能器应布置在折射波首波盲区之外。这种测试方法常用来测试回采工作面超前支承压力影响范围等。孔中折射波法又称单孔测试法,它是将特制的单孔换能器放入钻孔中,接收通过岩壁的折射波,并沿钻孔延深方向逐段观测声波参数的变化,从而确定所通过地层的层位、构造、破碎情况以及岩石的物理力学性质等。这种方法在工程中常用来测定井巷围岩破碎范围、查明围岩结构、进行工程质量评价等。

单孔折射波测试法首先在被测点打一观测孔,然后在孔中注满清水,以水作为探测岩体之间的耦合剂,测试时发射探头发出的声波一部分沿钻孔中水传播至接收换能器部分为直达波,一部分由发射经孔壁反射后到达接收换能器,这部分为反射波,反射波路程较直达波长,它在直达波后到达接收换能器,另外一部分是由于水和岩壁的波而产生的一束以临界角从水中入射到岩壁内传播的滑行波,在接收端又以临界角进入接收换能器,如图 5-6 所示。由于滑行波在途中是沿岩体传播(深入岩体深度约 3λ),波速与通过的岩层性质有关,若适当选择发射和接收换能器之间的距离(源距),可使滑行波在直达波之前最先到达接收换能器成为首波。

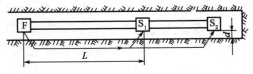

图 5-6　孔中折射波法

保证折射波成为首波的最小源距 $L_{\min}$，可用下式计算：

$$L_{\min} = 2d\,\frac{1+K}{\sqrt{1-K}} \qquad\qquad (5\text{-}1)$$

式中：d——换能器表面与孔壁的距离；

K——水与岩壁纵波速度之比，即 $K = v_{P水}/v_{P岩}$。

孔中折射波法测试有一发单收和一发双收两种，采用一发单收由于受耦合等因素的影响，计算声速比较麻烦，因此目前单孔测试多采用一发双收。测试时首先读出接收一（第一通道）声时 t_{s_1} 及接收二（第二通道）声时 t_{s_2}，然后由下式计算波速 v_p：

$$v_p = \frac{l}{t_{s_1} - t_{s_2}} \qquad\qquad (5\text{-}2)$$

式中：l——接收换能器 S_1 与接收换能器 S_2 之间的距离。

实践证明，在单孔测试中，纵波振幅对岩层的破碎情况及物理力学特性的变化反应较声速更灵敏，所以测定波速 v_p 的同时，应观测振幅值的大小，综合利用声速、振幅资料将会获得更准确的结果。

第二节 声波测试技术在围岩测试中的应用

一、评价岩土强度和完整性程度

我国应用超声波检测开始于建筑工程与岩土工程，主要用波速法测量岩石的抗压强度与判断岩石的性质。波速法是超声波检测路基路面的最基本的方法。所谓波速法，即指用波在路基路面材料中行进的速度来测量其力学性能的一种方法。波的行进速度与该种材料的软硬度即强度有着密切的联系，而强度又与密实度弹性模量和泊松比有关。

无限大的介质实质上是不存在的，当固体介质的尺寸与所传播的波长相比足够大时，可视为半无限大体，其波速与无限大介质中的波速接近。如从材料的力学角度分析，超声波在固体材料中传播，实质上是一种高频机械波在该固体材料中的传播。超声波通过固体材料时，使固体材料中的每一个微小区域都产生压缩或剪切等应力应变过程，因此超声波在这种固体材料中的传播速度，实质上就表征了该种固体材料的应力应变状态，亦即直接反映了固体材料弹性模量与密度特性。这两个指标与强度有着直接关系，亦即强度是这两个指标的综合反映。由实践证明，材料的强度愈高，穿过它的超声波波速值就愈高，材料的强度愈低，穿过它的超声波波速值就愈低，实质上用波速值的大小就表征了材料的强度高低。

当材料松软时，其强度小，即表征材料强度的弹性模量与密度小，它们的综合结果也必然小，穿过它的波速亦将随之减小；当材料坚硬时，其强度大，表征材料强度的弹性模量与密度必然大，同理，它们的综合结果也必然大，穿过它的波速亦将随之增高。对于有缺陷的材料体，其强度的降低导致超声波在该处所行进波速也必然减小，例如，水泥混凝土材料中的空隙等，这是由于波在该处出现不正常行驶，或发生杂乱的散射或绕射，增加了声波传播的声阻抗，使速度减缓所致。一般来说，正常材料的弹性模量、密度或强度都是稳定的，而且通过室内试验可取得正常的波速值,也可以通过现场取得(需修正)。但当发现测出的波速有异常变化时,可根据试验方法得到的该种材料的波速标准诊断模式判断出它的缺陷性质,甚至是缺陷位置。这就是超声波测量材料强度与判断材料缺陷的基本原理。这给现场施工质量监测带来了方便。

岩体完整性系数 K_v 又称裂隙系数,为岩体与岩石的纵波速度之比的平方,用动力法可以测定完整性系数。根据岩体完整性系数对岩体完整程度进行分类,可分为完整、较完整、较破碎、破碎及极破碎五类。裂隙系数计算公式为:

$$K_v = \left(\frac{V_{pm}}{V_{pr}}\right)^2 \tag{5-3}$$

评价完整性程度以及估算岩体强度:

$$\sigma_{cm} = \sigma_c C_m^2$$
$$\sigma_{tm} = \sigma_t C_m^2 \tag{5-4}$$

岩体完整性系数的物理含义是岩体相对于岩石的完整程度,是岩体纵波波速与横波波速比值的平方。完整性系数 K_v 一般小于或等于 1;有时 K_v 大于 1,表明岩体有如下几种可能:在岩体有塑性区或膨胀区内采取岩样标本,由于应力释放,岩石标本速度将比处于原有应力状态下的岩体速度小,此时 K_v 大于 1;各向异性显著的岩石,标本弹性波速按照方向不同而有所差异,此时在标本某个方向测定的速度可能比岩体速度小,故此时 K_v 大于 1;一般岩石(一般 V_p >3000m/s 时)饱和含水的速度比处于干燥状态的速度为大。因此,如果采取含水率较高的岩石标本,在自然状态下放置以后,因水分失散,其速度也可减少,故 $K_v > 1$。

二、围岩松弛带测试

地下井巷由于开挖过程的扰动,引起围岩应力重新分布,巷道周边出现应力集中,当应力超过岩体的强度极限后,围岩体开始破碎松动,即从井巷周边向岩体深部扩展到某一范围。这一范围内的岩体表现出节理裂隙增多,完整性下降,强度降低,被称之为围岩松动范围。松动范围的大小是评价井巷稳定性和决定工程措施的重要依据,对确定井巷支护形式及支护参数都有重要价值。

由声波的传播特性可知,随着围岩破碎程度的增加和岩体的弱化,声波的波速和振幅相应减小。因此,通过测定围岩的声波参数,可以判断围岩松动范围的大小。

1. 测试方法

围岩松动范围的测试方法主要有单孔测试法和双孔测试法。

单孔测试法即单孔折射波法,它一般采用一发双收单孔换能器。测试时,首先在被测物上打孔,然后将换能器置于孔中,用封孔器封孔,注入清水。测试时,从孔底(或孔口)开始,每隔150mm 读 1 次声波值时,每隔150mm 或 300mm 测读 1 次振幅值,直至孔口(或孔底)。为保证数据的可靠,一般应复测 1~2 次。振幅的测读应与声速测读分开进行,以免由于在声时测读过程中调节增益而造成振幅的人为测量误差。单孔测试可以了解沿钻孔轴向的岩性及应力变化情况,特别是对岩体的裂隙反应较灵敏。

双孔测试法,即孔中直达波法,该方法主要用于了解孔中岩体的岩性特征、应力分布及它

们沿钻孔轴向的变化情况。

2. 测孔布置

在需测试的井巷围岩中,根据测试目的选择有代表性的地段布置观测站和相应的观测断面。对于水平和倾斜巷道,每个测站应布置 2~3 个断面,每个断面布置的测孔数应由断面大小及形状等确定,一般为 3~5 个测孔。在立井中,由于打眼及观测工作都较困难,因此,测站及观测断面的测孔数可相应减少。测孔深度以 2.0~3.0m 为宜。

3. 测试结果的整理与分析

由于围岩的非均质性,即便是同一岩层也很难用统一的波速与振幅指标作为划定松动范围边界的尺度,因此,多是根据同一测孔声速与振幅沿钻孔轴向相对变化来判定松动范围的大小。

具体方法步骤是:

1)按测孔整理测试数据

首先按测站或观测顺序将每个测孔各次测读的声时换算成声速 t,然后,以孔壁至孔底的距离为横坐标,以声速 v_P、振幅 A 为纵坐标,绘制 v_P-L、A-L 曲线图。为便于比较,v_P、A 应使用同一横坐标。

2)围岩松动范围的确定

确定围岩松动范围的实质是 $v_P(A)$-L 曲线图的判读。根据现场实测、模拟试验等的研究成果,可将 $v_P(A)$-L 曲线归纳为如下三种典型情况(图 5-7)。

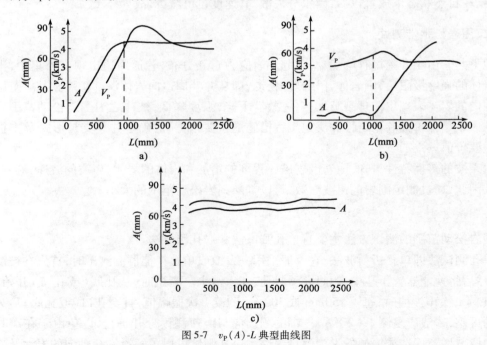

图 5-7　$v_P(A)$-L 典型曲线图

如图 5-7a)所示,在井(巷)壁附近,声波衰减强烈,v_P、A 均很低,有时 v_P 甚至无法测读,但随深度的增加,v_P、A 逐渐增高,到达某一范围后,声速 v_P、振幅 A 都稳定在一定值。这种现象表明,在井

（巷）壁附近的松动范围内,岩体破碎,应力降低,而随深度增加,岩体完整性逐渐增强,应力相应升高,波速及振幅随之恢复。这种类型应以两曲线 $v_p(A)$-L 的拐点作为松动范围的边界。

如图 5-7b) 所示,在井(巷)壁附近,声速 v_p 的变化不明显,而振幅 A 相对衰减强烈。这类曲线说明,在靠近井壁附近,岩体节理、裂隙发育,但张开宽度小,因而对声波影响不大,但振幅却对节理、裂隙的反应敏感。这一结论已被室内模拟试验证实。松动范围边界以 A-L 曲线上升的拐点划定。

如图 5-7c) 所示,声速 v_p 和振幅 A 在全段(即随深度)变化不明显。出现这种情况主要是由于围岩坚硬,基本不受开挖爆破和应力重新分布等的影响,故可认为围岩无破碎范围。

除上述三种典型曲线外,当遇到特殊情况时,可结合具体测段的地质及岩性条件认真分析,做出正确的判断。

3)绘制围岩松动范围变化曲线

为直观了解某断面围岩松动范围的变化情况,可将该断面每个测孔的围岩松动范围值的大小标在巷道断面图中并用圆滑的虚线连接起来(图 5-8)。

对于某一测段的情况,则可以断面(或测站)松动范围的均值为纵(或横)坐标,以测段长度为横(或纵)坐标,绘出围岩松动范围在测段上的变化曲线。该曲线还可与该段的地质剖面图绘在一起,以便对照分析。

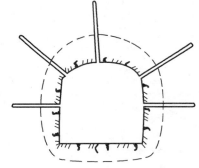

图 5-8　巷道围岩松动范围确定

4)其他注意事项

围岩松动范围测试工作以立井测试环境条件最困难,故防水问题不可忽略。立井测试多在有淋水的条件下进行,因此,仪器应有严格的防水措施,以免内部进水发生短路。通常的做法是在安放仪器的平台(或吊桶)上加防水罩,同时在仪器上面加盖防水塑料雨布。当仪器安放位置远离测孔,原换能器电缆长度不够,而需另加接电缆时,应保证电缆接头的芯线与屏蔽线之间有良好的绝缘,其外层应采用胶带包好并用树脂胶密封,使其具有一定的防水功能。

三、其他测试

仪器下井测试方法是将两吊桶同步运行法在井筒施工中。若使用吊桶提升时,可将仪器安放在其中一个吊桶内,而把测孔布置在另一个吊桶侧,测试时两吊桶同步运行。罐笼上做临时平台进行测试,当井筒内用罐笼提升时,可在罐笼上搭设临时平台,设置护栏,测试人员系好安全带,钻眼与测试工作在临时平台上进行。

第三节　声波测试技术在地下混凝土结构质量评价中的应用

一、混凝土中的空洞检测

混凝土在浇筑过程中存在不密实的情况,在不密实区存在空洞现象。不密实区是指因振捣不够、漏浆或石子架空等造成的蜂窝状或缺少水泥形成的松散状或意外损伤造成的疏松状区域。对于体积较大的混凝土结构或构件,这种情况尤其容易发生。当混凝土水胶比较小或配筋较密的情况下,施工时漏振或振捣不充分,往往会出现石子架空,在混凝土内部形成空洞的情况。

进行混凝土不密实区与空洞检测时,可根据现场施工记录和外观质量情况,估计不密实区与空洞可能出现的大致位置,并确定合适的检测区域范围。检测时可根据现场的实际情况,采用对测法、斜测法、钻孔或预埋管法进行。

1. 对测法

当结构物被测部位具有两对相互平行的表面时,可采用对测法。测试时在两对相互平行的表面上,分别画出 100 ~ 300mm 的等间距网格,确定点位置并逐点测试对应的声时、波幅和频率,并同时测量测试距离,如图 5-9 所示。对于大型结构物,网格距离可适当放宽。

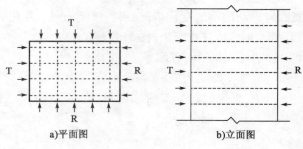

a)平面图　　　　　　　　　　　b)立面图

图 5-9　对测法

2. 斜测法

当结构物被测部位只有一对平行表面可供测试时,可采用斜测法。测试时调整换能器安放位置,以使能够在任意两个平面进行交叉测试。采用斜测法时,可采用图 5-10 的形式,在侧位两个相互平行的测试面上分别画出网格线,可在对测的基础上进行交叉测试。

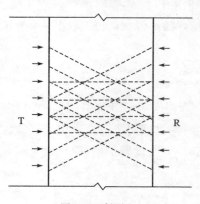

图 5-10　斜测法立面

3. 钻孔或预埋管法

当测距较大时,超声波在混凝土中能量损失较大,接收信号较为微弱,不利于对缺陷进行检测分析,此时可采用钻孔法或预埋管法。测试时在测试部位预埋声测管或钻出竖向测试孔,预埋管内径或钻孔直径宜比换能器直径大 5 ~ 10mm,预埋管或钻孔间距宜为 2 ~ 3m,其深度可根据测试需要确定。检测时可用两个径向振动式换能器分别置于两测孔中进行测试,或用一个径向振动换能器与一个厚度振动换能器分别置于测孔中和平行于测孔的平面进行检测。钻孔法测试示意如图 5-11 所示。

由于混凝土本身的不均匀性,测得的声时、波幅等参数也在一定范围内波动,更何况混凝土原材料品种、用量及混凝土的湿度和测距等都不同程度地影响着声学参数值,因此,不可能确定一个固定的临界指标作为判断缺陷的标准,一般都利用统计方法进行判断。

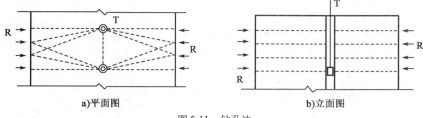

a)平面图　　　　　　　　　　　b)立面图

图 5-11　钻孔法

统计学方法的基本思想在于,给定一置信概率(如 0.99 或 0.95),并确定一个相应的置信范围(如 $m_x \pm \lambda_1 S_x$),凡超过这个范围的观测值,就认为它是由于观测失误或者是被测对象性质改变造成的异常值。如果在一系列观测值中混有异常值,必然歪曲试验结果,为了能真实反映被测对象,应剔出测试数据中的异常值。

对于超声检测缺陷技术来讲,认为一般正常混凝土的质量服从正态分布,在测试条件基本一致且无其他因素影响的条件下,其声速、频率和波幅观测值也基本属于正态分布。在一系列观测数据中,凡属于混凝土本身质量的不均匀性或测试中的随机误差带来的数值波动,都应服从统计规律,在给定的置信范围以内,当某些观测值超出了置信范围,可以判断它属于异常值。

二、结构混凝土厚度检测

冲击回波法通常用于探测混凝土、木、石结构中的内部孔洞、蜂窝、裂缝、分层,也用于测量板和公路的厚度等。许多混凝土结构,如路面、机场跑道、底板、护坡、挡土墙、筏形基础、隧道衬砌、大坝等,只存在单一测试面,而从事混凝土结构评估、修补工作的工程师们往往对以上结构混凝土的厚度比较重视,因为这些结构混凝土的厚度如达不到设计要求,将会影响结构的整体强度及其耐久性,造成工程隐患,甚至引发严重工程质量事故,所以用无损检测方法测试结构混凝土的厚度具有重要意义和实用价值。

三、混凝土裂缝检测

请扫码观看埋入
式测缝计的原
理及安装视频

混凝土结构的裂缝宽度、数量、深度、走向和位置是判断结构受力状态和预测剩余使用年限的重要特征之一。对混凝土结构作可靠性鉴定必须对结构的裂缝状态进行检测和分析。产生裂缝的原因很多,从工程鉴定和处理的角度可以将其归纳为受力裂缝和非受力裂缝两大类,检测时应注意区分。裂缝的形态各异,能否正确区分要依靠检测人员的理论知识,掌握鉴定规程的水平和工程经验。实际工程中常有两种类型裂缝的混合体,如:结构上的作用使原有的非受力裂缝扩展了,结构的周围环境变化或受化学物品侵蚀使原有受力裂缝增宽,此时应区分出主、次原因。因此,明白裂缝产生的原因和鉴定规范中关于裂缝分级的界限是测定裂缝的关键。

量测裂缝宽度可用刻度放大镜(20 倍)或裂缝卡尺应变计、钢板尺、钢丝、应急灯等工具。对于可变作用大的结构,要求测量其裂宽变化和最大开展宽度时,可以横跨裂缝安装裂缝仪等,用动态应变仪测量,用磁带记录仪等记录。对受力裂缝,量测钢筋重心处的宽度;对非受力裂缝,量测钢筋处的宽度和最大宽度。最大裂缝宽度取值的保证率为 95%,并考虑检测时尚未作用的各种因素对裂宽的影响。常用的几种裂缝测定工具如图 5-12 所示。

a)裂缝刻度尺

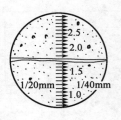

b)用刻度放大镜未测定

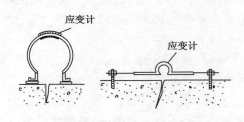

c)用应变计来测定

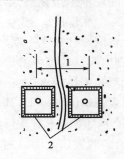

d)用接触式应变计或游标卡尺来测定

图 5-12　测定各种裂缝的仪器

1-检测长度;2-粘贴上 10mm×10mm 的板(接触应变计的标点)

下面列举对鉴定评级有影响的一些关键裂缝的检测方法和这种裂缝的重要性:

1)沿筋纵向裂缝的检查

沿筋裂缝是非受力裂缝,检查沿筋裂缝时要注意两个界限,一个是有无纵向沿筋裂缝,无沿筋裂缝属 a、b 级。若有沿筋裂缝,要掌握裂缝宽度和长度小于或等于 2mm 为 c 级,大于 2mm 为 d 级。当有主筋锈蚀导致构件掉角或保护层脱落的,情况比开裂还严重,因此检查和量测时,应抓住这几个环节。沿筋裂缝比受力裂缝宽度宽,测量时用裂缝卡、钢板尺等均可,在上述几个界限处,需要用刻度放大镜观测。

2)垂直于受力主筋的横向裂缝的检查

首先要检查哪些裂缝是横向裂缝的典型形式。受弯构件受拉区产生的裂缝就是横向裂缝,这种裂缝由于作用力过大,加之在潮湿环境下,通缝进水、氧化导致钢筋锈蚀,又加宽了裂缝。横向裂缝应用放大 20 倍的刻度放大镜认真观测。如表面有灰尘或附着物,应清除干净再测。横向裂缝是受力裂缝,须认真观察,并注意裂缝控制界限,测量认真、细致、准确。

四、其他检测

除了上述检测,再介绍一下钢管混凝土缺陷检测。所谓钢管混凝土,是指在圆钢管之内灌注混凝土而形成的组合材料。钢筋混凝土结构是由混凝土包裹着钢筋,形成整体共同受力,而钢管混凝土则是由钢管包裹混凝土形成整体,共同工作。由于钢管混凝土除具有套箍混凝土的强度高、重量轻、塑性好、耐疲劳、耐冲击等优点外,还具有施工方便快捷、省材、省工、省时等优点,所以应用日益广泛。

钢管内的混凝土是否灌注饱满,无法直观检查,只有通过一定检测手段来判断。一些模拟试验和工程实测结果表明,采用超声法检测钢管混凝土内部缺陷是可行的。

超声法检测钢管混凝土只适用于钢管壁与核心混凝土胶结良好的部位,同时应满足超声波穿过核心混凝土直接传播到接收换能器所需的时间小于沿钢管壁传播的时间。所以,钢管混凝土检测应采用径向对测的方法,如图 5-13 所示。

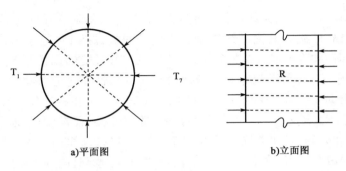

a)平面图　　　　　　　　　　　　b)立面图

图 5-13　钢管混凝土检测

检测时在钢管混凝土每一环线上保持 T、R 换能器连线通过圆心,沿环向逐点检测。对于各声学参数异常值的判断方法,与混凝土不密实区检测的判断方法相同,只是对于数据异常的测点,应检查该部位是否存在钢管壁与混凝土脱离现象,如无脱离等因素影响,则可判定该点异常。

复习思考题

1. 简述声波测试的基本原理,并列举几种常见的声波测试仪。

2. 简述直达波法、反射波法和折射波法的基本原理。

3. 如何利用声波法来对岩石力学性质——弹性模量和泊松比、体积模量和剪切模量、岩石的抗力系数和岩石的抗剪强度参数进行测定?

4. 利用声波法可以测定的土的力学性质有哪些?

5. 何谓岩石的完整性系数? 岩石的完整性系数的取值有什么特点?

6. 如何利用声波法对围岩的松弛带进行测试? 并说明 $V_p(A)$-L 曲线和围岩之间的关系。

7. 声波测试技术在地下混凝凝土结构质量评价中的应用有哪些?

第六章　地下工程中的地质雷达测试技术

地质雷达测试技术是采用无线电波检测地下介质分布和对不可见目标体或地下界面进行扫描,以确定其内部结构形态或位置的电磁技术,具有以下特点:它是一种非破坏性的探测技术,能连续探测地下目标,并能给出图形显示,成果直观、快速、便于分析;利用脉冲发射,探测指向性好,使用中心频率高,分辨率强;高频数据借助光纤等技术传递,抗电磁干扰能力强,可在各种噪声环境下工作,亦对环境干扰影响小,工作场地条件宽松,适应性强;便携微机控制数字采集、记录、存储和处理;轻便类仪器现场仅需3人或更少人员即可工作,工作效率高。存在以下局限性:由于松散介质多、含水多、含盐度高的岩石与土壤对高频电磁波能量具有强烈的衰减作用,因而在高导厚覆盖条件下,探测范围受到限制;电磁波的参数与岩土力学指标无直接关系,限制了其应用范围。

请扫码观看第六章电子课件

目前地质雷达测试技术已广泛应用在工程场地勘察、埋设物与考古探察、金属矿化带勘查、工程质量检测、隧道超前预报和地下管网探测等众多领域,多用于铁路公路隧道衬砌、高速公路路面、机场跑道等工程结构,用于检测衬砌厚度、脱空和空洞、渗漏带、回填欠实、围岩扰动等问题,检测厚度精度可达厘米级。为保证隧道施工中的人员、设备安全,保证工期和质量,节约经济投资,用地质雷达对掌子面前方20～30m范围进行隧道地质超前预报;如探测管线在地下空间内的水平位置分布,还可以确定其深度,得到三维分布图。

第一节　地质雷达技术基本理论

地质雷达的工作原理为:高频电磁波以宽频带脉冲形式通过发射天线发射,经目标体反射或透射,被接收天线接收。高频电磁波在介质中传播时,其路径、电磁场强度和波形将随所通介质的电性质及集合体形态而变化,由此通过对时域波形的采集、处理和分析,可确定地下界面或目标的空间位置或结构状态,如图6-1所示。

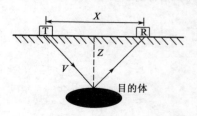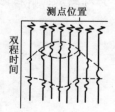

图6-1　地质雷达反射剖面示意图

一、麦克斯韦电磁场理论简介

地质雷达采用高频电磁波进行探测,电磁波的传播满足麦克斯韦方程组:

$$\begin{cases} \nabla \cdot E = -\dfrac{\partial B}{\partial t} \\ \nabla \cdot D = \rho \\ \nabla \cdot B = 0 \\ \nabla \cdot H = J + \dfrac{\partial D}{\partial t} \end{cases} \tag{6-1}$$

式中：E——电场强度（V/m）；

    B——磁感应强度（T）；

    H——磁场强度（A/m）；

    J——电流密度（A/m^2）；

    D——电位移（C/m^2）；

    ρ——电荷密度（C/m^3）。

麦克斯韦方程组表明，随着时间变化的磁场会产生时间变化的电场，随着时间变化的电场又会产生随着时间变化的磁场。简言之，就是变化的磁场和变化的电场相互激发，并且变化的磁场和变化的电场以一定的速度向外传播，这就形成了电磁波。

二、电磁波在介质中的传播规律

电磁波是交变电场与磁场相互激发在空间传播的波动。电磁波根据其波面的形状可以分为平面波、柱面波和球面波，其中平面波是最基本、最具有电磁波普遍规律的电磁波类型。探地雷达所发射的电磁波可经傅立叶变换换算一系列的谐波，这些谐波近似为平面波，则探地雷达电磁波传播以平面谐波的传播规律为基础。

在探地雷达应用中，通常比较关心电磁波的传播速度和衰减因子。若介质为低损耗介质，此时，平面波的电场强度近似等于磁场强度；大多数岩石介质为非磁性、非导电介质，其传播速度为 $v_p = c/\sqrt{\varepsilon_r}$，其中 c 为光速，ε_r 为相对介电常数。此时，电磁波的速度主要取决于介质的介电常数；衰减常数与电导率成正比，与介电常数的平方根成反比，电磁波能量的衰减主要是由于感生涡流损失引起的。若介质为良导体，此时，随着电导率、磁导率增加，以及电磁波频率升高，电磁波的衰减越快。波速与频率的平方根成正比；与电导率的平方根成反比，波速是频率和电导率的函数。

三、地质雷达测试原理

1. 地质雷达的构造

地质雷达由雷达系统和显示处理系统两大部分组成，雷达系统由发射脉冲源、收发天线、取样接收电路和主机控制电路等组成，如图 6-2 所示，用来获得目标的回波信息，显示处理系统由工控机和地质雷达专用测量、处理软件组成，具备动态测试、实时图像连续显示和数据处理功能。

2. 基本工作原理

工作时，由发射脉冲发出的脉宽为毫微秒量级的射频脉冲，经位于地面上的宽带发射天线

（T_x）耦合到地下,当发射脉冲波在地下传播过程中遇到介质分界面、目标或其他区域非均匀体时,一部分脉冲能量反射回到地面,并由地面上的宽带接收天线（R_x）所接收,如图6-3所示。

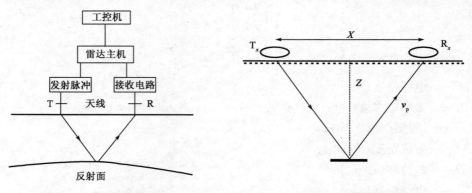

图6-2　地质雷达构成框图　　　　　　　　图6-3　探地雷达探测示意

取样接收电路在雷达主机取样控制电路的控制下,按等效时间采样原理,将接收到的高速重复视脉冲信号转换成低频信号,送到显示系统进行实时显示和处理。实际探测过程中,天线沿隧道壁移动,脉冲信号不断地被发射和接收。显示处理系统将 A/D 转换后得到的数字信号按一定方式进行编码排列及处理,以二维形式（横向为空间坐标,对应测线上的水平位置,纵向为时间坐标,表示回波信号的双程走时,对应于深度）给出连续的地下剖面图像。在剖面图中,不同的介质分界面将有异常显示,依次可对地下结构进行分析和判断。

脉冲波行程需时:

$$t = \frac{\sqrt{4z^2 + x^2}}{v} \tag{6-2}$$

当地下介质中的波速 v 为已知时,可根据测到的精确的 t 值（ns,$1\text{ns} = 10^{-9}\text{s}$）,由式(6-2)求出反射体的深度（m）。式中,$x$(m)值在剖面探测中是固定的;$v$ 值（m/ns）可以用宽角方式直接测量,也可以根据 $v \approx c/\sqrt{\varepsilon}$ 近似算出（当介质的导电率很低时）,其中 c 为光速（$c = 0.3\text{m/ns}$）;ε 为地下介质的相对介电常数值,可利用现成数据或测定获得。

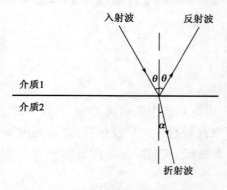

图6-4　电磁波在介质分界面的反射和折射

质的电磁特性有差异时,电磁波在接触面附近发生电磁波的反射与折射等现象,如图6-4所示,且入射波、反射波与折射波的方向遵循反射定律和折射定律。每次遇到存在电磁特性差异的接触界面,电磁波均发生反射与折射。

在介质界面的折射和反射特性由折射系数 T 和反射系数 R 表示,对于非磁性介质,当电磁波垂直入射时（$\theta = 0$）,折射系数 T 和反射系数 R 可由接触界面两侧介质的一对常数 ε_1、ε_2 确定,用下式表示:

$$T = \frac{2\sqrt{\varepsilon_1}}{\sqrt{\varepsilon_1} + \sqrt{\varepsilon_2}} \tag{6-3}$$

$$R = \frac{\sqrt{\varepsilon_1} - \sqrt{\varepsilon_2}}{\sqrt{\varepsilon_1} + \sqrt{\varepsilon_2}} \qquad\qquad (6\text{-}4)$$

由上式可知,对于非磁性介质,电磁波的反射、折射特性与介质的介电常数有密切关系。通常把一种介质的介电常数与空气介电常数的比称为相对介电常数。在混凝土结构中,空洞、裂缝、钢筋、素混凝土、围岩的介电常数有明显的差异,它们之间能形成良好的电磁波反射界面,故为地质雷达的探测提供了一定的前提条件。

表6-1列出了常见岩土介质的有关电性参数。

常见岩土介质的电性参数表 表6-1

介　质	导电率(S/m)	介电常数(相对值)	速度(m/ns)	衰减系数(dB/m)
空气	0	1	0.3	0
纯水	$10^{-4} \sim 3 \times 10^{-2}$	81	0.033	0.1
新鲜水	5×10^{-4}	81	0.033	0.1
海水	4	81	0.01	103
淡水冰	$10^{-4} \sim 10^{-3}$	3.2	0.17	0.01
花岗岩(干)	10^{-8}	5	0.15	$0.01 \sim 1$
花岗岩(湿)	10^{-3}	7	0.1	$0.01 \sim 1$
玄武岩(湿)	10^{-2}	8	0.15	—
灰岩(干)	10^{-9}	7	0.11	$0.4 \sim 1$
灰岩(湿)	2.5×10^{-2}	8	0.115	$0.4 \sim 1$
白云岩	—	$6.8 \sim 8$	$0.106 \sim 0.115$	—
砂(干)	$10^{-7} \sim 10^{-3}$	$4 \sim 6$	0.15	0.01
砂(湿)	$10^{-4} \sim 10^{-2}$	30	0.06	$0.03 \sim 0.3$
粉砂(湿)	—	10	0.095	—
淤泥	$10^{-3} \sim 10^{-2}$	$5 \sim 30$	0.07	$1 \sim 100$
黏土(湿)	$10^{-3} \sim 1$	$8 \sim 12$	0.06	$1 \sim 300$
黏土土壤(干)	$10^{-3} \sim 1$	3	0.173	—
沼泽	—	12	0.086	—
土壤	1.4×10^{-4}	$2.6 \sim 15$	$0.13 \sim 0.17$	$20 \sim 30$
农业耕地		15	0.077	—
畜牧耕地		13	0.083	—
页岩(湿)	10^{-1}	7	0.09	$1 \sim 100$
砂岩(湿)	4×10^{-2}	6	0.112	—
泥岩(湿)		7	0.113	—
煤		$4 \sim 5$	$0.134 \sim 0.15$	—
石英		4.3	0.145	—
肥土	—	15	0.078	—
永久冻土	$10^{-5} \sim 10^{-2}$	$4 \sim 8$	0.12	$0.01 \sim 1$
混凝土	$10^{-3} \sim 10^{-2}$	6.4	0.12	—
沥青	$10^{-2} \sim 10^{-1}$	$3 \sim 5$	$0.12 \sim 0.18$	—

地质雷达移动发射和接收天线的同时,接收到反射电磁波的双程走时相应变化。波的双程走时由反射脉冲相对于发射脉冲的延时进行测定。反射脉冲波形由重复间隔发射(重复率为 $20 \sim 100\mathrm{kHz}$)的电路按采样定律等间隔地采集叠加后获得;考虑到高频波的随机干扰性质,

由地下返回的发射脉冲系列均经过多次叠加(次数为几十次到数千次)。这样,若地面的发射和接收天线沿探测线以等间隔移动时,即可在纵坐标为双程走时 t(ns)、横坐标为距离 x(m)的探地雷达屏幕上描绘出仅由反射体的深度所决定的"时距"波形道的轨迹图,如图6-5所示。

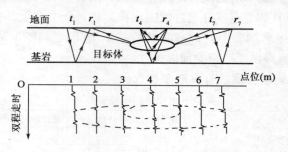

图6-5　地质雷达剖面示意图

四、影响地质雷达测试的因素

影响地质雷达的探测深度、分辨率及精度的因素主要包括内在与外在两方面。内在因素主要是指探测对象所处环境的电导率、介电常数等因素;外在因素主要与探测方法有关,如探测所采用的频率、采样速度等。在实际应用中,综合考虑这些因素,采用适当的方法技术,是探测成功与否的关键。

1. 内在因素

1)环境电导率的影响

环境电导率是影响地质雷达探测深度的重要因素,高频电磁波在地下介质的传播过程中会发生衰减。由于探地雷达的工作频率较高,一般认为,高频电磁波在地下介质的传播过程满足介电极限条件。实际上,由于大地电阻率一般都比较低,达不到介电极限条件,其工作条件介于准静态极限与介电极限条件之间。无论工作条件是在介电极限还是在准静态极限条件下,或者是介于两者之间,其探测深度都随电导率的增大而减少,即环境的电导率越低,高频电磁波的衰减越慢,探测深度越大。

在工程实践中,环境电导率的值一般在 $4 \sim 10^{-9}$S/m,对于常见的非饱和含水土壤和沉积型地基,其电导率的大小主要受含水率及黏土含量的影响。一般地说,低电导率条件($\sigma < 10^{-7}$S/m)是很好的雷达应用条件,如空气、干燥花岗岩、干燥石灰岩、混凝土等;10^{-7}S/m$< \sigma <10^{-2}$S/m 为中等应用条件,如纯水、冰、雪、砂、干黏土等;$\sigma > 10^{-2}$S/m 为很差的应用条件,如湿黏土、湿的页岩、海水等。

2)介电常数的影响

介电常数反映了处于电场中的介质存储电荷的能力,介质的介电常数主要受介质的含水量和孔隙率的影响。相对介电常数的范围为:1(空气)~81(水),为工程勘察中常见介质的相对介电常数环境。高频电磁波在介质中的传播速度主要取决于介质的介电常数,高频电磁波在两种不同介质的界面产生反射,由于地质雷达是接收反射波的信息来探测目标体,而反射信号的强弱取决于介电常数的差异,因此介电常数的差异是地质雷达应用的先决条件。

2. 外在因素

1）探测频率的影响

一般的地质雷达都拥有多种频率的天线，一些厂家的天线中心频率低频可达到 16MHz，高频可达到 2GHz。通常，把探测时所采用的天线中心频率称为探测频率，而其实际的工作频率范围是以探测频率为中心的频带（1.5～2.0 倍），探测频率主要影响探测的深度和分辨率。

当地质雷达工作在介电极限条件时，高频电磁波的衰减几乎不受探测频率的影响，比如，电磁波在空气中传播，由于不存在传导电流，电磁波不发生衰减。但实际上，由于大地电阻率一般都比较低，其工作条件达不到介电极限条件。由于传导电流的存在，高频电磁波在传播过程中发生衰减，其衰减的程度随电磁波频率的增加而增加。因此，在实际工作时，必须根据目标体的探测深度选用合理的探测频率。在工程地质勘察中，勘察深度一般在 5～30m，选择低频探测天线，要求探测频率低于 100MHz。对于浅部工程地质，探测深度在 1～10m，探测频率可选择 100～300MHz；对于探测深度在 0.5～3.5m 的工程环境及考古勘察工作，探测频率可选用 300～500MHz；对于混凝土、桥梁裂缝等厚度在 0～1m 的检测，探测频率一般选用 900MHz～2GHz。

探测频率是制约探测深度的一个关键因素，同时也决定了探测的垂直分辨率，一般是探测频率越高，探测深度越浅，探测的垂直分辨率越高。对于层状地层，以 T_m 表示可分辨的最小层厚度，λ 为高频电磁波的波长，则有 $T_m = 0.5\lambda$，由于 $\lambda = v/f$，其中，v 为电磁波的传播速度，f 为电磁波的频率，$v = c/\sqrt{\varepsilon}$，于是 $T_m = c/2f\sqrt{\varepsilon}$。由此可见，探测频率和介质介电常数是决定垂直分辨率的两个主要因素。对于金属圆柱体，其可探测的最小直径约为埋深的 8%，埋深大于 3m，其可探测的最小直径约为埋深的 50%。

探测频率也是制约水平分辨率的一个关键因素。地质雷达向地下传播是以一个圆锥体区域向下发送能量，如图 6-6 所示。电磁波的能量主要聚集在能量区，而不是一个单点上。电磁波频率越高，波长越短，反射区的半径越小，水平分辨率越高。

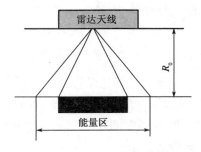

图 6-6　雷达波反射示意图

2）其他影响

（1）环境杂波及噪声干扰

主要来源于测区的金属构件、无线电射频源、近距离施工用电器及机械设备等对测量反射波有效信号的干扰，以及施工噪声、温度、湿度、掌子面危岩清理等测量环境对测量人员的干扰，可通过测前清理测区环境、使用代用或低噪设备等改善环境、检测时停止施工，减少相关杂波和噪声的干扰，提高测量信杂比。

（2）天线间距误差的影响

在天线之间设置定位联系件，用设计选定的最佳天线间距，采用逐块天线紧挨遍布测量。

（3）操作人员的人为因素影响

对测量人员和现场配合人员进行现场培训，提升配合效率和操作熟练程度，降低人为误差。

第二节　地质雷达的野外施测与数据采集

在实际的检测中,地质雷达数据的采集非常重要,它直接涉及以后资料处理和解释工作的成果好坏。在实测过程中要注意以下几点:估计探测对象的性质特点,工区环境的考查,测线布置、现场记录,选择相应的天线,设置雷达采集参数;隧道质量检测中还要注意到工程现场的地质情况、围岩的类型等问题。

一、探测目标

地质雷达探测项目都会有其确定的检测对象,明确检测目的和要求,以便正确设置仪器参数和合理布置测线。其中,探测目标深度关系到雷达时间窗口的大小;探测目标水平尺度决定测线的间距;目标是二度体还是三度体关系到应测线布置方案;要求的分辨率关系到目标与环境电磁向值差异的大小。

二、测线布置与标记

测线布置一般应尽可能与异常的走向垂直;同时测线的间距应小于或等于目标尺度与分辨率尺度,以防目标漏测。对于一般的二度体,可以布置一个方向的测线,如需反映三度体的特性或做成三维成像,应布置多条测线或构成测网,如图6-7所示。测量中要做好场地标记和记录打标。场地标记包括测线标记和测线上距离标记。同时,雷达记录里的标记要与场地标记相一致。

a)二度体　　　　b)三度体

图6-7　探测剖面布置

三、观测场地与环境记录

观测现场记录很重要,它是资料解释的基础。有些环境干扰信号被记录下来,如电线杆、侧面墙、金属物品反射等,如不参考现场记录,很容易被错判为地下异常体。现场记录的要点是把那些可能产生反射干扰的地物都记录下来,注明它们的性质、与测线的距离及位置关系等。

四、地质雷达的观测方式

一般来讲,地质雷达的观测方式随天线类型的不同而有所不同。按天线的频率特性讲,有高频、中频和低频天线;按结构特点,又划分为非屏蔽和屏蔽天线;以电性参数分,有偶极子天线、反射器偶极子天线及喇叭状天线。采用不同种天线结构是为了获得较高的发射效率。下面就地质雷达的几种主要观测方式予以简要概述。

1. 剖面测量法

剖面测量法是使收、发天线以固定间隔距离沿测线同步移动的一种观测方式,发射天线和接收天线同时移动一次便获得一个记录,如图6-8所示,其中 T 为发射天线,R 为接收天线。

当发射天线和接收天线沿测线移动时,就可以得到由一个个记录组成的地质雷达时间剖面图像。同样,横坐标表示天线在测线上的空间位置,纵坐标表示雷达脉冲从发射天线出发经地下界面发射

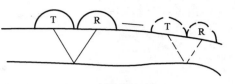

图6-8　剖面测量法

回到接收天线的双程走时。这种记录能准确地反映测线下各个反射面的起伏变化情况,获得测线下面整个岩层界线分布图,如图6-9所示。

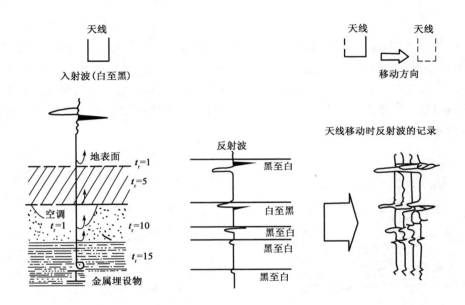

图6-9　剖面量测地质雷达记录测量法

2. 宽角测量法

在宽角法观测当中,一个天线固定在地面某一点不动,而另一个天线沿测线移动,记录地下各个不同层面反射波的双程走时,如图6-10所示,其中T为发射天线,R为接收天线。这样记录的电磁波是通过地下各岩层的传播时间,它反映了地下介质各岩层的速度分布。通过宽角法测量成果的分析,可以确定地下各岩层的传播速度。

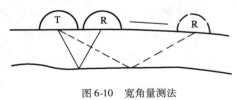

图6-10　宽角量测法

在地下界面为水平的情况下,从发射天线发射的电磁波,被岩层界面反射,返回地表到达接收天线时,则发射天线与接收天线之间存在着反射波。根据反射波的理论,地下深度为 Z 的水平界面反射电磁波的时距方程:

$$T = \frac{\sqrt{X^2 + 4Z^2}}{v} \tag{6-5}$$

式中:X——收发天线之间的距离;

v——地层中电磁波的传播速度。

当 $Z=0$ 时,则有:

$$T = \frac{X}{v} \qquad (6-6)$$

上式即为地表直达波的时距方程。

将式(6-5)两边平方可得:

$$T^2 = \frac{X^2}{v^2} + \frac{4Z^2}{v^2} \qquad (6-7)$$

于是在 T^2-X^2 坐标中,界面反射法的 T^2 与 X^2 之间的关系表现为一条直线,直线的斜率为 m,在 T^2 轴上的截距为 T^2,于是电磁波的传播速度为 $v = 1/\sqrt{m}$,界面埋深为 $D = vT_0/2$。

图 6-11a)为宽角测量时间剖面,在图中可见两个清晰的界面 R_1 和 R_2,根据这两个界面的反射,由图 6-11b)可得第一层介质的速度为 5.5cm/ns,埋深为 126cm;第二层介质的速度为 6.2cm/ns,埋深为 284cm。

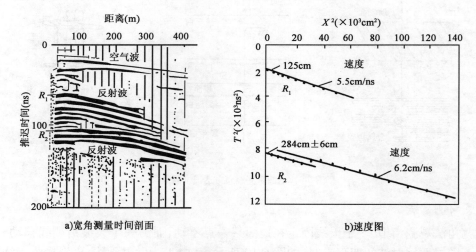

图 6-11 宽角测量时间剖面与速度图

3. 多次覆盖法

探地雷达在探测来自地下深部界面的反射波时,由于信噪比过小,不易识别。这时可采用类似地震的多次覆盖法技术,应用不同天线距的发射、接收天线在同一测线进行重复测量,然后把所得到的测量记录中测点位置相同(其中心点)的记录进行叠加,能增加所得的记录信噪比,抑制多次反射波以及随机噪声的干扰。

4. 多天线法

这种方法是利用多个天线进行测量。每个天线道使用的频率可以相同,也可以不同;每个天线道的参数如点位、测量时窗、增益等都可以单独用程序控制。多天线测量又有两种方式:第一种方式是所有天线相继工作,形成多次单独扫描,这多种扫描使得一次测量的覆盖面积广,从而提高工作效率;另外也可利用多次扫描结果进行叠加处理,有利于提高记录的信噪比。第二种方式是所有天线同时工作,利用时间偏移推迟各道的接收时间,可以形成一个合成雷达记录,改善系统的聚焦特性,即天线的方向特性。聚焦程度取决于各天线之间的间隔,一般来讲,天线间距越大,聚焦效果越好。

五、地质雷达仪器参数的选择

现场测量开始前应该对雷达的采集参数进行设定,这一工作最好在进入现场前在室内完成,进入现场后可根据情况略加调整。参数设定内容包括时间窗口大小、扫描样点数、每秒扫描数、A/D转换位数、增益点数等内容。参数设置得是否合理影响到记录数据的质量,故其至关重要。

1.探测深度与时窗长度

探测深度的选取非常重要,既不能选得太小而丢掉重要数据,也不能选得太大降低垂向分辨率。一般选取探测深度 H 为目标深度的1.5倍。根据探测深度 H 和介电常数 ε 确定采样时窗长度(Range):

$$Range = \frac{2H\sqrt{\varepsilon}}{0.3}(ns) = 6.6H\sqrt{\varepsilon}(ns) \tag{6-8}$$

例如,对于地层岩性为含水的砂层时,介电常数为25,探测深度为3m时,时窗长度应选为100ns,时窗选择应略有富余,宁大勿小。

2. A/D采样分辨率

雷达的A/D转换有8Bit、16Bit、24Bit可供选用。当探测深度大、时窗长时宜选择24Bit,其动态大且强弱反射信号都能记录下来;当探测深度为2~5m时采用16Bit,其动态中等;当探测深度小于1m、时窗小时选择8Bit,其动态小,采集速度快。

3.扫描样点数

扫描样点数 samples/scan 有128/scan、256/scan、512/scan、1024/scan、2048/scan 可供选用,为保证高的垂向分辨,在容许的情况下尽量选大。对于不同的天线频率 F_a、不同的时窗长度 Range,选择样点数 samples 应满足下列关系:

$$samples \geq 10^{-8} \cdot Range \cdot F_a \tag{6-9}$$

该关系保证在使用的频率下一个波形有10个采样点。例如,对于900MHz天线,40ns采样长度的时窗,要求每扫描道样点数大于360samples/scan,可以选择接近的值512。对于100MHz天线,500ns采样长度,样点数应大于500sanples/scan,因而可以取512或1024。样点数大对提高资料的质量有利,但耗时较大,影响前进速度。

4.扫描速率

扫描速率(scans/s)是定义每秒钟雷达采集多少扫描线记录,扫描速率大时采集密集,天线的移动速度可增大,因而尽可能选大些,但它受仪器能力的限制,一般选32或64。对于一种类型的雷达,它的A/D采样位数、扫描样点数和扫描速度三者的乘积应为常数。当扫描速率 scans/s 决定后,要认真估算天线移动速度 TV。估算移动速度的原则是要保证最小探测目标(SOB)内至少有 20 条扫描线记录,$TV \leqslant$ scans·SOB/20。例如探测目标最小尺度为 10cm、扫描速率为 64scans/s 时,推算天线运动速度应小于 32cm/s,相当于 0.5cm/scan。如果最小目标为 0.5m,则天线移动速度可达 1.5m/s。实测时,一直采用高速扫频可能会影响仪器的使用寿命,同时考虑到模数转换速度和数据量大小的因素,采样点数确定后,在满足水平分辨率要求的前提下,可对扫描频率适当限制。

5. 增益点数的选择

增益点的作用是使记录线上不同时段有不同放大倍数,使各段的信号都能清楚地显现出来,增益点的位置最好是在反射信号出现的时段附近。如 SIR 型雷达设计的增益点为 2~8 个,时窗短时选 2 点增益,时窗长时选 4 或 5。点之间的增益是线性变化的,增益的变化是平滑的。增益大小的调节是使多数反射信号强度达到满度的 60%~70%,增益太大将造成信号削顶,增益太小将丢失弱小信号。

6. 滤波设置

滤波设置是为了改善记录质量。滤波分为垂向滤波和水平滤波。垂向滤波分高通和低通,高通频率选为天线频率的 1/4,高于这个频率的信号顺利通过,这相当于带通滤波器里的低截频率。垂向低通频率选为天线频率的 2 倍,低于该频率的波顺利通过,这相当于带通滤波器里的高截频率。水平滤波分为水平平滑和背景剔除,目的是消除仪器和环境的背景干扰。水平平滑通常取 3 道平滑,背景剔除功能只在回放时起作用。

7. 选择合适的采集方式

地质雷达的采集方式有多种,有连续采集、逐点采集、控制轮采集等。连续采集是最常用的采集方式,具有工作效率高的特点,便于界面连续追踪。逐点采集一般在表面起伏变化大的情况下采用,或是使用低频拉杆天线时采用。控制轮采集是通过控制轮行走为记录打标记,资料位置标记均匀准确,一般在表面平整的机场跑道、高速公路路面等场合采用。

8. 选择适宜的显示方式

地质雷达显示是现场观察探测结果的直观展示,仪器预设了几个可供选择的彩色显示方式,可以根据不同对象选用,通过比较选择效果最好的方案。

9. 分辨率

和地震弹性波相似,电磁波在纵向和横向上所能区分地层单元的最小尺度称为地质雷达的垂直分辨率和水平分辨率。显然,分辨率与雷达波的波长和地质体的埋深有关,当地质体埋深一定时,波长越短,雷达波频率越高,其分辨率越高。如:混凝土中电磁波速度 $v = 0.12$m/ns,主频为 400MHz,则其波长 $\lambda = v/F = 0.3$m。若按 $\lambda/4$ 作为垂直分辨率的下限,则可分辨的最薄地层的厚度为 0.075m(7.5cm);若按 $\lambda/8$ 作为分辨率的极限,则可分辨的最薄地层厚度为 3.75cm。可见,地质雷达的纵向分辨率是很高的。对于横向分辨率,经类似的分析,也在数厘米到数十厘米的范围。

第三节 地质雷达资料处理与地质解释

一、地质雷达资料处理

1. 处理的目的

现场采集的地质雷达信号包含很多干扰,有环境的干扰,也有雷达采集噪声干扰。有的信号被淹没其中很难识别,因而需要采取有效的处理技术,地质雷达资料处理的目的就是消除干扰,突出有用信号,提高信噪比。由于地质雷达反射记录的波形比地震波复杂得多,一方面是地质雷达分辨率高,记录的信号很丰富,另一方面是由于电磁波的干扰因素多;同时由于雷达发射的子波比较复杂,并非简单的脉冲,因而雷达资料的处理和解释是一项复杂、细致的工作。此外,现场采集时天线移动难保证匀速,记录标记也不均匀。对于不同的探测对象,资料处理的技术选择也不完全相同。一般的处理都包含记录标记的归一化、水平与垂直滤波、电磁波速分析三步。在完成上述处理之后,根据不同的探测对象,选择针对性的处理办法。

2. 记录标记的归一化

雷达记录标记有时用手打,有时用测量轮。用测量轮打的标记记录比较均匀,每米的扫描数是相等的。用手工打的标记因移动速度不等,一般每米扫描数都不太均匀。资料处理的第一步就是作标记的归一化处理,使每米扫描数相同。不同雷达厂家提供的软件均应包含该项功能,否则软件功能是不完备的。在处理中根据选择每米扫描数,软件会根据标记位置,自动增补或删除一些扫描线。

3. 电磁波速分析与标定

电磁波速的分析与选取,关系到深度解释的问题,是一项非常重要的工作,然而却常常被忽略,直到发生较大的问题时才想起波速不准的问题。波速的确定可以参考经验值,它们是根据大量的测量与标定积累起来的,有一定的参考价值,但是不能以此为据确定电磁波速。作为工程检测,每一个对象都是不同的,而每一项检测都要求准确,因而,每项测量都要分类进行波速标定。标定的方法有多种,可以直接破孔,将雷达波反射走时与破孔深度对比;也可以利用声波测厚数据进行对比计算;还可以用雷达 CDP(CMP)方法作速度扫描,或用反射抛物线迭代计算厚度和速度。标定得到波速值后,要与经验值进行比较,分析同异的原因。特别是作混凝土厚度检测时,混凝土配比不同,浇筑的时间长短不同,孔隙率和含水率不同,对介电常数有很大影响,其值可在 5 ~ 12 间变动,如果波速取得不正确,会给检测带来很大误差。

4. 数字滤波处理技术

地质雷达测量中,为了保持更多的反射波特征,通常利用宽频带进行记录,在记录各种反射波的同时,也记录了各种干扰波。数字滤波技术就是利用频谱特征的不同来压制干扰波,以突出有效波,它包括水平滤波和垂直滤波。

1）水平滤波

水平滤波对处理雷达资料特别重要，这是因为雷达资料中水平波特别发育，它产生于雷达仪器本身；来自于控制器、馈线、天线的相互作用，是难以避免的。水平波具有时间相等的特点，水平滤波就是利用这一特性。滤波过程中，可将相邻的一定数量的扫描线求平均，再与个别扫描线相比较，就可消除水平波。水平滤波中选取的扫描线数越大，滤波效果越小；相反，选取的扫描线数越小，滤除水平波的效果越明显。但如果水平滤波扫描线取得太少，可能会滤掉一些缓变界面信号。因而在进行水平滤波时，要根据对象进行试验、调整，以求最佳效果。一般情况下先选 10～100 条扫描线开始尝试。

2）垂直滤波

垂直滤波是地震资料处理中常用的滤波方法，其中较为常用的方法有带通滤波、高通滤波、低通滤波和小波变换等。垂直滤波的目的是为了消除杂散波干扰，这些杂散波是来自于外源，不是天线自身发出的，频率不在雷达天线频带内。有时为了区分不同的地质体，选取不同的频带，都要用到垂直滤波。垂直滤波是一种数学变换，有时会带来较大的失真，滤波的频带越窄，失真越大，应用中要认真选取方法和参数。因为雷达天线的发射与接收都设定了带宽，也就是说雷达信号本身已经过滤波，所以一般资料处理中的滤波处理改善并不明显。

5. 增益调节与显示选择

增益调节与显示方式选择是雷达资料的处理最有效的手段，它可使图像目标更加清晰，易于识别。增益调节主要是调节增益点的数目，同时也就改变了增益点的位置，使用自动增益可使有用信号得到清晰显示。一般情况下对 50ns 长的记录选择 3～4 点增益比较合适，100ns 长的记录选择 4～5 点增益，400ns 长的记录可选择 5～6 点增益。

显示选择包含两个层次的选择，一个层次是选择显示方式，另一个层次是选择显示模板。可供选择的显示方式有波形、变面积、能量谱等显示方式，其中比较常用的是后两种，能量谱显示方式效果更好。显示模板包含不同的色彩配比，更重要的是能量反差大小及变换关系的配比，这两种配比组合形成几十种模板，根据不同的对象，选择合适的模板，可达到显示目的。例如要显示空洞，可选择反差大模板，只将能量较强信号显现出来，中等和弱的信号被忽略，可突出空洞的形态。

6. 地形校正处理

地形校正在场地勘察和滑坡等地质病害诊断中经常遇到。地质雷达记录是以表面为零点的相对深度，要确定反射面的空间位置需要将深度换算成海拔高程。地形校正需要输入测线的高程文件和表层波速，校正计算是以地形最高点为基点，凡是比它低的点的记录在开始都增加一个时间延时，延时的大小取决于双程高差与速度的比，校正后的地质雷达记录中表面反射振幅随地表起伏变化，地下反射层的埋深未变，但起伏形态改变了。表层速度选取得是否合适关系到校正结果的误差大小。

二、地质雷达资料解释

1. 解释参考资料

地质雷达资料的解释一定要参考地质与工程资料，这些资料对于辨认雷达波的特点、确定反射层位置都有重要的参考价值。要收集的参考地质资料包括地质报告、钻探物探资料,并对工作区域进行详细的地质考察,了解工作区的地层出露层序、岩性特征、岩体结构特征等,包括岩体的节理、裂隙,层理的产状、密度、穿透性,岩体的风化程度,地下水分布及富集地段等;工作区的构造特征,包括断裂的走向、产状、规模,断裂的组合关系等。这些资料对于雷达资料的解释非常重要,要学会使用和分析地质资料,并学会用地质语言表达探测结果。

2. 地质雷达记录的判读

为获得雷达探测的结果,需要对雷达记录进行处理与判读,判读需要坚实的理论基础和丰富的实践经验。雷达记录的判读也叫雷达记录的波相识别或波相分析,它是资料解释的基础,基本要点如下所述。

1)反射波的振幅与方向

反射波有两个特点:第一,界面两侧介质的电磁学性质差异越大,反射波越强,因此从反射振幅上可判定两侧介质的性质与属性。第二,波从介电常数小的介质进入介电常数大的介质时,即从高速介质进入低速介质,从光疏介质进入光密介质时,反射系数为负,即反射波振幅反向;反之,从低速进入高速介质,反射波振幅与入射波同向。这是判定界面两侧介质性质与属性的又一条依据,如从空气中进入土层,混凝土反射振幅反向,折射波不反向;从混凝土后边的脱空区再反射回来时,反射波不反向,结果脱空区的反射与混凝土表面的反射方向正好相反;如果混凝土后面充满水,波从该界面反射也发生反向,与表面反射波同向,而且反射振幅较大。混凝土中的钢筋,波速近乎为零,反射自然反向,而且反射振幅特别强,如图 6-12 所示。由此可见,反射波的振幅和方向特征是雷达波判别最重要的依据。

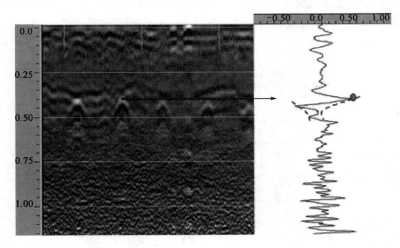

图 6-12　钢筋反射波的振幅与方向

2)反射波的频谱特性

不同介质有不同的结构特征,内部反射波的高、低频率特征明显不同,这可以作为区分不同物质界面的依据。如混凝土与岩层相比,比较均质,没有岩石内部结构复杂,因而围岩中内反射波明显,特别是高频波丰富;而混凝土内部反射波较少,只是有缺陷的地方有反射。又如表面松散土电磁性质比较均匀,反射波较弱;强风化层中矿物按深度分化布,垂向电磁参数差异较大,呈现低频大振幅连续反射;其下的新鲜基岩中呈现高频弱振幅反射,从频率特性中可清楚地将各层分开,如图 6-13 所示。

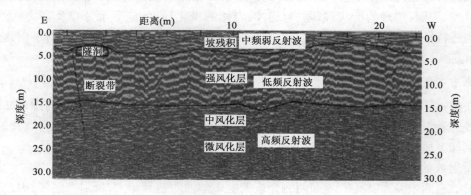

图 6-13 反射波的频谱特性

如围岩中的含水带也表现出低频高振幅的反射特征,易于识别;节理带、断裂带结构破碎,内部反射和闪射多,在相应走时位置表现为高频密纹反射,但由于破碎带的散射和吸收作用,从更远的部位反射回来的后续波能量变弱,信号表现为平静区。

3)反射波同向轴形态特征

地质雷达记录资料中,同一连续界面的反射信号形成同相轴,依据同向轴的时间、形态、强弱、方向反正等进行解释判断是地质解释重要的基础。同向轴的形态与埋藏的物界面的形态并非完全一致,特别是边缘的反射效应,使得边缘形态有较大的差异。如对于孤立的埋设物,其反射的同向轴为向下开口的抛物线,如图 6-14 所示,有限平板界面反射的同向轴中部为平板,两端为半支下开口抛物线。

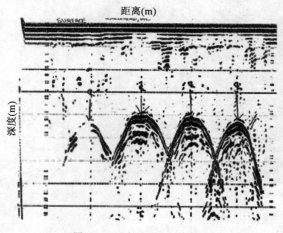

图 6-14 反射波同向轴形态特征

3.解释技术及结果表示方法

对于地质雷达的检测结果,无论是基于工程地质勘察目的,还是基于工程质量检测目的,都要求检测结果结论可靠、表述明确、清晰易懂。因而雷达的探测结果应尽量图形化、图像化。

比如将雷达探测结果表示成彩色地质剖面,混凝土厚度表示成曲线图、二维厚度分布图等,用Winsurf、Excel、Cordraw、Powerponit 等绘图工具可达到这一目的。如将处理好的雷达记录通过拷贝粘贴到 Excel、Powerpoint 和 Coredraw 界面下,可进行标记、解释、绘图,将地质界面、构造要素、构筑物界限、空洞、含水带等所关心的内容标画在雷达记录上,或将解释标记拷贝移位下来,填充颜色与图案,编制报告成果图。近来发展了很多三维表达方式,用以展现地下管网的分布,非常直观,如图 6-15 所示。

图 6-15　地下管网三维显示

三、地质雷达地下工程检测项目及反射波形态特征

1. 隧道检测

地质雷达技术在隧道检测中用于检测衬砌厚度、衬砌混凝土胶结情况、衬砌背后回填情况、格栅钢架和钢筋布置是否符合设计要求,隧道超欠挖断面检查、超前导管注浆效果检测和隧道衬砌含水情况调查等。测线布置以纵向线为主,横向线为辅。纵向线的布置应在隧道拱顶、左右拱腰、左右边墙和底部各一条;横向布线一般情况间距 8～12m。采用点测时,每断面不少于 5 个点。三车道隧道应在隧道拱顶部位增加两条测线。测线每 5～10m 应有一里程标记。如图 6-16 所示。

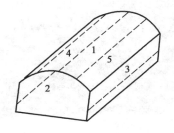

图 6-16　地质雷达测线布置示意图(尺寸单位:m)
1-拱顶测线;2-边墙测线;3-边墙测线;4-拱腰测线;5-拱腰测线

1)隧道衬砌厚度检测

混凝土衬砌厚度检测是隧道施工质量的重要指标,直接影响衬砌结构承载力和隧道运营使用寿命。混凝土衬砌厚度的计算处理,要先对电磁波波形所反映出的衬砌结构有明确认识。

围岩介质的组成成分相对复杂,在电磁波波形特征上表现为宽频、衰减曲线的不规则性和反射相位的不确定性。一般情况下,围岩的含水率大于衬砌结构介质的含水率,所以多数情况下层面反射相位在负相位上。图 6-17 中给出了某隧道围岩结构的波相特征,该围岩为灰岩,灰岩是一种节理、裂隙比较发育的岩体,雷达波可将这种岩体结构清晰地显现出来;节理裂隙断断续续,反射波高频成分较多,时强时弱,断断续续,反映岩体结构、产状的特征。

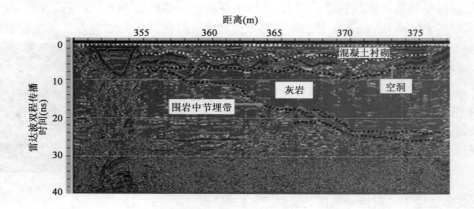

图 6-17　隧道围岩结构的反射波形态特征

由于混凝土衬砌介质均匀,反映出其频率单一,对电磁波波幅较强的吸收,由于二次衬砌与初衬施工工艺的差异,亦产生出明显的反射界面;初衬和围岩之间由于超挖回填的块石结构,在雷达回波波形上表现为较单一的低频特征,反映出其孔隙度大、密实程度较差的电性特点。检测时电磁波从二次衬砌混凝土进入初支混凝土时,由于二次衬砌混凝土、防水布以及初支混凝土介电常数的差异,反射波信号增强,从而形成一个强反射界面,如图 6-18 所示。

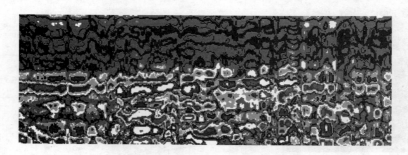

图 6-18　二次衬砌反射波形态特征

根据雷达回波波形分辨出的混凝土衬砌结构,在探地雷达剖面上确认出混凝土与岩石界面间的反射波同相轴,读取反射波双程旅行时间,按公式 $H = v \cdot T/2$ 进行时深转换计算,其中,v 为电磁波在介质中的传播速度,T 为反射波组所对应的双程反射时间,H 为衬砌层厚度。速度 v 可通过明洞地段标定。图 6-19 给出了衬砌厚度不足的反射波形态特征。

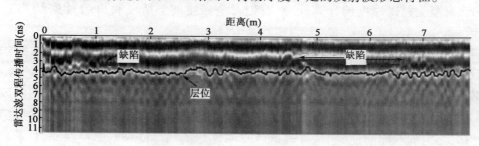

图 6-19　衬砌厚度不足

2）衬砌混凝土胶结情况检测

根据混凝土反射雷达电磁波在雷达图像上的特征,混凝土胶结质量可分为两种情况:密实和不密实。混凝土密实是指混凝土振捣均匀、材质均一,浇筑质量好,在雷达图像上表现为图像清晰、电磁波反射能量分布均匀、能量衰减慢,同相轴连续性较好、波形稳定、规律性强;混凝土不密实是指混凝土密实度差、振捣不均匀、局部集料架空,存在蜂窝、离析现象,浇筑质量差,在雷达图像上表现为电磁波能量分布不均匀、能量衰减快,局部出现离散现象,同相轴连续性差,波形波幅不稳定、杂乱。

3）衬砌内存在空洞或脱空质量检测

根据混凝土与围岩接触情况在雷达图像资料上的特征,混凝土与围岩接触情况可分为胶结紧密、轻微脱空及脱空三种。胶结紧密,雷达图像表现为电磁波反射能量分布均匀、规律,信号幅度较弱,波形稳定,图像清晰;轻微脱空,表现为衬砌胶结界面反射波波形杂乱,能量强弱无规律性,相位不连续,在剖面图上不能够追踪到连续的同相轴,局部存在较明显的反射现象;脱空,表现为衬砌胶结界面反射雷达电磁波能量强,频率成分丰富,频带较宽,在剖面上形成近圆弧状的、同相轴连续可追踪的反射波组,并伴有多次强反射,且衬砌层底部的反射波振幅明显增强,但层底的反射波同相轴依然连续清晰,形状未发生大变化。如图 6-20 所示。

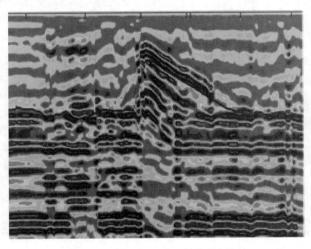

图 6-20　三角形空洞的反射波形态特征

空洞和不密实带的信号特征为:在雷达时间剖面图上,将"双曲线"异常解释为衬砌内或回填层内的空洞,将零乱的团块状或条带状的强反射异常判识为衬砌内或回填层内的不密实带。如图 6-21 所示。

4）格栅钢架和钢筋布置检测

地质雷达也可应用于对隧道内支撑钢架的位置进行检测,衬砌内钢筋或钢格栅对隧道薄弱或重要部位起着不可忽略的加固作用,地质雷达能够检测钢架位置。金属导体中电磁波速为零,不能传播。钢筋对于电磁波的能量几乎全部反射回来,反射系数近乎为 1,反射极强。应用高频天线探测,钢筋形成清晰的反射弧,呈半张开的伞形;可靠地检测出钢筋网密度、钢筋粗细及布置位置。在雷达时间剖面图上,钢筋的特征主要表现为沿垂直方向呈密集型、连续的、小双曲线形强反射信号,如图 6-22 所示。

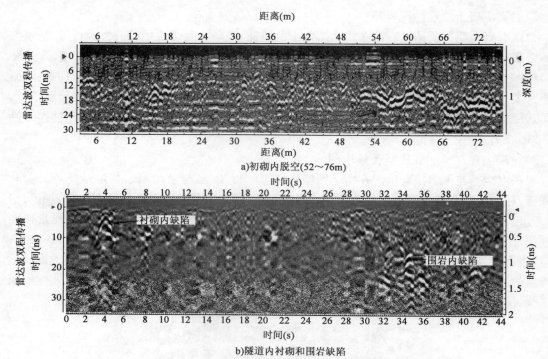

a)初砌内脱空(52～76m)

b)隧道内衬砌和围岩缺陷

图 6-21　空洞和不密实带的信号特征

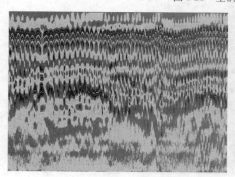

a)钢筋分布良好

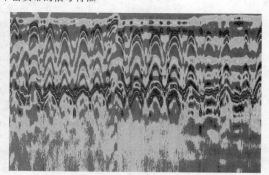

b)钢筋布置不够

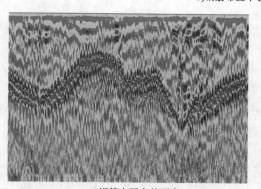

c)钢筋布置参差不齐

图 6-22　钢筋雷达分布图

钢架的特征主要表现为沿垂直方向成离散的、月牙形强反射信号,如图 6-23 所示。

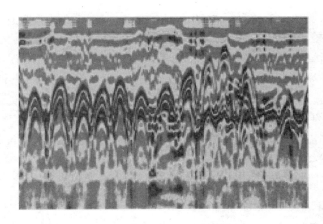

图 6-23　钢架雷达分布图

　　此外,受现场施工、天线操作人员托举不当及路面不平整等因素影响,可能造成实测钢筋数量小范围误差。因为金属物体对雷达波的屏蔽及反射强烈,且钢筋间距较小,所以通常只能判读靠近混凝土表层的一排钢筋数量,后排钢筋往往反射信号很弱。另外,如果二次衬砌内设计有钢筋网,这时初衬的钢架需要在浇筑二次衬砌之前进行检测,否则,不能保证在雷达图上分辨出钢架信号;如果二次衬砌是素混凝土,也可在二次衬砌完成后进行。

　　5)隧道断面开挖情况检测

　　隧道断面开挖情况检测时,以某物理方向为起算方向,按一定间距依次测定仪器旋转中心与实际开挖的轮廓线,通过洞内的施工控制导线可以获得断面仪的定点定向数据,在计算机软件帮助下,自动生成实际开挖轮廓线与设计开挖轮廓线的空间三维匹配,如图 6-24 所示,最后可以输出各测点与相应设计开挖轮廓线之间的超欠挖值。如果沿隧道轴向按一定间隔测量数个断面,还可得出实际开挖方量、超挖方量及欠挖方量。

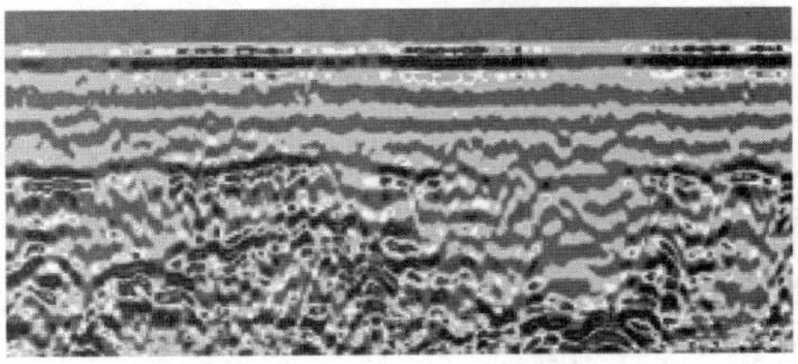

　　6)橡胶止水带探测

图 6-24　超挖地段雷达图像

　　如图 6-25 所示,给出的是山西某隧道内做止水带和钢筋探测,该工程的二衬是采用做好的预制板,预制板之间用橡胶止水带处理,图中钢筋和止水带的位置非常清楚,左边第 6 个止水带处理得很好,左边第 4 个止水带处理得较差。

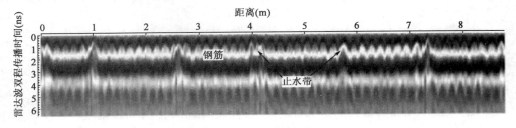

图 6-25　橡胶止水带探测

请扫码观看探地雷达探测地下管线动画

2. 地下管线检测

随着工程建设的发展,非开挖施工(如顶管工程、盾构施工)越来越多,迅速准确地查清施工前方的管线(特别是较深的污水管)的分布具有重要意义。这是因为在施工中打断管线,会造成停水、断电、污水横流等严重事故,延误工期。地质雷达广泛适用于城市管网探测普查、非金属管线探测、定向钻进管线预报探测、城市道路建筑施工指导探测等领域,如电力管网、输水管道、排污管道、输汽管网、通信管网等的探测。主要的物探方法是管线探测仪,另外就是地质雷达仪。对于非金属管道和深度较大的管道来说,地质雷达仪的作用更加重要。

1)地下金属管线探测

城市地下管线属隐蔽工程,为了施工需要,往往要对其进行准确定位。通常金属管线采用地下管线仪寻找,但对深部的大口径或连续性较差的金属管,因管线仪的应用效果不理想而多采用探地雷达进行探测。由于金属管线的介电常数与周围介质明显不同,所以当电磁波入射到地下管道表面时,将产生较强的反射,通过对在地面上接收到的反射波同相轴几何形态、回波振幅及波形等特征的对比分析,便能确定地下金属管线的空间位置。图6-26中给出了某金属管道地质雷达波探测结果,呈现如下特征:电磁波反射极强,反射弧形较窄,呈半展开伞形,中间反射强,向两侧很快衰减。

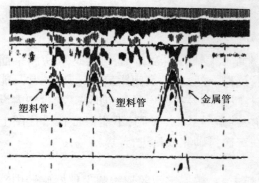

图6-26　金属管线反射波形态特征

2)地下非金属管线探测

(1)探测前提

在探测区域内,地下非金属管线与周围介质之间存在足够的电性差异,是探测工作行之有效的重要前提。影响雷达探测效果的主要物性参数是介电常数和电导率。城市非金属管线大部分埋设在道路两侧,埋深一般不超过3m,其路面材料一般为混凝土或沥青,路面以下的介质多为杂填土和砂质土,其含水率差别很大。各种介质的介电常数如表6-2所示。

探测中常见介质的介电常数 　　　表6-2

介　　质	介　电　常　数	波速(m/ns)
混凝土	6.4	0.12
沥青	3~5	0.13~0.17
杂填土、砂质土	7~18	0.07~0.11
水	81	0.03
空气	1	0.3

对非金属管线,外表面与内表面均为反射界面。在非金属管管壁厚度不大的情况下(一般小于0.1m),内外界面的反射波相互叠加,反射波波形因天线频率、管壁厚度和周围介质的介电常数等因素的不同而有很大的差别。此外,当介质电阻率很小时,反射波在其反射路径上的衰减很大,接收天线所接收的非金属管线反射波信号就会很弱,甚至接收不到。在非金属管

线探测中,有时雷达剖面图在管线埋设部位看不到管线的波形反应,就是这个原因引起的。

（2）探测方法

对某一测量区域内的地下管线进行"盲探"时,首先应在现场确定好坐标,坐标原点最好选在永久性标识点上,以备日后复查校验。测线最好布置成网格状,如图 6-27 所示,测线间距应视测量场地大小和测量精度的要求而定,一般可选为天线宽度的 1~2 倍,这样能够准确探测到横向和竖向的管线而不致遗漏。在雷达剖面图上看到的抛物线是与测线相垂直的管线的波形反映,如果在几条平行测线的雷达剖面图上,在相近的位置和深度都能发现或绝大多数有类似波形反映,一般就可以判定是一条连续的管线。之所以要采取网格状或几个不同位置的平行雷达剖面图来判读管线,这是因为有些测量区域的地下介质电性差异变化很大,有时将雷达剖面图位置稍微移动,雷达波形就会有很大的变化;另外,地下情况非常复杂,不能只从一个雷达剖面图上的波形反映就能得出是否是一条连续的管线的结论,因为地下的混凝土块、箱形物体等都会出现与管线类似的反映。

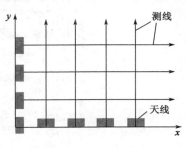

图 6-27　测线布置示意图

（3）管线深度和水平位置的确定

管线的深度可从雷达剖面图上直接读取,探地雷达系统自动把时间域转换成空间域,其原理是根据公式 $D = v \cdot \Delta t/2 = C \cdot \Delta t/2\sqrt{\varepsilon_r}$ 求得。其中,C 为电磁波在空气中的介电常数,Δt 为电磁波在衬砌介质中的双程旅行时间,ε_r 为介质的相对介电常数值。电磁波在不同介质中的传播速度不一样,在确定管线深度之前,在测量区域内找一条已知管线进行传播速度测试。波速值的求法是根据电磁波在介质中的双程走时时间不变的原理求得的,即 $D_1/v_x = D_2/v_2 = \Delta t$,其中,$D_1$ 为管线的实际埋深,v_x 为所求的雷达波速值,D_2 为从雷达图上读出的管线深度值,v_2 为在测量前事先假设的雷达波速。

管线的水平位置可由测量轮精确测得,而且探地雷达具有现场回拉定位功能,当屏幕上显示出管线波形时（天线拖动方向与管线方向垂直时,典型波形反映为抛物线）,可将天线回拉,屏幕上将出现一个光标,随着天线的回拉,光标在雷达剖面图上移动,当光标移到抛物线顶点时,天线的中心位置对应的就是该管线轴心的平面位置。

（4）估算管线直径

一般来讲,探地雷达很难精确得出管线直径,操作者只能根据探地雷达使用经验并结合管线方面的专业知识估算其直径,其结果往往不能满足工程精度的要求。但有些探地雷达的后处理软件提供了一种通过拟合抛物线大小的方法来判读管线直径的方法,在管线半径的窗口内输入半径值,不同半径值对应不同形状的抛物线,当输入某一数值后,拟合抛物线与雷达剖面图上管线的抛物线完全吻合,则该数值就是所要探测管线的半径,这种方法为解决管线直径的探测问题提供了一种有效可行的思路。

3）地下管线的反射波形态特征

对于管线探测,探地雷达的反射波组主要从两方面进行识别解释:

第一方面,反射波组的同相性形成同相轴是判别管线空间位置的重要标识,在管线探测的横向剖面上,管线作为孤立的埋设物,其反射波的同相轴为:当管线为圆形管道时,为向下开口的抛物线,呈伞形状。如图6-28中A与B两处所示,可以很清楚地看到管线异常具有明显的抛物线形态的同相轴异常特征,呈向上凸起的弧状,其顶部反射波的振幅明显较大。当为沟道式或管块时,同相轴为有限平板,界面反射的中部为平板状,两端各为半支下开口的抛物线。

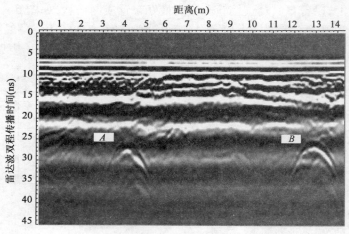

图6-28　污水管线探地雷达图

第二方面,电磁波在介质中传播特性反映了地下界面上下介质的物性差异,该差异越大,反射波越强,振幅越大;上下介质中波速大小决定了反射波振幅方向,当波从介电常数小波速大的介质进入介电常数大、波速小的介质时,反射系数为负,即反射波振幅反向;反之,从波速小进入波速大的介质时,反射系数为正,反射波幅与入射波同向。地下目标管线一般存在四层介质界面,即管线的内外各两层。以上层内界面为例,非金属管线内上界面的反射波振幅较大,当内介质为水时,反射系数为负,反射波为反向;当内介质为气体时,反射系数为正,反射波为正向;金属管线由于金属内波速近似为零,反射波自然为反向,而且反射振幅特别强,同时反射信号以管线的外层界面为主,其他层面较弱。

地下管线的种类繁多,其雷达反射波场特征也表现各异,它们共同的特征是反射波同相轴呈向上凸起的弧形,顶部反射振幅最强,弧形两端绕射波振幅最弱。它们的差异性表现如下:由于金属管的相对介电常数较小(1~2.5),导电率极强衰减极大,则金属管顶部反射会出现极性反转,无管底反射;而非金属管的介电常数一般较高,导电率小,衰减小,顶部反射极性正常,管底部反射同相轴明显。对非金属管而言,管内流动的物质不同,管线的波形特征不同,当管线内部充水时,在水界面发生极性反转,来自管底的反射需要较大的旅行时。管的直径越大,反射弧的曲率半径越大,对非金属管而言,管顶部与管底部反射时间相差越大。如图6-29所示,给出了地下8根地下管线(编号为A~H)的地质雷达探测图像,反射波形态特征大致相同,略有差异。

当管线埋深比较大时,在观测剖面上异常范围相应较大,从而相应的水平定位误差也将增大,在实际工作中通常以异常范围的中心作为水平位置,施工结果证实误差一般能控制在施工要求范围以内。此外,施工场地和地下地质条件一般都比较复杂,要想得到结果波形同理论模型一样一般比较困难,所以除了观测时各种观测参数的选择很重要外,图像解释人员的经验也很重要。解释中要综合考虑现场的各种实际情况,遵从由已知区域向未知区域解释的原则进行。在图像的识别上,除考虑探测目标本身可能产生的异常波形外,对目标体所处的具体地质环境也应进行考虑,比如在埋设大口径管道时其对周围的土体肯定会产生扰动,而且其范围比管道本身范围还大,所以也会产生波形扰动,可作为判断管道位置的间接依据。

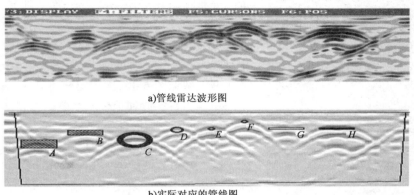

a)管线雷达波形图

b)实际对应的管线图

图 6-29　管线综合探测图

3. 探地雷达超前地质预报

地质雷达探测是电磁波反射法超前地质预报的常用方法,是利用电磁波在隧道开挖工作面前方岩体中的传播及反射,根据传播速度和反射脉冲波走时进行超前地质预报的一种物探方法,主要用于岩溶探测,亦可用于断层破碎带、软弱夹层等不均匀地质体的探测。

1)工作原理

通过发射装置向待测区域打出电磁波,用检测设备检测反射回来的电磁波的波形,利用电磁波在不同介质中的传播状态差异,分析并判断出被测区域的地质结构。探测过程中的实施要求如下:探测目的体与周边介质之间应存在明显的介电常数差异,电磁波反射信号明显;探测目的体具有足以被探测的规模;不能探测极高电导屏蔽层下的目的体。

2)操作过程

检查待测区域前方地面是否平整、堆渣是否稳定、掌子面是否清理干净,确保无碎石塌落;打开电脑,并运行检测程序;连接天线,通过试验选择雷达天线的工作频率、确定介电常数。应注意:探测情况复杂时应选两个及以上不同频率天线;隧址区内不应有较强的电磁波干扰,若有则在记录中标示出来;支撑天线的器材应选用绝缘材料,天线操作人员应与工作天线保持相对固定的位置;工作天线的平面与探测面基本平行,距离相对一致;让天线以一定速度(能反映出探测对象异常)从掌子面底部一侧开始移动,每次移动 10cm 左右,待数据读取完毕向下一位置移动,移动的轨迹(即测线)以十字或网格形式布设为宜;待探测完毕后,将数据通过软件分析并得出波形图;读出图中信息,完成超前地质预报书面报告的撰写。

这里的分析和阐述是根据地质雷达图像的波形特征和频率、振幅、相位以及电磁波能量吸收情况等细节特征的变化规律来建立与各种典型地质现象的对应关系。在超前地质预报中,常见的不良地质现象有:断层破碎带、裂隙带、富水带、岩溶洞穴、岩性变化带等。以下分别采用不同地质雷达波形图对以上几种典型地质现象与地质雷达特征图像的对应关系进行分析。

3)典型地质现象的反射波形态特征

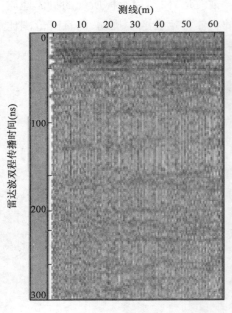

图 6-30 完整岩体地质雷达特征图像

（1）完整岩体

完整岩体一般介质相对均匀，电性差异很小，没有明显的反射界面，雷达图像和波形特征通常表现为：能量团分布均匀或仅在局部存在强反射细亮条纹；电磁波能量衰减缓慢，探测距离远且规律性较强；一般形成低幅反射波组，波形均匀，无杂乱反射，自动增益梯度相对较小。该类岩体的探测和解释精度通常比较高，其典型图像见图 6-30，图中最上面的几条水平强反射波同相轴为直达波和地表层受爆破松弛影响所致。

（2）断层破碎带和裂隙带

断层是一种破坏性地质构造，其内通常发育有破碎岩体、泥或地下水等，介质极不均匀，电性差异大，且断层两侧的岩体常有节理和褶皱发育，介质均一性差。而裂隙带通常存在于断层影响带、岩脉以及软弱夹层内，裂隙内也有各种不同的非均匀充填物，介电差异大。它们一般都有明显的反射界面。

在断层或裂隙带，其地质雷达图像和波形特征较为相似，通常表现为断层和裂隙界面反射强烈，反射面附近振幅显著增强且变化大；能量团分布不均匀，破碎带和裂隙带内常产生绕射、散射、波形杂乱、同相轴错断、在深部甚至模糊不清；电磁波能量衰减快且规律性差，特别是高频部分衰减较快、自动增益梯度较大；一般反射波同相轴的连线为破碎带或裂隙带的位置。其典型地质雷达特征图像如图 6-31 所示。虽然两者的雷达特征图像相似，但通过对比分析可大致把它们分辨开来。

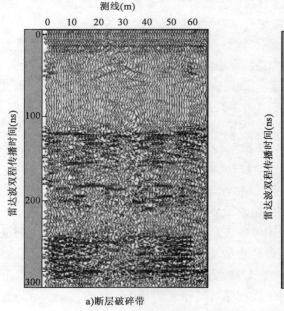

a)断层破碎带

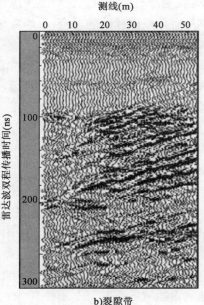

b)裂隙带

图 6-31 地质雷达特征图像

①断层破碎带的影响范围通常比裂隙带宽,在地质雷达图像上有较宽的异常反映;相反,裂隙带异常在雷达图像上一般表现为相对较窄的条带。

②断层破碎带的波幅变化范围通常比裂隙带大,而裂隙带的振幅一般为高幅。

③在相对干燥情况下,断层破碎带在地质雷达图像上同相轴的连续性不如裂隙带,它的同相轴错断更明显,其波形更加杂乱,而裂隙带在地质雷达图像上同相轴的连续性反映了裂隙面是否平直、连续。

④探测时可参考当地的区域地质背景资料和钻孔资料,对可能遇到的地质现象做出大致的判断,为图像解释时对这两种地质现象的分辨识别提供依据。图 6-32 给出了某裂隙岩体反射波形态特征,可以清楚地显示出裂隙分布。

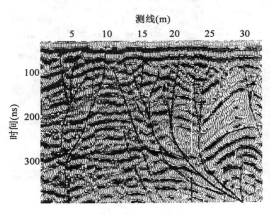

图 6-32　裂隙带的地质雷达特征图像

（3）富水带

地下水经常存在于断层带、裂隙密集带以及岩溶发育带中,含水程度和储水条件主要受构造控制。在常见物质中,水的相对介电常数最大,为 80,与基岩介质相比存在明显的电性差异。

富水带地质雷达图像和波形特征一般表现为:地质雷达波在含水层表面发生强振幅反射;电磁波穿透含水层时将产生一定规律的多次强反射,在富水带内产生绕射、散射现象,并掩盖对富水带内及更深范围岩体的探测;电磁波频率由高频向低频剧烈变化,脉冲周期明显增大,电磁波能量快速衰减,能量团分布不均匀,自动增益梯度很大;因含水面通常分布连续,反射波同相轴连续性较好,波形相对较均一;从基岩到含水层是高阻抗到低阻抗介质的变化,因而反射电磁波与入射电磁波相位相反。其典型地质雷达特征图像见图 6-33。

（4）岩溶洞穴

岩溶洞穴一般出现在灰岩地层中,洞穴中可能为空气、含水或填充其他物质,其地质雷达图像和波形特征通常表现为:岩溶洞穴在地质雷达图像上的形态特征主要取决于洞穴的形状、大小以及填充物的性质,一般表现为由许多双曲线强反射波组成;在洞穴侧壁上一般为高幅、低频、等间距的多次反射波组,特别是无填充物或充满水时反射波更强,而洞穴底界面反射则不太明显,只有当洞穴底部部分充填水或黏土、粉砂、砂砾性物质时,底部反射波会有所增强,可见一组较短周期的细密弱反射;如果洞穴为空洞或充水洞则在洞体内部几乎没有反射电磁波;有充填物时,电磁波能量迅速衰减,高频部分被吸收,反射的多为低频波,自动增益梯度大。其典型特征图像见图 6-34。

岩溶洞穴的地质雷达图像特征比较明显,相对容易判断,一般根据当地岩体类型、水文地质资料及前期岩溶地质调查资料等,都能做出准确的解释。图 6-35 中给出了某地下空洞的地质雷达特征图像,反射波形态特征为:多次反射波很强,持续很长一段时间,侧向散射波不太强;具有局部孤立的特点,高频成分为主;反射相位与入射波同向,与表面反射波相位相反。与岩溶洞穴的雷达特征图像相似。

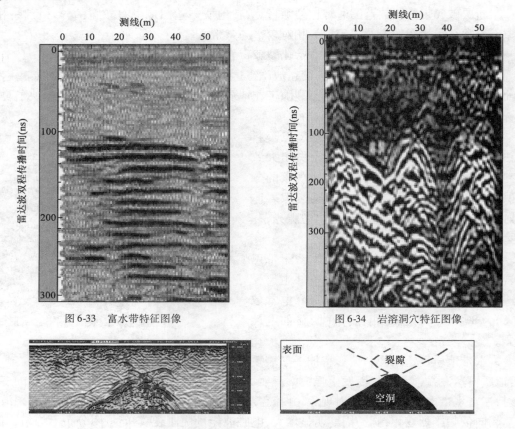

图 6-33　富水带特征图像　　　　　　图 6-34　岩溶洞穴特征图像

图 6-35　某地下空洞地质雷达特征图像

以上典型地质现象与地质雷达图像和波形特征的对应关系简单总结,如表 6-3 所示。

典型地质现象与地质雷达图像波形特征间的简单对应关系　　　　　　　表 6-3

地质体名称	雷达图像及波形特征				
	能量团分布	能量变化	同相轴连续性	波形	振幅强弱
完整岩石	均匀	按一定规律缓慢衰减	连续	波形均一	低幅
断层破碎带	不均匀	规律性差,衰减快	不连续	波形杂乱	波幅变化大
裂隙密集带	不均匀	规律性差,衰减较快	时断时续	波形较杂乱	高幅
富水带	不均匀	按一定规律快速衰减	与含水率有关	基本均一	高、宽幅
岩溶洞穴带	不均匀	规律性差,衰减快	成弧形较连续	波形较杂乱	一般为高幅

第四节　工程实例——某区间隧道地质雷达检测

一、工程概况

广州市轨道交通某区间隧道全长约 730m,线间距 11 ~ 13m,隧道最大净宽 5.2m,净高

5.8m,隧道顶埋深9.1~14.5m,采用复合式衬砌,矿山法暗挖施工。区间隧道经过的地貌类型主要为珠江河流堆积阶地,地层从上至下依次为:填土层、冲洪积砂层、冲积洪积土层、残积土层、残积土、岩石全风化层、强风化层、岩石中风化层和岩石微风化层。该段抗震设防的地震基本烈度为Ⅶ。本区间属平缓坡地,地形较平坦,上部为第四系残积土层,下部为白垩系碎屑岩。隧道洞身主要穿越强风化和中风化泥质粉砂岩和砂砾岩以及残积土,隧道底板基本上是中风化、微风化岩,隧道拱部位于强风化岩、残积土及粉质黏土层中。本区间地下水有两种类型,第四系松散层和全风化带潜水型孔隙水和岩层强风化—中风化带的微承压型裂隙水。黏性土层为贫水地层,风化岩层为中等富水地层,地下水对混凝土无腐蚀性。

二、检测内容及标准

探地雷达检测二次衬砌厚度和衬砌背后空洞。检测标准如下:《铁路隧道工程质量检验评定标准》(TB 10417—1998),《铁路混凝土与砌体工程施工及验收规范》(TB 10210—1997),《混凝土结构工程质量验收规范》(GB 50204—2002)。

三、隧道衬砌设计资料

隧道衬砌设计资料如表6-4所示。

隧洞衬砌类型统计　　　　　　　　　　　　　表6-4

起 止 里 程	衬砌长度(m)	衬 砌 类 型	衬砌厚度(cm)
YDK4+541.250~YDK4+589.000	47.750	A 断面	30
YDK4+595.000~YDK4+783.000	188.000	A 断面	30
YDK4+783.000~YDK4+863.000	80.000	B 断面	35
YDK4+863.000~YDK5+013.000	150.000	A 断面	30
YDK5+013.000~YDK5+053.000	40.000	B 断面	40
YDK5+053.000~YDK5+215.913	162.913	A 断面	30
YDK5+221.913~YDK5+251.650	30.737	A 断面	30
YDK5+251.650~YDK5+259.650	8.000	C 断面	35
YDK5+259.650~YDK5+265.650	6.000	A 断面	30

使用地质雷达方法,对隧道工程衬砌质量进行无损检测。左右线隧道内分别在左拱角(测线 A)、拱顶(测线 B)、右拱角(测线 C)三个位置布置雷达纵测线。测线布置见图6-36。

四、检测资料分析方法

1.隧道衬砌厚度雷达测试

从雷达实测图(图6-37)中清晰可见衬砌界面反射信号,通过准确实测衬砌界面反射信号的反射时间,可以准确地得出衬砌厚度值,还可以清楚看见衬砌厚度变化情况。

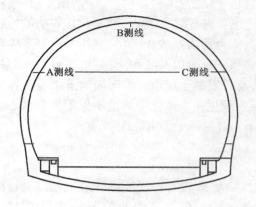

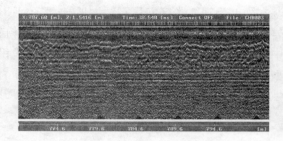

图 6-36　雷达检测测线布置图　　　　　　　　　　图 6-37　雷达测试衬砌界面图

2. 隧道衬砌缺陷雷达测试

通过对雷达图像上雷达反射信号的识别,可分辨出衬砌内部及衬砌界面处各种异常信号,对这些反射信号进行归类分析,可推测出不同程度的工程缺陷。如图 6-38 所示,异常主要集中在衬砌界面的一定范围内,主要是由混凝土在浇筑有跑浆或是振捣不均匀造成的。这种信号反映出混凝土内部主要以介质不均匀为主,在这种信号中反射信号有一定的加强并有一定的重复,推测在不密实的基础上有部分空气充填,为此将些种缺陷称为不密实脱空。

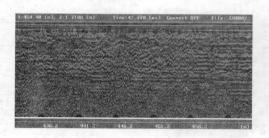

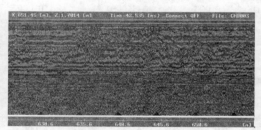

图 6-38　界面不密实和局部脱空雷达图

如图 6-39 所示,异常反射信号较强,并且在后部有不规则的零乱反射信号出现,反映出衬砌后部有一定程度的脱空现象,在其界面周围反射信号强弱变化较大界面上介质不均匀,推测有不密实现象,称此种异常为脱空不密实。

五、检测结果

1. 衬砌厚度测定

衬砌厚度检测结果如图 6-40 及表 6-5 所示。

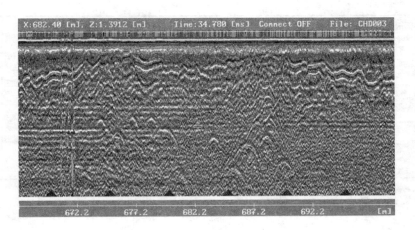

图 6-39 有较明显脱空的雷达图

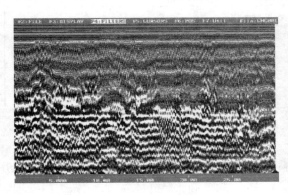 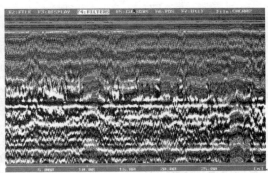

图 6-40 测线 A1、A2 地质雷达图(苗景春、周鹭测试)

区间隧道衬砌厚度检测结果 表 6-5

里　　程	边墙衬砌设计厚度（cm）	测线 A1实测厚度（cm）	测线 A2实测厚度（cm）	里　　程	边墙衬砌设计厚度（cm）	测线 A1实测厚度（cm）	测线 A2实测厚度（cm）
YDK5+000	30	40.3	40.3	YDK5+011	30	36.4	34.9
YDK5+001	30	39.8	39.3	YDK5+012	30	36.9	36.4
YDK5+002	30	39.3	39.3	YDK5+013	30	37.3	36.4
YDK5+003	30	36.9	34.9	YDK5+014	30	39.3	37.8
YDK5+004	30	36.4	35.4	YDK5+015	30	37.3	37.8
YDK5+005	30	37.3	35.9	YDK5+016	30	37.8	36.4
YDK5+006	30	36.4	37.8	YDK5+017	30	38.3	36.9
YDK5+007	30	37.8	36.4	YDK5+018	30	38.3	37.3
YDK5+008	30	37.8	36.4	YDK5+019	30	35.9	35.4
YDK5+009	30	38.3	36.9	YDK5+020	30	36.9	36.9
YDK5+010	30	36.4	35.4	YDK5+021	30	36.4	34.4

续上表

里　　程	边墙衬砌设计厚度（cm）	测线 A1 实测厚度（cm）	测线 A2 实测厚度（cm）	里　　程	边墙衬砌设计厚度（cm）	测线 A1 实测厚度（cm）	测线 A2 实测厚度（cm）
YDK5+022	30	35.9	34.4	YDK5+026	30	34.4	33.0
YDK5+023	30	35.4	34.4	YDK5+027	30	33.5	31.5
YDK5+024	30	34.9	35.4	YDK5+028	30	32.0	33.5
YDK5+025	30	34.9	36.4	YDK5+029	30	34.0	32.5
平均厚度	测线 A1	36.75cm			测线 A2		35.99cm
不合格率	测线 A1	0%			测线 A2		0%

2. 衬砌及衬砌背后缺陷检测结果

衬砌及衬砌背后缺陷检测结果如表 6-6 所示。

A 测线衬砌及衬砌背后缺陷检测结果缺陷　　　　　表 6-6

序号	里　程		长度（m）	深度（cm）		厚度（cm）	类型	备注
	起点	终点		起点	终点			
1	YDK5+002	YDK5+004	2	40	65	25	不密实	施工缝后部
2	YDK5+007	YDK5+010	3	50	65	15	不密实	
3	YDK5+012	YDK5+015	3	50	73	23	不密实	

六、检测结论与建议

混凝土衬砌实测厚度不小于设计厚度值，满足设计要求。缺陷主要出现于二衬背后的初支与围岩之间，并且在施工缝背后也出现不密实异常，需观察施工缝止水情况，应做适当处理。

复习思考题

1. 简述地质雷达的基本工作原理。

2. 影响地质雷达测试的因素主要有哪些？

3. 地质雷达的观测方法有几种？分别对各种方法做一简述评述。

4. 地质雷达仪器参数的选择主要包含哪些内容？

5. 何谓数字滤波处理技术？简述水平滤波和垂直滤波各自的作用。

6. 何谓地形校正？地质雷达技术中如何进行地形校正？

7. 地质雷达记录的判读主要包含哪些内容？

8. 地质雷达技术在隧道检测中主要有哪些应用？各自的波形特征如何？一般情况下如何布置测线？

9. 地质雷达技术在地下管线检测中主要有哪些应用？各自的波形特征如何？非金属管线用该技术探测的前提是什么？

10. 简述探地雷达超前地质预报基本原理。

11. 简述典型地质现象，如完整岩体、断层破碎带、富水带、岩溶洞穴的反射波形态特征。

第七章　隧道超前地质预报技术

第一节　隧道超前地质预报技术基础理论

请扫码观看第七章电子课件

一、隧道超前地质预报的定义

隧道超前地质预报是在复杂的地质情况下,为防止工程安全事故的发生,保证施工生产安全的一门新技术。它是根据隧道所在岩体的有关勘探资料、施工过程中采用的物理探测、地质预测、钻孔探测等结果,运用相应的地质理论和灾害发生规律对这些资料进行分析、研究,从而对施工掌子面前方岩体情况及成灾可能性做出预报,及时调整施工方法并采取相应的技术措施,保证施工生产的安全。

二、隧道超前地质预报方法的分类

超前地质预报是地下工程信息化的重要组成部分,是施工阶段正常的工序。预报方法有多种分类,如按预报方法手段分类、按预报空间位置分类和按预报距离等。

按预报方法手段分类,可分为地质分析预报法、地球物理探测法以及超前水平钻探法。其中,地质分析预报法包括地面和掌子面地质调查两类;地球物理探测法包含 TSP 地震反射波法、高密度电法、地质雷达法等;超前水平钻探法包含水平钻机超前探测、钻速测试、超前导坑法等。

按预报空间位置分类,常见的有洞内预报与洞外预报。其中,洞外预报包含地面地质调查和高密度电法;洞内预报包含掌子面地质调查、TSP 探测、超前水平钻探、地质雷达探测等。

按预报距离分类,可分为长距离预报、中距离预报与短距离预报。其中,长距离预报多采用地面地质调查、高密度电法等;中距离预报多采用 TSP 地震反射波法等;短距离预报多采用掌子面地质调查、地质雷达、红外探测、超前钻探法等。

三、隧道超前地质预报的内容

一般来讲,隧道超前地质预报的内容包括隧道所在地区不良地质宏观超前预报、隧道洞体内不良地质体的超前预报、隧道洞体内超前钻探及临近警报四部分内容。

1. 隧道所在地区不良地质宏观超前预报

作为隧道超前地质预报的第一部分内容,隧道所在地区不良地质宏观超前预报是隧道超前地质预报的前提和基础。首先通过对隧道及其所在区域地质与不良地质体的分析,粗略预报隧道不良地质(溶洞、暗河、岩溶淤泥带等)的类型、走向、大约位置、可能发生的地质灾害以及对隧道施工的影响;接下来采用沿隧道轴线布设的地表物探方法(高密度电法法)进行深部探测,对全隧道主要工程地质特征、结构特征和完整状态、地下水、围岩级别等进行预测预报。预报结论将为后续的中、短期探测的布孔、布线提供重要的地质资料,更为后续探测成果的准确解译提供依据。

隧道地质条件分析是隧道所在地区不良地质宏观超前预报的依据。隧道大多数不良地质体本身就是隧道所在地区地层、地质构造或岩溶地质体的一部分,如褶皱核部、断层破碎带、陡倾岩层和层间滑动断层是地质构造的一部分;溶洞、暗河、岩溶淤泥带是岩溶地质体的一部分;高压、高浓度瓦斯煤层和煤层采空区是煤系地质层的一部分。

设计院提交的隧道设计说明书和设计图纸是隧道地质条件分析的基础,但由于勘察和设计阶段的工程地质资料一般比较粗糙,其深度和精度远远不能满足隧道不良地质分析和宏观超前预报所需要的地质资料。因此,隧道超前预报技术人员必须对隧道所在地区的地层、地质构造、岩溶及水文等,再次进行深入细致的地面地质复查或调查工作。

2. 隧道洞体内不良地质体的超前预报

隧道超前地质预报的第二部分内容是隧道洞体内不良地质体超前预报。根据预报距离的远近,可把隧道洞体内不良超前地质预报分为中距离和短距离超前地质预报。

在隧道所在地区不良地质分析和宏观预报结果的基础上,隧道洞体内超前地质预报方可进行,其主要任务是:查明隧道掌子面前方 100~150m 隐伏的不良地质体的性质、种类、位置和规模;半定量地确定掌子面前方的围岩工程地质条件(如不良地质体的围岩级别、富水性),以及对隧道施工的影响程度和有无发生施工地质灾害的可能。

目前,隧道洞体内中距离超前地质预报多采用 TSP、TRT 方法,不同的预报方法和技术手段决定了预报的距离、精度和效果。短距离超前地质预报是在中距离超前地质预报的基础上进一步开展的预报工作,短距离超前地质预报的任务是:根据地质体走向、倾向、倾角等产状要素,定量预报掌子面已揭露的断层破碎带、特殊软岩(膨胀岩层)、煤层、富水砂岩等不良地质体向掌子面前方延展的情况、影响隧道的距离和尖灭点;根据各类不良地质体的前兆,定性和半定量地确定掌子面前方较近距离(20~30m)内是否隐伏不良地质体;定量探测掌子面前方近距离内上述隐伏的不良地质体较准确的位置和规模,地下水体情况。

目前,洞体内短距离超前地质预报多采用 GPR 法和红外探测法。同样,采用不同的预报方法和技术手段,其预报的距离、精度和效果不相同。

3. 隧道洞体内超前钻探

根据宏观超前、长距离和短距离预报的结论,再进行超前钻探,是隧道超前预报的第三部分内容。通过超前钻探可准确地判定不良地质体的位置、类型、性质、规模和级别。如突泥、突水带的位置、类型、性质、规模和突泥突水级别,塌方带的类型、位置、性质和宽度等。

4. 隧道洞体内地质灾害临近警报

隧道洞体内地质灾害临近警报是隧道超前预报的第四部分内容。它是在长期、中期和短期超前地质预报或超前钻探的基础上所进行的地质灾害评估与临近警报,是隧道超前地质预报的核心任务,也是隧道施工地质工作的根本落脚点。所有的隧道地质工作,包括隧道不良地质宏观预报、长距离超前地质预报、围岩稳定性评价等工作,都是为灾害报警服务的,它在隧道施工地质工作中占有非常重要的地位。

通过一定的监控测量技术和手段,可对片帮、掉块、岩爆、塌方、突泥突水、瓦斯爆炸、煤与瓦斯突出等地质灾害进行评估并发出警报,为施工单位在通过不良地质时及时有效地采取应急措施,防止出现施工地质灾害,特别是对防止重大施工地质灾害提供强有力的保障。

四、隧道超前地质预报的特点

由于隧道施工期地质预报具有预报的特性,是在预报基础上进行的科学判断。因此,隧道超前地质预报具有综合性、系统性、未知性、实用性(指导性)和客观性的特点。

综合性,是指隧道地质预报除需要扎实的地质学专业知识外,还要多学科如数学、物理、概率、计算机等相关学科的理论支撑。在预报实施中采用多种方法和手段,要求熟练掌握地球物理探测方法的原理、适用条件,要对各种隧道地质灾害的预防、治理有系统深入的认识。

系统性,是指隧道地质预报的对象地质体非常复杂,如软弱夹层、断层及破碎带、煤系地层、岩溶及其充填物、废弃矿巷及其充填物等,需要对其宏观分布和微观性质等进行全面系统的研究,以准确揭示其分布规律。

未知性,是指隧道掌子面前方地质体的分布、性质,在施工开挖前均是未知的,施工开挖后对其的影响和变化也未知,需要通过科学的预测法来进行确定。

实用性(指导性),是指隧道地质预报直接服务于隧道施工,预报的准确度直接关系到隧道施工的安全,甚至关系到工隧道程建设的成败。

第二节　隧道超前地质预报常用方法

一、地质分析法

地质分析预报法是隧道超前地质预报的最基本方法,不管是物探技术还是综合地质预报技术,都是地质分析方法向前方延伸的手段,对物探和综合地质预报探测资料的任何解释和应用,都离不开施工过程中对随时随地观测和采集到的地质资料的判断,缺少了这个基础性环节,采用任何超前探测方法都很难取得好的效果。

地质分析预报法是指在隧道施工阶段,根据隧道施工期掌子面的地质条件如岩体结构面产状及其发育状况、岩体破碎程度、岩石的变质程度等的变化特征等,结合地面地质调查结果,采用一定的分析(如结构面统计分析、构造相关分析等)进行的超前预报。该方法主要用来预报隧道掌子面前方存在的断层、不同岩层的接触界面,特别是岩浆岩与沉积岩间的接触界面、隧道前方围岩的稳定性及失稳破坏形式等。

1. 资料的采集与分析

全面收集资料,包括:隧道地址所在区域地质资料(区域地质图);与工程项目相关的资料:地质地形图、剖面图、文字说明和隧道轴线从进口至出口的逐桩坐标等。

对收集到的资料进行综合分析,初步掌握隧道地址区及其邻近区域的工程地质条件和特点,概略判定该区域可能遇到的主要工程地质问题,并了解和掌握这类工程地质问题的研究现状和工程经验,对做好超前预报工作是必不可少的。资料的收集和宏观的分析和判断,极大减少了外业工作的盲目性,达到事半功倍的效果,并能确保预报成果的质量。

2. 地面地质调查

地面地质调查是指预报小组对隧道范围内进行的大规模、详细的地质调查,是地质分析预报法最重要的一步,也是隧道超前地质预报的一项非常必要的工作。因为从地表能宏观地、全面地了解与隧道工程地质条件相关的现象,如地形地貌、地表水、地层岩性、构造、植被、人类活动、地质灾害等。通过地面地质调查与分析,了解隧道所处地段的地质结构特征,结合掌子面地质调查来推断掌子面前方的地质情况,预测隧道掌子面前方的不良地质现象可能的类型、部位、规模,以便在隧道施工中采取合理的工艺与措施,避免事故。

1)地质观察路线和观察点的布置原则

地面地质调查资料也是物理探测资料解释的基础,掌握这些资料能够大大提高物探解释和预报工作的准确性。由于地面地质调查范围大、路线长,为确保调查资料的完整性,必须设置地面地质调查观察路线和相应观察点。

(1)地质观察路线布置原则

超前地质预报工程属"线状工程",地质观察线的布置应采用 GPS 输入"逐桩坐标"导航,原则上与"线状工程"的轴线总体一致,视其地层、岩性、构造的出露情况,可左右穿插呈 S 形,通过调查可绘制一幅带状地形地质图。

(2)地质观察点的布置原则

为准确确定地质界限,对断层、具有特殊工程地质意义的岩层或标志层、水文、接触关系等主要露头点,应进行详细研究。观察点的密度,视不同填图比例尺大小和不同地质构造情况、不同地质地理条件的复杂程度而定,原则是以解决与预报有关的工程地质问题为准。

如图 7-1 所示为地面地质调查的观察点布置示意图。

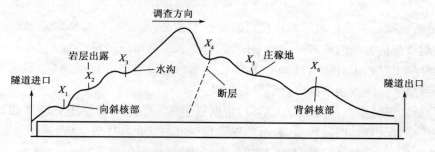

图 7-1　地面地质调查的观察点布置示意图

2)地面地质调查的内容及资料整理

地面地质调查主要包含如下内容:

(1)地形、地貌

调查地形地貌的目的是根据地貌的形态特征,推断其形成原因和条件,进而进行其工程地质评价。地形地貌调查的内容,主要包含地形地貌的类型、成因、特征与发展过程;地形地貌与岩性、构造等地质因素的关系;地形地貌与工程地质条件的关系等。

(2)水文

指地表水,包含江水、河水、沟谷水、湖泊、溪水、水库、池塘、废旧坑、民用井和泉水等,应对其流速、流量、淤积、冲刷、洪水位与淹没情况进行调查记录。这些水体有可能成为硐室工程地下水的来源,是评价其工程地质条件的重要因素。

（3）地层、岩性

主要包含岩层的层位、层序、各层位的岩性及岩层组合、特殊岩层等;厚度、时代、成因及其分布情况;岩层的产状和接触关系;岩石风化破碎程度及风化层厚度;土石的类别、工程性质及对工程的影响;煤系地层中的煤层、含水砂岩、特殊软岩等。

（4）地质构造

要求描述的基本内容是断层及其破碎带、背斜与向斜褶曲的位置、构造线走向、产状等形态特征和地质力学特征;围岩受地质构造影响程度、岩体节理发育程度、岩石坚硬程度、岩体完整程度;岩浆岩及其接触界面等;软岩结构面的发育情况及其与路线的关系、对隧道稳定性的影响等。

（5）水文地质

调查地下水的来源、埋藏条件、类型及其活动的规律性,以便采取相应措施,保证结构物的稳定和正常使用。

（6）植被及人类活动

调查植被及人类活动的目的是根据植物群落的种属、分布及其生态特征,可推断当地的气候、土质及水文地质条件,评价其工程地质条件。根据人类工程活动的历史、现状、规模,评价其工程地质条件。

（7）特殊地质及不良地质现象

对软土、黄土、膨胀土等特殊土及崩塌、滑坡、泥石流、岩溶、采空区等各种不良地质现象及特殊地质问题,要调查它们的分布范围、分布规律、形成条件、发育程度及其对工程的影响,评价其工程地质条件。

将野外地质调查所有观察点的数据进行统一整理、总结,得出隧道所处地段各点的大概地质结构特征。

3. 掌子面地质调查

掌子面地质调查是地质分析预报中必不可少的一步,是中、短期超前地质预报工作如 TSP、GPR 以及红外探测法的基础,是指对隧道中掌子面进行的地质调查工作,主要是观察记录围岩的岩性、岩层产状、节理裂隙和断层规模及产状,并将其标示在示意图上。

表 7-1 给出了隧道掌子面地质调查表。按照表 7-1,配合地面地质调查资料,可了解隧道所处地段的地质结构特征,从而推断和预测隧道掌子面前方的不良地质现象可能的类型、部位及规模,指导在隧道施工中采取合理的工艺与措施,避免事故的发生。如断层及微构造在掌子面出现,实测产状后分析断层微构造的产出规律,据其在掌子面的部位、构造走向与隧道轴向的关系做出地质预报。

在隧道埋深较浅、构造不太复杂的情况下,这种预报方法有很高的准确性,应用效果较好。但在构造较复杂地区和深埋隧道情况下,该方法因工作难度大,准确性难以保证。

隧道掌子面地质调查　　　　　　　　　　　　表 7-1

工程名称：							施工单位：		
隧道名称及部位	名称：						掌子面素描图		
	左幅	进口端□		出口端□					
	中导	进口端□		出口端□					
	右幅	进口端□		出口端□					
掘进方向									
掌子面里程									
围岩名称									
风化程度	未风化□		微风化□		中风化□	强风化□	全风化□	残积土□	
岩石坚硬程度等级	坚硬岩□			较坚硬岩□					
	较软岩□			软岩□			极软岩□		
围岩产状	层理产状st□			片麻理产状pt□			侵入岩产状mt□		
层间结合力	良好□ 一般□ 差□			良好□ 一般□ 差□			良好□ 一般□ 差□		
主要节理产状、规模、力学性质	J_1	条/m	延长 m	延深 m	压性□	张性□	扭性□		
	J_2	条/m	延长 m	延深 m	压性□	张性□	扭性□		
	J_3	条/m	延长 m	延深 m	压性□	张性□	扭性□		
	J_4	条/m	延长 m	延深 m	压性□	张性□	扭性□		
	J_5	条/m	延长 m	延深 m	压性□	张性□	扭性□		
软弱层（或夹层）	Rt_1		可见长度 m			厚度 m			
	Rt_2		可见长度 m			厚度 m			
地下水	无水□		干燥□		稍湿□		潮湿□		
	不丰富□		渗水□		滴水□				
	较丰富□		雨淋状□		小股状涌水□				
	丰富□		大股状涌水□		突水□		突水突泥□		
围岩结构状态和完整性									
围岩稳定状态									
调查者：×××　　　　　　　　　　　　　　　　　　　　　　　　　×××× 年 ×× 月 ×× 日									

二、地球物理勘探法

地球物理勘探，简称物探，是以地下岩体物理性质的差异为基础，通过探测地表或地下地球物理场，分析其变化规律，来确定被探测地质体在地下赋存的空间范围（大小、埋深、形状等）和物理性质，达到解决水文、工程、环境问题为目的的探测方法。主要在隧道施工掌子面及周围临近区域内进行探测，根据围岩与不良地质体的物理特性差异来查明不良地质体的性质、位置及规模。目前，隧道超前地质预报的地球物理探测法主要有隧道地震反射波预报法、红外探测法、高密度电法、BEAM（Bore-tunneling Electrical Ahead Monitoring）法和探地雷达法等。

1. 地震反射波法测试技术(中、长距离预报)

地震反射波法测试技术应用广泛,基于该原理已开发了 TSP(Tunnel Seismic Prediction)隧道超前预报技术、地震负视速度法(VSP 垂直地震剖面法)、TRT 层析扫描超前预报技术、TGP超前预报技术、USP 角度偏移超前地质预报技术、水平声波反射法(HSP)及陆地声呐法等隧道超前预报方法,其中 TSP 隧道超前预报技术的应用最为广泛。

1)TSP 隧道超前预报技术

TSP 隧道超前预报技术能较长距离地预报隧道施工前方的地质变化:如软弱岩层、断层破碎带和其他不良地质地段,其准确预报范围为掌子面前方 100～150m;在大多数岩层结构中,其有效预报范围可达 100m(以隧道掌子面为基准),在坚硬岩层中甚至可达 200m,该方法能为隧道施工方提供较详细、可靠的地质资料,从而指导隧道的安全施工。同时,整个测量工作对隧道施工基本不会造成干扰或仅有细微干扰。

TSP 系统的依据是岩石的弹性模量。其基本工作方法是沿着平行于隧道轴线方向,在隧道侧壁布置观测系统,在炮孔中安装炸药作为震源,人工激发地震波;地震波向隧道掌子面前方传播,当遇到弹性不同的分界面时,发生反射;在测线的接收孔上用专门的传感器记录地震信号,然后传给记录单元,从而获得地震记录。由于接收的地震波受到掌子面前方围岩介质的影响,就具有了与围岩构造、岩性等相关的信息,如能量、速度、时间、频率等。从地震记录中提取这些信息,就有可能推断解释掌子面前方地质构造的形态和围岩的相关物理力学参数。

(1)TSP 的工作原理

如图 7-2 所示,TSP 系统的测量是通过小药量的爆破产生地震波信号,该信号沿隧道右侧或左侧的爆破剖面在岩层中以球面波的形式传播,当遇到断层或性质不同的波阻抗界面,波传播的频率、振幅及速度等方面就会发生变化,一部分信号将会在上述波阻抗界面处发生反射,而其他部分将会继续向前传播。反射信号经过一定时间的传播将会传输到高精度的接收器,并传递到主机,形成地震波波形(图 7-3)。

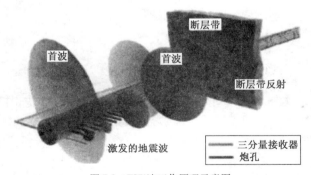

图 7-2　TSP 法工作原理示意图

在激发产生的球面波形式传播的地震波中,有一部分地震波以最短时间即传播距离最短到达检波器,这部分地震波被称为直达波,用来估算地震波在围岩中传播的波速 v,即:

$$v = \frac{L_1}{T_1} \tag{7-1}$$

式中:L_1——震源到检波器的距离(m);

T_1——直达波到达检波器的时间(ms)。

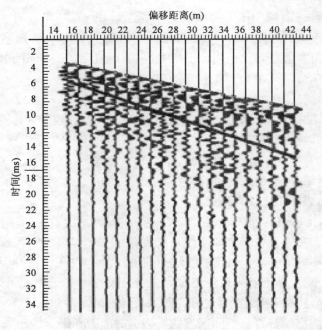

图 7-3　TSP 法地震波波形

设反射界面到检波器的距离为 L_3，反射界面到震源的距离为 L_2，若反射界面与掌子面是平行的，即与测线是垂直的，那么 $L_3 = L_2 + L_1$，这时的反射波时距曲线近似为一条直线；若反射界面与测线成一定角度，那么反射波时距曲线为一条双曲线。

估算反射界面位置的理论公式如下：

$$T_2 = \frac{L_2 + L_3}{v} = \frac{2L_2 + L_1}{v} \qquad (7\text{-}2)$$

所以：

$$L_3 = \frac{vT_2 + L_1}{2} \qquad (7\text{-}3)$$

式中：T_2——反射波传播时间(ms)。

对 TSP 仪器采集的数据，通过 TSP Win 软件分析处理后，即可获得隧道掌子面前方的 P 波、SH 波和 SV 波的时间剖面、深度偏移剖面、岩石反射层位、物理力学参数、各反射层能量大小等成果资料，还可得到反射层的二维和三维空间分布，根据上述资料就能预报隧道掌子面前方的地质情况，如软弱岩层、溶洞、断层等不良地质体。

（2）TSP 系统的主要仪器设备和材料

TSP 仪器主要由接收单元、记录单元及起爆装置组成。

①接收单元。

接收单元用来接收地震波反射信号，由一个极灵敏的三分量的地震加速度检波器（X、Y、Z分量）组成（图 7-4），频宽 10 ~ 5000Hz，包含了所需的动态范围，能够将地震信号转换成电信号，将其安置在一根特殊的金属套管中，套管与岩石之间用水泥或双组分环氧树脂牢固结合。

由于采用了能同时记录三分量加速度的传感器,因此可确保三维空间范围的全波记录,并能分辨出不同类型的声波信号,如 P 波和 S 波。此外,这三个组件相互正交,由此可计算声波的入射角。尽管总长为 2m 的接收传感器被分成三段,但传感器的安装仍然非常简单和快速。

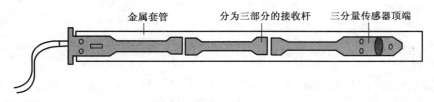

图 7-4　TSP 系统接收单元

②记录单元。

记录单元的作用是对地震波信号进行记录和信号质量控制,其基本组成为完成地震信号 A/D 转换的电子元件和一台便携式电脑,电脑控制记录单元和地震数据的记录、储存及评估。一般有 12 个输入端口,用户可设置 4 个接收器。所接收到信号的质量决定了 TSP 系统测量的可靠性。测量范围和测量精度与系统的动态响应范围和记录频带宽度有较大的关系。若使用 24 位 A/D 转换器,它的动态范围最小为 120dB,所接收信号的频率范围为 10 ~ 8000Hz。动态范围为 120dB 的声波信号可通过将信号描绘到一张图纸上来加以解译和对比:信号强度反映在图纸上偏离零点的距离最高可达 500m,而图纸的最小分辨率为 1mm。由于在 TSP 测量中,通常所接收到的地震信号的频率范围为 100 ~ 2000Hz,因此该系统具有多重采样性,需进一步提高系统的信噪比,干扰信号在数据处理过程中多通过滤波器进行过滤。

一台便携式电脑是记录单元的重要组成部分,要求其具有防水、防尘以及抗震的特点,且能够在极恶劣的隧道环境中正常运行。在测量过程中,电脑可控制噪声水平且能跟踪所记录声波的质量。在触发器控制面板上显示为"绿灯"时,电脑操作员将发出"准备完毕"可以引爆的信号。触发器中的触发电路在任何情况下都能提供一个准确的起始记录信号。记录设备的内置电源可保证系统的安全操作时间为 3 ~ 4h(最长可达 5 ~ 6h),足够完全进行 3 次 TSP 测量。

③起爆装置及所需材。

起爆设备是由一套带有外接触发盒的传统起爆器组成,触发盒嵌入引爆线路中。触发器一方面通过两根电缆与电雷管相连;另一方面,为确保记录单元和触发盒之间的联系,通过引爆电缆线与记录单元连接。激发地震信号所需物品为炸药,由于激发的地震能量及主频分别与炸药量成正比和反比,能量决定勘探深度,频率决定勘探分辨率。所以在实际工作中,为取得较好的激发效果,要选用合理的炸药类型及药量,在炸药安装过程中尽量保证炸药和围岩的良好贴合,减少在爆炸过程中不必要的能量损失,以确保勘探的精度和深度。建议使用爆速大于 6000m/s 的高速起爆炸药,也可以采用一号或二号岩石乳化炸药,每孔装药量为 30 ~ 50g,大约用药 800g。使用的电雷管延期时间越短越好,最好选用瞬发雷管,也可以用一段第一系列或第二系列毫秒延期电雷管,约 30 个。引爆导线长度 60m。

(3)地震波激发孔的布置

炮孔布置如图 7-5 所示。

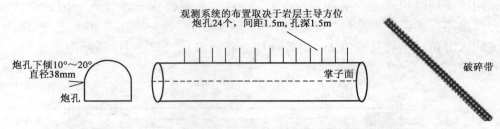

图7-5 炮孔布置如图

炮孔孔位布置的基本要求为:数量多为24个,不少于18个,可根据实际位置选择;直径多为38mm,一般可取20~45mm;孔深多为1.5m,一般可取0.8~2.0m;沿轴径向布置,为便于水封填炮孔,钻孔向下倾斜10°~20°,相对于隧道壁面向掌子面方向钻孔倾斜10°;孔位布置高度为离隧道底板约1m;第一个钻孔离接收器约20m(不小于15m),其余炮孔间距1.5m(最远2m)。炮孔布置完毕后,将连接有雷管的炸药用PVC管推至炮孔孔底,小心拔出PVC管,确保不触动雷管的引线。先在装好炸药的炮孔中注满水再引爆,可减少爆破时的声波干扰,完善炸药和围岩间的贴合,增加激发的能量。在特殊情况下,为更有效地增加激发能量,达到勘探更深的目的,可在装好炸药的炮孔中先充填锚固剂,待锚固剂固结后,再用水封堵炮孔。

大量的实践表明,爆破孔孔位和炸药药量的关系如表7-2所示。为保障激发的能量,当炮孔孔位位于结构比较疏散的孔位时,可适当增加激发药量。

爆破孔孔位和炸药药量关系 表7-2

爆破孔序号	爆破孔与接收器之间的距离(m)	硬岩装药量(g)	软岩装药量(g)
1~2	20.0~21.5	30	50
3~4	23.0~24.5	50	80
5~24	26.0~54.5	75	100

(4)信息接收孔的布置

信号激发后向隧道掌子面前方传播,当遇到波阻抗界面时将被反射回来。波在传播过程中,其振幅会变小、频率会降低,致使反馈信号返回到达传感器时,其能量十分微弱。如果检波器的安置效果不良,将会影响信号的采集质量。如图7-6所示为信息接收孔孔位布置示意图。

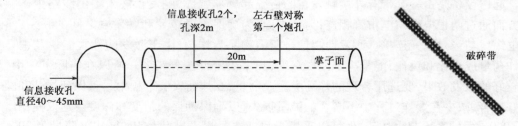

图7-6 信息接收孔孔位布置示意图

信息接收孔孔位布置的基本要求:数量多为1或2个,若为2个时在隧道左右壁面对称布置;直径多为40~45mm,孔深2m;沿轴径向布置孔位,若安置传感器的套管用环氧树脂固结时,接收点钻孔向上倾斜5~10°,用灰泥浆固结时钻孔下倾斜10°;孔位布设高度离地面约

1m；孔位布设位置为离掌子面大约 55m 位置，距离第一个炮孔 20m。

（5）现场测试

当信息接收器安装好以后，通过"Receiving Cable"电缆将信息接收器与主机相连，通过"Triggering Cable"电缆将启动箱与主机相连，启动箱和爆破装置通过启动箱自身的连接线连接，连接主机和 HUSKY 数据记录仪。接下来分别进行基本工程数据、测量数据、测量参数和地震波参数的输入和设置。之后进行线路检测和起爆测试，确保线路连接正确和起爆测试成功。之后开始测试，即关掉风枪、水管等较大噪声的设施，将两根起爆线的一端连接到启动箱上，另一端连接到雷管线上；然后在 HUSKY 菜单下选择"RECORD"项，会显示地震波激发孔的信息，当主机箱和启动箱上的绿灯亮，表明仪器已做好记录的准备，此时可以起爆雷管；起爆后，记录仪会自动记录地震波信号，同时主机箱上橙色灯亮，显示屏显示读数据。记录完毕后，显示屏出现收集到的地震波信号，点击"←"，数据将会自动保存，进入下一个炮孔的测试。

（6）TSP 超前预报的优点及其局限性

TSP 隧道超前地质预报技术应用效果受到诸多因素的影响，包括目标体的性质、形态、规模及产状，相比而言具有以下优点及局限性：有效探测距离一般为 150～200m，适宜于中长距离预报；较适宜于掌子面前方波阻抗差异较大的地质界面；对规模大、延伸长的地质界面或地质体探测较好，对规模较小的地质体容易漏报；对掌子面正前方的地质体探测效果较好，对隧洞侧壁的地质体探测效果较差；对断层破碎带、软弱破碎带及岩性界面等面状构造探测效果较好，对不规则形态的三角地质体，如溶洞、暗河等不良地质体的探测效果较差；对隧洞轴线呈大角度相交的构造探测效果较好，而对与隧洞轴线以小角度相交的构造探测效果较差。

2）地震负视速度法

地震负视速度法，又称 VSP 法（垂直地震剖面法），是一种测试面与被探测面互为垂直的观测系统，即将地震勘探中的钻孔垂直地震剖面法应用于水平状态隧道中。该法与 TSP 法原理相同且方法相似，只是现场工作布置方式不同。

其原理是：在隧道掌子面的前方一定距离，沿边墙布置一激发点和一系列接收点，选用多炮共道或多道共炮方式记录地震波信号；激发时产生的地震波信号在围岩中传播，当遇到断层和岩层变化的界面时产生反射波，返回的信号被接收点的检波器接收，由此确定反射界面的位置，反射界面的距离可由式（7-4）计算：

$$D = 0.5t_{双程}V \qquad (7-4)$$

地震负视速度法具有明显的方向特征，可有效地将开挖面前方反射信息与周围干扰信息区分开，提高识别不良地质体界面的精确度，通常能对其进行准确定位，预报距离可达 100m以上。预报探测时不占用开挖工作面，对施工影响很小，是常用预报方法之一，且纵、横波的共同分析还可了解反射界面两侧的岩性和密实程度。

3）高密度电法（长距离预报）

电法勘探是根据各类岩石或地质体的电磁学性质（如导电性、导磁性、介电性）和电化学特性的差异，通过对人工或天然电场、地磁场或化学场的空间分布规律和时间特性的观测和研究，查明地质构造、解决工程地质问题的地球物理勘探方法，常用的有电阻率法、充电法、激发极化法、自然电场法、大地电磁测深法和电磁感应法等。本章主要介绍电阻率法中的高密度电法。

（1）高密度电法的基本原理

不同岩层或同一岩层由于成分和结构等因素的不同，具有不同的电阻率。通过接地电极将直流电供入地下，建立稳定的人工电场，在地表观测某点垂直方向或某剖面的水平的电阻率变化，从而了解岩层分布或地质构造的特点。从理论上来说，在各向同性的均质岩层中测量时，无论电极装置如何，所得的电阻率都应相等，即为岩层的真电阻率。但在实际工作中，所遇到的地层既不同性又不均质，或地表起伏不平，所得电阻率则称为视电阻率，是不均质体的综合反映。对于某一确定的不均匀地电断面，若按一定规律改变装置大小或装置相对于电性不均匀体的位置，在此过程中测量和计算视电阻率值，发现测得的视电阻率值按照一定规律变化，进而探查和发现地下导电性不均匀体的分布，达到预报前方地质灾害的目的。

（2）仪器设备

高密度电阻率法多使用多功能直流电法仪，该仪器具有直接测量和显示供电电流、视电阻率、电极参数等功能；另外，最好配备具有供电和测量系统脱离的自动跟踪测量装置。电法仪主要技术指标如下：测量电压分辨率为0.01mV；测量电流分辨率为0.01mA；最大补偿范围为±1V；输入阻抗大于8MΩ。

（3）测试方法

①确定探查深度和测线长度。

在电极排列布置前进行探查深度设计。随着电极间距的增加，测量精度降低。因此，设计探查深度H约为探查目标体深度h的1.5倍，在现场条件允许的情况下，取2倍为最佳。测线的总长L应为探测区域的分布长度D加上两侧各$H/2$（探查深度的一半）的长度（图7-7）。

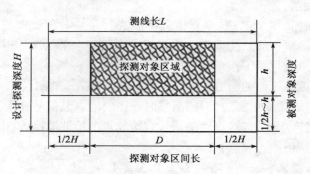

图7-7　探查深度和测线长度的关系

②测线布置。

测线网布置应根据任务要求、探测方法、被探测对象规模、埋深等因素综合确定。测网和工作比例尺由探测对象的性质和工程任务要求来决定，以能观测被探测的目的体，并可在平面图上清楚反映探测对象的规模、走向为原则。在地形条件复杂的情况下，在测线地形影响比较一致的山谷、山脊等高线平缓的山坡布设测线。测线方向一般垂直于地层、构造和主要探测对象的走向，沿地形起伏较小和表层介质较为均匀的地段布置测线，测线尽可能与其他物探方法测线一致，避开干扰源。测线长度和点距应根据装置形式、电极排列数量、探测深度、探测精度来确定。在地质构造复杂地区，应适当加密测线和测点。

如果测线必须横穿构造物，要尽量使测线横穿构造物的距离达到最短（垂直构造物的长轴走向）；横穿高压线的情况下，测线要垂直高压线布设，为了减小感应电流的影响，测线要尽量从相邻铁塔的中央通过。当测线从构造物的旁侧通过时，若构造物沿测线方向的长度大于探测深度，测线与构造物的距离要大于探测深度；若构造物的长度小于探测深度，测线与构造物的距离要大于构造物的长度。当测线从构造物的旁侧通过时，如电极排列的电极距大于构造物沿测线方向的长度，构造物对测量结果的影响较小。

③现场布极。

当用两根正、负电极向地下供电时，测得的电阻为两根电极的接地电阻、电线的电阻和地层电阻的总和。通常情况下，电线的电阻可忽略不计，则接地电阻的存在对地层电阻率的测试结果影响就很大。

野外设置电极时，应尽量避开含砾层和树根多的地方，选在表层土致密和潮湿的地方；如果在干燥的山坡布极，在电极周围尽量多洒一些水或盐水也能减小接地电阻；条件允许的情况下，电极直接打入地层湿润部分效果较好。有时为增加电极和地层的接触面积，用许多根并联的电极当成一根电极；在这种情况下，电极应打入相同深度且间隔相等，并尽量选用多根细电极而不用少量粗电极；同一排电极呈直线布置；探测前应检查确认电极连接顺序是否正确。

④现场测试。

现场工作布置好后，连接好高压电缆（一般红色夹子接"＋"、黑色夹子接"－"）。打开仪器电源，进行测量数据的输入和设置，之后即可直接按动测量键进行测量。

（4）高密度电法的优缺点

高密度电阻率法可用于工程地质勘察，也是一种有效的勘探方法，具有如下优点：测点密度大、信息量多，有利于反映地电断面局部信息的微弱变化，更利于发现一些较小的地质体；具有高智能、自动化，比常规电阻率法具有效率高、成本低等特点；能测试得到清晰、直观的二维异常图，是常规电阻率法所无法比拟的；较易识别一些地表不均匀体的干扰异常。

该系统尚存在一些问题：在成图处理上，每次只能完成一个排列（60 根电极），所成图为倒梯形，在连续追踪长剖面时，只能采用人工点图，影响了工作效率；在非水平地区工作时，由计算机绘制带地形的断面图时，目前的软件还存在一定问题；运用高密度电阻率法的资料作半定量解释较为困难，有关这部分的软件亟待开发。

4）TRT 反射地震层析成像方法

（1）基本原理

TRT 技术的全称是"真正反射层析成像"，是由美国 NSA 工程公司开发的。TRT 的原理在于当地震波遇到声学阻抗差异（密度和波速的乘积）界面时，一部分信号被反射回来，另一部分信号透射进入前方介质。声学阻抗的变化通常发生在地质岩层界面或岩体内不连续界面。反射的地震信号被高灵敏地震信号传感器接收，反射体的尺寸越大，声学阻抗差别越大，回波就越明显，越容易探测到。通过分析，被用来了解隧道工作面前方地质体的性质（软弱带、破碎带、断层、含水等），位置，形状及大小。

（2）仪器组成

主要由主机、基站、无线模块、传感器和触发器五个部分组成，如图 7-8 所示。

（3）测试方法

TRT 方法在观测方式上与 TSP 和"负视速度法"有很大不同。在观测上，虽然 TRT 也是

图 7-8　仪器主要组成

利用反射地震波,但它采用的是空间多点接收和激发。激发和检波器的炮点呈空间分布,以充分获得空间波场信息,提高不良地质体的定位精度。这种方法对岩体中反射界面位置的确定、岩体波速和工程类别的划分等都有较高的精度,应该说相比 TSP 方法有较大的改进。实践表明,TRT 法在结晶岩体中的探测距离可达 100～150m,在弱的土层和破碎的岩体中可预报 60～90m。

在震源上先后采用炸药爆炸、风镐或挖掘机、电磁波发生器、锤击作为震源,使勘测成本越来越低,操作越来越方便;在软件上,成功实现由 2D 成像到 3D 全息成像的跨越,使得勘测结果更为准确、全面、直观。

激发炮点采用立体方式布置,在距掌子面的 8～10m 处,在两边墙的不同断面和距底板不同高度布置 8～10 个激发炮点。它的传感器布点采用立体方式布置,如以下布置方式:在隧道两边墙距掌子面 20m 与隧道中轴线成 50°处各布置 2 个传感器;在距隧道 25m 边墙底部各布置 2 个传感器,在拱顶正中布置 1 个传感器;在距隧道 35m 的边墙底部各布置 1 个传感器,在拱顶正中布置 1 个传感器。当震源激发地震波时,10 个无限传感器同时接收到地震信号,在传感器内部直接进行模数转换后发送到采集总站,再由基站传输给笔记本电脑,实现信号的采集接收,从而获得真实的三维立体图,直观地再现了异常体的位置、大小和形态。按照不同的隧道断面形式,震源点和传感器布设如图 7-9 所示。

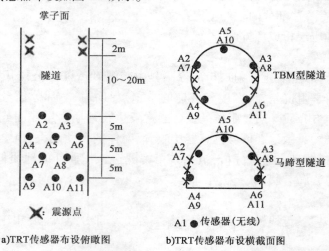

图 7-9　震源和传感器的布设方式

传感器及固定块的安装如下：用8mm的钻头打6cm深的孔，在固定块上抹上膨胀性快干水泥，把固定块固定在隧道边墙和洞顶表面，传感器通过螺丝安装在固定块上，从而实现传感器和岩体的紧密耦合，如图7-10所示；模块放置如图7-11所示；连接线缆形成如图7-12所示测试系统。

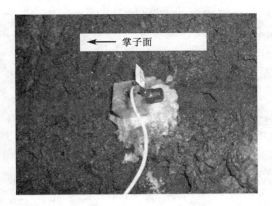

图7-10　传感器及固定块的安装

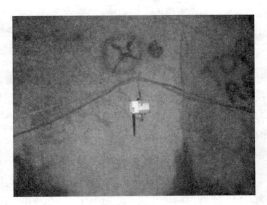

图7-11　模块放置图

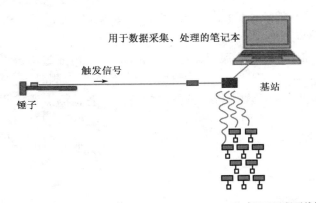

图7-12　连接线缆

震源不需要钻孔，只需要用8磅的锤子锤击表面的岩体或固结的混凝土；锤击时使锤子尽量垂直表面；锤击后不要将锤子置于墙表面，要迅速将锤子拿开，如图7-13所示。触发器为回路触发器，使触发与采集同步更加精确，重复性好。尽量使触发器上的小黑孔对准捶击方向，这样使声音传播更好，预报更准确。数据采用无线传输，没有线缆断裂问题，也不影响施工；数据采集完成后立即被数字化保存并传输，不受环境干扰。

5）TGP超前预报技术

TGP超前地质预报技术也是利用地震波反射回波方法测量的原理，利用高灵敏度的地震检波接收器，收集布置在隧道单侧壁上多个地震激发

图7-13　震源锤击图

点产生的地震波,及其在围岩传播时遇到不同反射界面的反射波。反射信号的传播时间与传播距离成正比,与传播速度成反比。通过测量直达波速度、反射回波的时间、波形和强度,可达到预报隧道掌子面前方地质条件的目的。

在一定间隔距离内连续采用上述方法,并结合施工地质调查,就可以得到隧道围岩物理力学参数,如弹性模量、剪切模量和泊松比等。其优点是探测距离远,可达隧道掌子面前方200~400m,分辨率高,抗干扰能力强,对施工影响少,操作便利。

6)USP 角度偏移超前地质预报技术

USP 是一种新型的隧道开挖超前地质预报系统,该系统采用"角度 + 位置偏移"的联合体系进行空间多分量、多波超前地质预报。它利用三维的空间排布、多达 256 通道的数据采集、多震源点位置偏移,进而在隧道掌子面前方构成高密度的三维数据结构体,通过对三维结构数据的一系列处理分析,形成三维空间地震波的各种图形图像,最终计算岩土体多种力学参数,实现对隧道及各种地下工程前方地质情况的预报。

USP 观测系统通常在距掌子面较近距离的两侧边墙位置布置4~6 个激发炮点,间距一般为0.5~5m,在距最近激发炮点0~5m 的两侧边墙位置布置 2 个接收器(如地质条件复杂或者要求精度较高时布置 4 个),由于每个接收器配置了 64 个不同方向分量的检波器,使得构建三维观测系统有足够多的有效数据,可对掌子面前方不良地质体进行三维数据处理即显示。

7)水平声波反射法

水平声波反射法(HSP)与地震波探测原理基本相同,声波传播过程遵循费马原理。物理前提是岩体间或不同地质体间有明显的声学特性差异。该方法探测时不占用掌子面,沿巷道两侧分别布置激发点、检波点的观测系统。该方法的特点是各检测点所接收的反射波路径相等,因此反射波组合形态与反射界面形态相同,图像直观。直达波是双曲线形态,反射波是直线形,很容易区分。该方法的优点是对反射界面倾角没有限制,适用的范围较负视速度法广泛。

8)陆地声呐法(高频地震反射法)

陆地声呐法是在隧道掌子面上采用极小偏移距,单点采集高频地震反射信号形成连续剖面,通过十字形观测系统和宽频带脉冲接收技术,预报掌子面前方断层及其他地质界面的位置和产状。它的特点是在隧道掌子面上设测量剖面,剖面上每 30m 左右设置一测点,用锤击方式激发弹性波,在激震点旁设检波器接收被测物体的反射波,然后将各测点的时间曲线拼成时间剖面,根据同相轴和频谱解释圈定断层、溶洞等不良地质体的位置。该方法的优点是分辨率高,缺点是需占用掌子面。当需要短距离较高精度探测时可采用此方法。

2. 红外线探测技术(短距离预报)

众所周知,在自然界中任何高于绝对零度(-273℃)的物体都是红外辐射源,可产生辐射现象,红外线无损检测是测量通过物体的热量和热流传递,当物体内存在裂缝或其他缺陷时,物体的热传导将会发生变化,致使物体表面温度分布出现差异或不均匀变化,利用这些差异或不均匀的变化的红外线图像,可即直观地查出物体的缺陷位置。

1)红外探测基本原理与方法

(1)红外探测的原理

红外探测的基本原理是利用被测物体的小连续性缺陷对热传导性能的影响,进而反映在物体表面温度的差别上,导致物体表面红外辐射能力发生差异,检测出这种差异,就可以推断物体内是否存在缺陷。

（2）红外探测方法

红外探测方法是利用红外探测器、光学成像物镜和光机扫描系统接收被测目标的红外辐射信号,一般是由光学系统收集被测目标的红外辐射能,经过光谱滤波、空间滤波使聚焦的红外辐射能量分布图形反映到红外探测器的光敏元上,在光学系统和红外探测器之间有一个光机扫描机构（焦平面热像仪无此机构）,对被测物体的红外热像进行扫描,并聚焦在单元或多元探测器上,由探测器将红外辐射能转换成电信号,经放大处理转换成标准视频信号,通过电视屏或监测器显示红外热像图。热像图是运用红外热像仪探测物体各部分由表面温度形成的辐射红外能量的分布图像,是一种直观地显示材料、结构物完整连续性及其结合上存在不连续缺陷的检测技术,它是非接触的无损检测技术,即连续对被测物作上下、左右非接触的连续扫描。

一般情况下,隧道开挖进程中,地下围岩的温差变化缓慢时红外热辐射强度变化很小或呈缓慢变化趋势。当地质体中有溶洞、断层、淤泥带和地下暗河,且溶洞、断层、淤泥带和地下暗河与周围围岩存在温差时,围岩与溶洞、断层、淤泥带和地下暗河之间将存在热传导和热对流作用,进而改变溶洞、断层、淤泥带和地下暗河周围围岩的温度分布。因此,利用红外探测方法测定隧道掌子面的红外辐射强度,研究掌子面围岩的温度变化或红外辐射异常场的分布规律,进而推测或预报隧道掌子面前方隐伏的溶洞、断层、淤泥带和地下暗河等不良地质体。

2）红外探测法的优点及局限性

红外探测法的应用效果受到诸多因素影响,主要包括溶洞、断层、淤泥带和地下暗河与围岩的温差、施工辐射源干扰等。红外探测法是适用于非接触性、广域、视域面积大的无损检测;不仅能在白天进行探测,在黑夜中也可以正常进行探测;有效探测距离一般小于$20m$,适用于短距离预报;适用于探测与围岩具有较大温差的溶洞、断层、淤泥带和地下暗河,但无法确定具体位置与方位;在掌子面附近施工热辐射源干扰较强时,探测效果较差。

3. BEAM 法（短距离预报）

BEAM 法即隧道掘进电法超前监视,是基于电法原理开发的超前预报方法,通过外围的环状电极发射屏障电流和内部发射测量电流,使电流聚焦进入隧洞掌子面前方岩体中,通过测量与岩体空隙有关的电储存能力参数 PFE 的变化,预报掌子面前方岩体的完整性和富水性。

1）BEAM 法原理与方法

一般情况下,隧洞围岩具有与地下水不同的电阻率和极化效应特性。将两种不同频率的交变电流聚焦后输入掌子面前方围岩中,测量其供电电流和电位差,计算围岩视电阻率和变频极化效应参数 PFE,计算公式如下:

$$R_{f_1} = \frac{U_{f_1}}{I_{f_1}} \tag{7-5}$$

$$R_{f_2} = \frac{U_{f_2}}{I_{f_2}} \tag{7-6}$$

$$PFE = \frac{R_{f_1} - R_{f_2}}{R_{f_2}} \times 100\%$$ (7-7)

式中：PFE——围岩变频极化效应参数；

R_{f_1}、R_{f_2}——两种不同频率所测量的围岩视电阻率；

I_{f_1}、I_{f_2}——两种不同频率的供电电流；

U_{f_1}、U_{f_2}——两种不同频率供电下所测量的电位差。

BEAM 法探测时，在隧洞掌子面外沿等间距布置环形供电电极 A_1，电极数量不少于 9 支；在半径小于供电电极 1m 左右布置环形测量电极 A_0，电极数量为 6 支；无穷远极布置在隧洞后方 300 ~ 600m 处，与 A_1、A_0 电极构成回路。利用 A_1、A_0 的同性相斥原理形成流向掌子面前方的聚集电流，按照规定的控制程序测量供电电流和电压，得到视电阻率和变频极化效应参数 PFE，据此预测预报掌子面前方的岩体完整性和地下水。

2）BEAM 法的优点及其局限性

有效探测距离 30m 左右，适合短距离预报；适用于探测掌子面前方富水构造或地下水；适用于 TBM 掘进施工方式的超前地质预报；地下水与围岩的电性差异越大，探测效果越好；探测掌子面前方的富水构造效果较好，对与隧道轴向呈小角度的富水构造效果较差，甚至无法探测。

三、超前钻探预报法

超前钻探预报法是指在隧道开挖面上，利用水平钻机对前方围岩进行钻进，采取岩芯（或者不采取岩芯），根据钻进的时间和进尺、岩芯（或岩屑）、钻孔回水情况等来预测掌子面前方的围岩的位置和性质。它与地球物理方法相比是一种直接的方法，能够直观地确定开挖面前方的围岩情况。这种方法简单可行，快速实用，但对施工干扰较大，适用于探测前方突泥、突水、断层等地质灾害。

1. 超前钻探预报法所需资料

主要包括：钻机参数（钻压、扭矩等）；钻速记录；岩屑的取样和描述；钻孔回水情况。

1）钻速记录

钻速是指钻机的钻进速度，即单位时间内钻进的距离。此处的钻速用的是净钻进时间，即钻进单位进尺所消耗的总时间减去由于各种原因停止钻进的时间之后的实际钻孔时间。

钻速的大小在一定程度上反映了围岩强度的变化。在软岩中，钻速大；在硬岩中，钻速小。同时，钻速还与钻机的机械参数，如钻头类型、转速、压力、钻井液的性质等有关，还与钻机使用人员的操作水平有关。因此，在记录钻速时，应记录下相关的钻机参数，操作过程如吃钻、卡钻情况。在节理裂隙发育的岩层中，钻速的波动变化很大，即钻速很不稳定；相反，在整体性、完整性较好的岩层中，钻速基本稳定。在节理裂隙发育地区，比较容易发生卡钻事故。

2）岩屑的取样和描述

通过采取岩屑可直观及时地认识前方岩层性质。在不取芯的情况下，岩屑更是唯一的资料和标本。实际上，详细准确的岩屑描述会大大提高地质预报的准确性，并对隧道前方围岩状况做出更全面的判断。但受其他客观因素的影响,岩屑的取样和描述往往不是很充分。现场的超前钻探预报只对岩性、颜色、颗粒大小做记录。

3)钻孔回水情况

钻孔回水情况的记录通常采用定性的方法,对于回水量有无水、滴水、流水及涌水四种定性描述,此外对回水的颜色也进行记录。钻孔没有回水时,说明岩层不含水;钻孔回水呈股状涌出时,则说明岩层富水;回水颜色很浅,水质较纯,说明围岩较完整,岩性较好;水色为深色,水质较浑,说明岩性差,围岩破碎、松散。

2.超前水平钻探法的预报规律

不同特征的围岩在钻进过程中表现出不同的地质特征,这些特征就是区分掌子面前方围岩地质状况的依据。通过对掌子面地质素描和钻孔原始记录可以对隧道掌子面前方围岩的性质进行预测,其中钻孔原始记录中包含的内容有钻孔深度、每米钻孔时间、累积钻孔时间、进钻情况、岩屑颜色、岩屑形状、回水量和回水时间等。

钻进正常表明围岩岩体完整,节理少;卡钻表明围岩破碎,往往是几组节理交汇,且显示节理较密集;吃钻表明从坚硬岩层突然进入软弱岩层,且软弱岩层一般出露宽度大于20cm;钻进过程中流出的岩屑颜色是岩性的反映,炭黑色一般为炭质板岩,紫红色一般为砂岩或泥岩,黄褐色一般为断层带,灰黑色为一般石灰岩,灰白色一般为花岗岩;钻孔中冲出的岩屑粗细在一定程度上反映了岩石的破碎程度,一般是岩屑越细表明岩石坚硬或完整,岩屑越粗表明岩石越软弱或破碎;从钻孔中流出的水流量越大,表明岩体中裂隙越发育;钻进速度快表明岩石软弱,钻进速度慢表明岩石坚硬,但对因裂隙发育而出现卡钻现象或岩石软弱出现吃钻现象的情况需区别分析,钻速忽快忽慢表明围岩变化频繁。

四、隧道综合地质超前预报系统

综合超前预报就是将地质分析法、物探法和超前钻探预报法相结合形成较完善的超前预报系统。根据不同的地质风险等级,制定并采取相应的超前地质预报方法。该方法的选择要遵循"六结合"的原则,即地表和洞内相结合,长距离和近距离相结合,宏观控制和微观探测相结合,构造探测和水探测相结合,地质法、物探法和钻探法相结合,定性和定量相结合。

1.隧道综合地质超前预报系统建立的基础

1)隧道超前预报方法的应用范围与适用条件

隧道超前预报方法基于不同的物性差异——岩石的电阻率差异、弹性波在岩体中传播的波速差异和岩土体材料的介电常数差异,因此充分了解各种隧洞超前预报方法的应用范围和适用条件是开展隧道超前预报的基础与前提。如表7-3所示给出了常用隧道超前预报方法的应用范围与适用条件。

2)隧道超前预报方法的选择

隧道超前地质预报主要是预报破碎带、断层、岩溶等不良地质体和地下水,同时关注有效预报距离和精度,一般来说,预报距离越短,精度越高。针对不同的预报目的和要求,隧道超前预报方法的选择见表7-4。

常用隧道超前预报方法的应用范围与适用条件　　表7-3

序号	预报方法	物性参数	应用范围	适用条件
1	高密度电法	电阻率	探测喀斯特、断层、地下暗河及含水岩层	目标体与围岩有明显的电性差异,目标体具有较长延伸规模及长度,适用于长距离预报
2	TSP 超前预报技术	波速和波阻抗	探测喀斯特、断层、破碎带等构造,判断地层富水性	目标体与围岩的波阻抗差异较大,目标体具有一定的延伸规模或延伸长度,现场无振动干扰,适用于中距离预报
3	地震负速度法	波速和波阻抗		
4	TRT 层析扫描超前预报技术	波速和波阻抗		
5	TGP 隧道超前预报技术	波速和波阻抗		
6	探地雷达法	介电常数	探测喀斯特、断层、破碎带、裂隙及地下水	目标体与围岩的介电常数差异显著,适用于短距离预报
7	红外探测法	温度	探测地下水	地下水与围岩存在明显温度差异,适用于短距离预报
8	BEAM 法	电阻率	探测地下水,判断地层富水性	适用于 TBM 掘进施工方式,围岩电阻率较高,游散电流小

隧道超前预报方法的选择　　表7-4

预报目的	预报距离(m)	适用方法	预报精度
断层、破碎带、岩溶等不良地质体	长距离(>100)	地质分析法、高密度电法	低
	中距离(30~100)	TSP、TRT、TGP 以及地震负速度法	中
	短距离(<30)	探地雷达法、超前水平钻探	高
地下水	长距离(>100)	地质分析法、高密度电法	低
	中距离(30~100)	TSP、TRT、TGP 超前预报技术	中
	短距离(<30)	探地雷达法、超前水平钻探	高
		红外线探测、BEAM 法	中

2. 隧道综合地质超前预报系统的建立

隧道超前地质预报体系,包括隧道所在地区地质分析、隧道洞身不良地质体超前地质预报、超前水平钻探和重大施工地质灾害临近警报四部分。其中,地质分析预报法是隧道超前地质预报的最基本的方法;对物探和超前水平钻探资料的任何解释和应用都离不开对施工过程中观测和采集到的地质资料的判断,缺少了这个基础环节,采用任何超前探测方法都很难取得好的效果。物理探测方法进行超前预报的优点是快速、探测距离大且对施工干扰相对小。但由于物探是利用物理性质进行地质判断的间接方法,因此具有以下局限性:不同的物探方法受限于不同场地和地质条件;对物探资料的地质解释,需要与地质分析资料结合,有较高技术难度。水平钻探是最直观的超前预报方法,但具有成本高、对施工影响大的缺点,且钻孔的方向控制和钻探工艺有较高的技术难度。上述方法的单一使用对超前地质预报来说效果较差,最好将上述几种方法综合应用,以达到较好、较经济地进行超前预报的效果。

1）综合预报系统建立的原则

隧道综合超前地质预报应以"地质分析为核心,综合物探与地质分析结合,内外结合,长中短测相结合,物性参数互补"为原则。其中,"以地质分析为核心"是指以地面和掌子面地质调查为主要手段(必要时开展超前钻孔),并将地质分析作为超前预报的核心,贯穿于整个预报工作的始终;"综合物探与地质分析结合"是指在开展 TSP、地质雷达等综合物探工作的同时,必须将物探解译与地质分析紧密结合;"洞内外结合"是指洞内、洞外预报相结合,并以洞内预报为主,洞外预报是洞内预报的基础,如地面地质调查、高密度电法是洞外预报,掌子面素描、超前水平钻探和各种物探方法是洞内预报;"长中短预测结合"是指在长距离预报的指导下,进行中短距离精确预报,如地面地质调查和高密度电法是长距离预报,TSP、TRT 以及 TGP 隧道超前预报方法是中距离预报,掌子面素描、地质雷达、超前钻探等是短距离预报;"物性参数互补"是指选取的物探预报方法其预报物性参数应相互补充配合。

TSP、地质雷达、高密度电法等物探方法不一定同时使用,应在地质分析的基础上,考虑"长中短预测结合"等综合预报原则和物探方法适宜性,选取适宜的一种或几种物探方法。

2）"长中短"相结合的综合预报体系

"长中短结合"的综合预报体系是指长、中、短距离预报方法相结合,洞内和洞外预报相结合,是对隧道可能存在的地质灾害进行全面预测预报的基本模式。长距离预报的距离多为 100m 以上,可对全局、延伸大的地质灾害体以及整个隧道所处的地质条件进行掌控,为中短距离预报打下基础,但其预报精度相对中、短距离预报要低,预报内容较为粗糙,往往满足不了复杂地质条件地区隧道施工的具体要求,不能探测出地质灾害相对于隧洞的具体位置和方位。因此,势必将长中短距离预报进行结合,使中短距离预报成为长距离预报的补充和验证。根据隧道超前地质常用方法编制的隧道综合预报体系如图 7-14 所示。

3）综合地质超前预报系统分级

（1）A 级预报

采用地质素描、隧道地震超前预报仪、TSP、单点声波反射仪、HSP、地质雷达、红外探水、超前水平钻探等手段综合预测。首先以长距离 TSP 和一种或几种短距离物探方法相结合进行预测,同时进行多孔超前钻探探查;局部复杂地段开展多种短距离物探探测等多种方法综合预测。

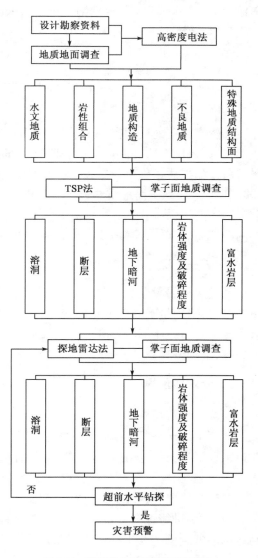

图 7-14　隧道综合地质超前预报系统

（2）B 级预报

采用地质素描、TSP，辅以红外探水、地质雷达，进行必要的单孔超前水平钻。当发现局部地段较复杂时，则按 A 级要求实施。

（3）C 级预报

以地质素描为主，对重要的地质层界面、断层或物探异常可采用 TSP 进行探明，必要时红外探水和单孔超前钻探。

（4）D 级预报

采用地质素描。

上述方法应综合应用，应用原则是：地质分析方法作为基本方法必须大力加强，进一步提高水平；物探方法作为快速"侦察"手段，应大力发展，积极采用；水平钻孔方法在地质特殊复杂地段必须坚持应用，并合理纳入施工组织；多种方法有机结合和合理使用，以形成综合地质超前预报系统。

第三节　工程实例——某隧道综合超前地质预报

某隧道超前地质预报采用了"长中短结合"的综合预报体系，其中长距离预报采用地面地质调查、高密度电法和洞内掌子面地质调查法，对全局范围内、延伸大的地质灾害体以及整个隧道所处的地质条件进行掌控，为中距离预报打下基础；中距离预报采用 TSP 法（预报距离在 100~150m）和掌子面地质调查法对长距离预报所得结果进行验证，在此基础上进一步核准地质灾害体的实际位置；短距离预报采用地质雷达和掌子面地质调查来探明掌子面前方 30m 范围内的地质灾害体。在地质结构较复杂地带，采用超前水平钻探法进行地质灾害临近预报。

一、工程概况

某隧道分界段全长 290m。隧道穿越中低山、中山地形地貌，地形切割较深，地形较陡峻，植被稀少，降雨量随季节变化而变化，沟谷纵横。覆盖层主要为第四系残破积碎石土，下伏基岩主要为元古代昆阳群片麻岩片岩段云母石英片岩夹绢云母片岩。段内岩层为褶皱、断裂，岩体破碎，节理发育；段内地下水主要为基岩裂隙水；交通不便利。

二、长距离预报

1. 地面地质调查

地面地质调查是在隧道范围内进行大规模、详细的地质调查，可从地表宏观、全面地了解隧道工程地质条件，如地形地貌、地层岩性、构造、地表水、地质灾害、植被、人类活动等。

1）准备工作及调查路线

首先收集资料，如地形地质图、剖面图、文字说明和整个隧道轴线从进口至出口的逐桩坐标表，对此等进行综合分析，初步掌握隧道地址区及其邻近区域的工程地质条件和特点，粗略判定可能遇到的主要工程地质问题，并了解这些问题的研究现状和工程经验，然后再开始在洞外进行地质地面调查，以确保地质调查成果的质量。

为了确保野外资料收集的完整性,此次调查以 S 形路线进行,从隧道进口 K12 + 310 处开始,沿隧道轴线地表到隧道进口 K12 + 590 处,主要观测点共 6 个,分别为 X_1、X_2、X_3、X_4、X_5、X_6,如图 7-15 所示。每一个观察点内容用野外地质调查表(表 7-5)进行详细记录,调查完成后,将所有观察点的表格进行统一整理,总结得出隧道所处地段大致的地质结构特征。

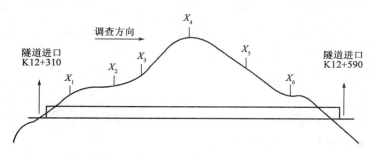

图 7-15　隧道调查路线及观察点布置示意图

野外地质调查表　　　　　　　　　　　　　　　　　表 7-5

观察点号	X_2	位置	东经 101°78′,北纬 25°23′,高程 1372.21m
地形、地貌	属剥蚀构造,低中山、中山地貌		
水文	有地表水,分布于第四系残坡积碎石土层中,来源于大气降水,受地形影响自上而下排泄		
地层、岩性	地表覆盖层为褐红、褐灰、灰黄色,松散—稍密,稍湿,石质以云母石英片岩、石英岩为主,棱角状,少量黏性土充填,局部夹块石,厚度一般为 0 ~ 3.5m		
地质构造(断层、节理)	隧道所在位置为向斜核部		
水文地质	地下水埋藏较深,地表无泉水、泉眼分布		
植被及人类活动	植被稀少,无人工活动迹象		
特殊地质及不良地质现象	此区域岩体极其破碎,隧道距离地表较浅,推测隧道穿越此区域时会遭遇到岩体破碎带		
其他	无		
调查者:×××			20××年×月×日

2)调查结果

调查完成后,将所有观察点的记录进行统一整理,得出隧道所处地段大概地质情况,见表 7-6。

地面地质调查结果　　　　　　　　　　　　　　　　　表 7-6

调查里程	调查项目	调查结果
K12 + 310 ~ K12 + 590	地形地貌	属剥蚀构造低中山、中山地貌,地形起伏较大,切割较深,植被稀少,沟谷纵横
	岩性	地表覆盖层为褐红、褐灰、灰黄色,松散—稍密,稍湿,石质以云母石英片岩、石英岩为主,棱角状,少量黏性土充填,局部夹块石,厚度一般在 0.0 ~ 3.5m。下伏基岩为灰黄、灰白色云母石英片岩夹绢云母片岩,多呈强风化碎片状,片理极发育,岩体很破碎
	地质构造	隧道区处于元谋大断裂以西、车良地断层以东,受构造影响相对较强,岩层挤压褶曲现象常见,岩体扭性片理发育,岩体极为破碎
	水文地质	孔隙水分布于第四系残坡积碎石土层中,来源于大气降水,受地形影响自上而下排泄。裂隙水分布于基岩裂隙中,来源于上伏孔隙水,基岩裂隙水富水性一般较弱,地下水位埋深,基岩裂隙水对混凝土无侵蚀性

续上表

调查里程	调查项目	调查结果
K12 + 310 ~ K12 + 590	不良地质	X_2(K12 + 400)处为向斜核部,此区域岩体极其破碎,隧道距离地表较浅,推测隧道穿越此区域时会遇到岩体破碎带; X_6(K12 + 570)区域岩体较破碎,且隧道距地表极浅,开挖后围岩不及时支护或支护强度不足易造成坍塌

2. 高密度电法探测

高密度电法是基于地下被探测目标体与周围介质之间的电性差异,利用人工建立的稳定地下直流电场,依据提前布置的若干道电极,可灵活选定装置排列方式进行扫描观测,研究地下大量丰富的空间电性特征,从而查明隧道线路所处的工程地质特征、探明断裂破碎带、水文地质特征、溶洞、富水带等不良地质分布情况。

1)装置和仪器

高密度电法测量选用的是工程勘察中最常用的温纳装置。测量时,$AM = MN = NB = AB/3$为一个电极间距,探测深度为 $AB/3$,A、M、N、B 逐点同时向右移动,得到第一层剖面线;接着 AM、MN、NB 增大一个电极间距,A、M、N、B 逐点同时向右移动,得到另一层剖面线;这样不断扫描测量下去,得到倒梯形地质断面,如图 7-16 所示。数据采集多使用 GEOPEN 公司生产的 E60B 型高密度电法仪和 120 道终端选址开关电极及专用电缆设备。

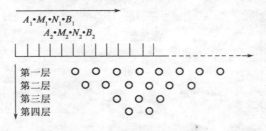

图 7-16 温纳装置测量示意图

2)工作布置和完成工作量

在隧道上方地表(K12 + 290 ~ K12 + 610)沿隧道轴线布置了 1 条高密度电阻率法成像探测剖面。测线有效长度 320m,布置有效电极 65 个。电极距 5m,采集 20 层,测深 100m。实际完成的工作量为:高密度电法剖面 1 条,剖面有效长度 320m,测深点 65 个。

3)探测成果

如图 7-17 所示为根据地面地质调查绘制的该隧道地质剖面图,与高密度电法视电阻率图像(图 7-18)结合进行地质解译,更能增加高密度电法图像视电阻率解释的准确性。

现结合地质调查结果对图 7-18 分段解释如下:

(1)K12 + 290 ~ K12 + 451 段视电阻率值较低,小于 $150\Omega \cdot m$;推测围岩为强—全风化云母石英片岩夹绢云母片岩,节理裂隙很发育,岩体破碎呈角(砾)碎(石)状松散结构,含少量裂隙水,围岩稳定性较差,开挖后的围岩不及时支护或支护强度不足拱顶会出现坍塌、侧壁失稳。围岩级别为 V 级。

(2)K12 + 451 ~ K12 + 510 段视电阻率值相对较低,大多在 $200 ~ 350\Omega \cdot m$;推测围岩为中

风化云母石英片岩夹绢云母片岩,节理裂隙发育,岩体呈块碎—碎石状压碎结构,含少量裂隙水,自稳能力较差,开挖后无及时支护时拱顶易掉块,拱顶无支护会出现掉块和小坍塌,侧壁稳定性一般。围岩级别为Ⅳ级。

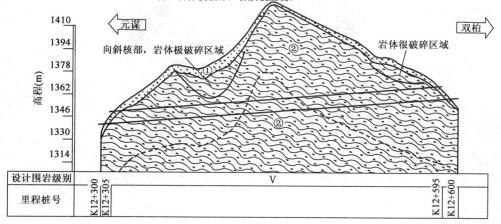

图7-17　某隧道地质剖面图

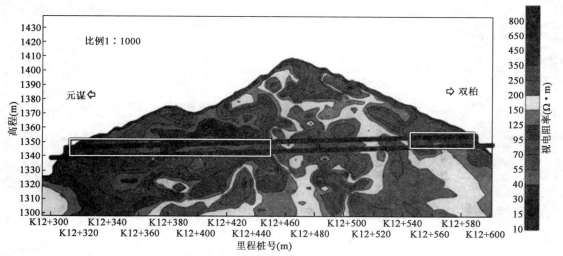

图7-18　某隧道高密度电法视电阻率图像

（3）K12+510～K12+610段视电阻率值较低,多小于200Ω·m;推测围岩为强—全风化云母石英片岩夹绢云母片岩,节理裂隙发育,岩体破碎呈角(砾)碎(石)状松散结构,含少量裂隙水,围岩稳定性较差,开挖后的围岩不及时支护或支护强度不足拱顶会出现坍塌、侧壁失稳。围岩级别为Ⅴ级。

4)掌子面地质调查

根据掌子面现状(图7-19)的地质调查,记录掌子面岩性情况,如表7-7所示。

图 7-19 某隧道 K12 +305 处掌子面现状

某隧道 K12 +305 处掌子面地质调查   表 7-7

工程名称：				施工单位：		
隧道名称及部位	名称：			掌子面素描图		
	左幅	进口端√	出口端□			
	中导	进口端□	出口端□			
	右幅	进口端□	出口端□			
掘进方向	进口→出口					
掌子面里程	K12 +305					
围岩名称	褐灰色、褐红色粉砂质泥岩					
风化程度	未风化□	微风化□	中风化□	强风化□	全风化√	残积土□
岩石坚硬程度等级	坚硬岩□		较坚硬岩□			
	较软岩□		软岩□			极软岩√
围岩产状	层理产状st √		片麻理产状pt □			脉岩产状mt□
层间结合力	良好□ 一般□ 差√		良好□ 一般□ 差□		良好□ 一般□ 差□	
主要节理产状、规模、力学性质	J_1	3 条/m	延长 3.6m 延深 0.3m	压性√	张性□	扭性□
	J_2	4 条/m	延长 4.5m 延深 0.3m	压性√	张性□	扭性□
	J_3	4 条/m	延长 2.9m 延深 0.1m	压性√	张性□	扭性□
	J_4	条/m	延长 m 延深 m	压性□	张性□	扭性□
软弱面(或夹层)	Rt_1 无		可见长度 m		厚度 m	
	Rt_2 无		可见长度 m		厚度 m	
地下水	无水□	干燥□	潮湿□		潮湿□	
	不丰富□	渗水□	滴水□			
	较丰富□	雨淋状□	小股状涌水 √			
	丰富□	大股状涌水□	突水□		突水突泥□	
围岩结构状态和完整性	节理裂隙发育，破碎、碎石土状，岩体的完整性较差					
围岩稳定状态	岩体的强度低、节理裂隙发育，风化严重，岩体的整体稳定性较差					
调查者：×××				20××年××月××日		

5）长距离预报结论和建议

（1）结论：隧道经过区岩性相对较为简单，主要为云母石英片岩夹绢云母片岩，受区域性断裂及区内层间褶曲影响，整体上岩体较为破碎，完整性相对较差；此次电法探测的不利地段（图7-18以矩形框标出共2处，分别是K12＋315～K12＋445和K12＋545～K12＋590段视电阻率值低），隧道开挖至上述地段时，为防出现突发性地质灾害，应提前采取预防措施；隧道进出口端视电阻率值相对较低，岩体极为破碎，围岩级别多为Ⅴ级。开挖无支护时易发生崩塌。

（2）建议：隧道进出、口端开挖时应及时做好支护及排水工作，防止坍塌；隧道开挖至电法探测的不利地段时，应提前采取预防措施，确保施工质量和进度。

三、中距离预报

高密度电法的长距离预报地质灾害预警段为K12＋365～K12＋445和K12＋545～K12＋590区域，根据现场情况，在K12＋456～K12＋596段采用TSP法进行超前地质预报，目的是对该段长距离预报成果进行补充和验证。

1.掌子面地质调查

根据掌子面现状（图7-20）的地质调查，记录掌子面岩性情况，如表7-8所示。

图7-20 某隧道K12＋456处掌子面现状

某隧道 K12＋456 处掌子面地质调查 表7-8

工程名称：					施工单位：		
隧道名称及部位	名称：				掌子面素描图		
	左幅	进口端√		出口端□			
	中导	进口端□		出口端□			
	右幅	进口端□		出口端□			
掘进方向	进口→出口						
掌子面里程	K12＋456						
围岩名称	褐灰、灰黄色云母石英片岩						
风化程度	未风化□	微风化□		中风化√	强风化□	全风化□	残积土□
岩石坚硬程度等级	坚硬岩□		较坚硬岩　√				
	较软岩□		软岩□			极软岩□	
围岩产状	层理产状st□		片麻理产状pt　√			脉岩产状mt□	
层间结合力	良好□ 一般□ 差□		良好□ 一般√ 差□			良好□ 一般□ 差□	
主要节理产状、规模、力学性质	J₁	4 条/m	延长 4.8m 延深 0.2m	压性√	张性□	扭性□	
	J₂	2 条/m	延长 3.4m 延深 0.3m	压性√	张性□	扭性□	
	J₃	条/m	延长 m 延深 m	压性□	张性□	扭性□	
	J₄	条/m	延长 m 延深 m	压性□	张性□	扭性□	
	J₅	条/m	延长 m 延深 m	压性□	张性□	扭性□	

软弱面（或夹层）	Rt₁　无		可见长度　m		厚度　m
	Rt₂　无		可见长度　m		厚度　m
地下水	无水□	干燥　√		稍湿□	潮湿□
	不丰富□	渗水□		滴水□	
	较丰富□	雨淋状□		小股状涌水□	
	丰富□	大股状涌水□		突水□	突水突泥□
围岩结构状态和完整性	围岩节理裂隙发育，岩体被节理切割破碎，呈块碎状镶嵌结构，岩体的完整性较差				
围岩稳定状态	岩体整体稳定性较差				
调查者：×××				20××年××月××日	

2. TSP 法探测

1）仪器设备

TSP203Plus 仪器主要由三分量检波器、记录单元及起爆装置组成。三分量检波器用来接收地震波信号；记录单元将接收到的地震波信号进行放大、模数转换和数据记录，同时还进行测量过程控制；起爆装置则用于引爆电雷管和炸药，人工激发地震波。

2）现场布置

在隧道 K12 +407 的左边墙位置布置一个地震波信息接收孔，孔径为 50mm。在 K12 +422 ~ K12 +452 段的左边墙位置，按约 1.5m 的间距布置 24 个激发孔分别激发地震波，激发孔孔深 1.5m 左右，孔径 45mm，孔向下倾斜约 15°，每个激发孔装填的药量为 100g。

3）探测成果

通过中距离预报获得了 K12 +456 ~ K12 +596 段的 TSP 提取的反射层（图 7-21）和 TSP 二维推断分析成果图（图 7-22），解译得出 K12 +456 ~ K12 +596 段的围岩地质情况及分级（表 7-9）和围岩物理参数（表 7-10）。

围岩地质情况分析　　　　　　　　　　　　　　　　　　　表 7-9

预报里程范围	预 报 地 质 情 况	预报围岩级别
K12 +456 ~ K12 +549	围岩以中等—强风化为主，岩体呈角（砾）碎（石）状松散结构，受构造影响严重，节理裂隙发育，岩体破碎，岩体稳定性差	Ⅳ级
K12 +549 ~ K12 +596	围岩以强风化为主，岩体呈角（砾）碎（石）状松散结构，节理裂隙发育，岩体破碎，岩体稳定性很差。请特别注意 K12 +553 ~ K12 +564 段（高密度电法预警区域内）节理裂隙极发育，岩体破碎，推测可能为岩体破碎段	Ⅴ级

围岩物理参数统计　　　　　　　　　　　　　　　　　　　表 7-10

里程范围	纵波速度（m/s）	横波速度（m/s）	泊松比	弹性模量（GPa）
K12 +456 ~ K12 +549	2377	1326 ~ 1600	0.06 ~ 0.28	9 ~ 12
K12 +549 ~ K12 +596	2019 ~ 2366	1142 ~ 1561	0.04 ~ 0.36	6 ~ 12

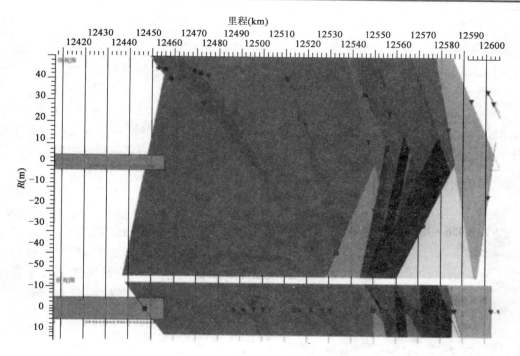

图 7-21 TSP 提取的反射层

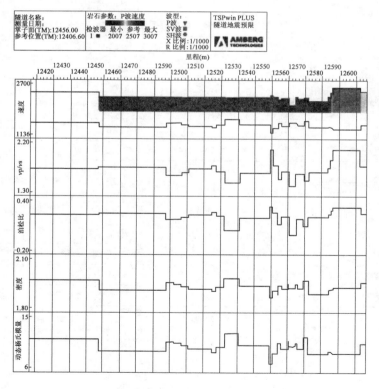

图 7-22 TSP 二维分析推断成果

3.中距离预报的结论和建议

本次预报时掌子面里程为 K12+456，预报里程范围为 K12+456～K12+596 段，结合长距离预报结果和掌子面地质调查，得出以下结论和建议：K12+456～K12+549 段围岩破碎（Ⅳ级）；围岩以中等—强风化为主，岩体呈角（砾）碎（石）状松散结构，节理裂隙发育，岩体破碎。在进行本段施工时注意加强支护防止坍塌。K12+549～K12+596 段围岩破碎（Ⅴ级）；围岩以强风化为主，岩体呈角（砾）碎（石）状松散结构，节理裂隙极发育，岩体破碎，岩体稳定性很差。在进行本段施工时注意加强支护防止坍塌，特别是 K12+553～K12+564 段。

四、短距离预报

图 7-23　K12+548 处掌子面现状

中距离预报的地质灾害预警段为 K12+553～K12+564 区域，采用地质雷达法对 K12+548～K12+568 段进行短距离地质超前预报，目的是对采用 TSP 法进行超前地质预报探测的预警区域 K12+553～K12+564 段的中距离预报成果进行进一步补充和验证。

1.掌子面地质调查

根据掌子面现状（图 7-23）的地质调查，记录掌子面岩性情况，如表 7-11 所示。

某隧道 K12+548 处掌子面地质调查　　　　　　　　表 7-11

工程名称：××××				施工单位：××××××		
隧道名称及部位	名称：××××			掌子面素描图		
	左幅	进口端√	出口端□			
	中导	进口端□	出口端□			
	右幅	进口端□	出口端□			
掘进方向	进口→出口					
掌子面里程	K12+548					
围岩名称	褐灰、灰黄色云母石英片岩					
风化程度	未风化□	微风化□	中风化□	强风化√	全风化□	残积土□
岩石坚硬程度等级	坚硬岩□		较坚硬岩□			
	较软岩　√		软岩□		极软岩□	
围岩产状	层理产状st　√		片麻理产状pt□		脉岩产状mt□	
层间结合力	良好□　一般□　差　√		良好□　一般□　差□		良好□　一般□　差□	
主要节理产状、规模、力学性质	J_1	3 条/m	延长 3.5m 延深 0.4m	压性□	张性√	扭性□
	J_2	3 条/m	延长 3.3m 延深 0.2m	压性□	张性√	扭性□
	J_3	5 条/m	延长 1.6m 延深 0.2m	压性□	张性√	扭性□
	J_4	2 条/m	延长 3.9m 延深 0.3m	压性□	张性√	扭性□
	J_5	条/m	延长 m 延深 m	压性□	张性□	扭性□

续上表

软弱面（或夹层）	Rt₁ 无		可见长度 m		厚度 m	
	Rt₂ 无		可见长度 m		厚度 m	
地下水	无水☐	干燥☐	稍湿☐		潮湿 ✓	
	不丰富☐	渗水☐	滴水☐			
	较丰富☐	雨淋状☐	小股状涌水☐			
	丰富☐	大股状涌水☐	突水☐		突水突泥 ☐	
围岩结构状态和完整性	岩体节理裂隙发育，围岩被节理裂隙切割成破碎和松散状态，岩体的整体完整性差					
围岩稳定状态	岩体的强度低、自稳能力差，开挖后的围岩不及时进行支护或支护强度不足，易失稳					
调查者：×××				20××年××月××日		

2.探地雷达法探测

下面对上文所述长距离、中距离预报得出的预警区域 K12 + 553 ~ K12 + 564 段,采用探地雷达法在 K12 + 548 ~ K12 + 568 段进行短距离预报,进一步确定岩体破碎带的准确位置,并且以此说明短距离预报的必要性。

1)仪器设备及探测参数

仪器 mala 地质雷达,天线频率 100MHz,点距 0.10m,每道 1024 采样点,时窗设置为 500ns。

2)测线布置

测线布置如图 7-24 所示。

3)探测成果

此次探测得到地质雷达剖面图如图 7-25 所示,并根据其图像特征对 K12 + 548 ~ K12 + 568 段共 20m 做地质解释如下:测线在 20m 深度内,0 ~ 2.9m 反射波同向轴连续,振幅、频率变化不大;2.9 ~ 18.0m 反射波较强,同向轴呈断续状,振幅低,频率较大。据 GPR 探

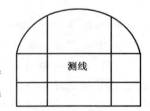

图 7-24 地质雷达测线布置

测得到的反射波图像,结合隧道工程地质实际,探测段掌子面前方 20m,尤其是 K12 + 551 ~ K12 + 566 段围岩呈角(砾)碎(石)状松散结构,节理裂隙极发育,岩体稳定性很差,局部含基岩裂隙水。地质雷达预报的结果良好地验证了中距离预报得出的预警区域。

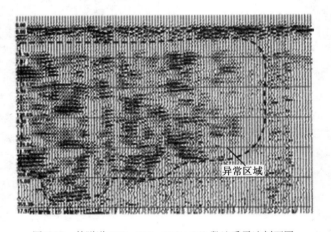

图 7-25 某隧道 K12 + 548 ~ K12 + 568 段地质雷达剖面图

187

4）短距离预报的结论与建议

地质调查、高密度电法、TSP 超前地质预报法、探地雷达法和综合掌子面情况，掌子面前方 K12+551～K12+566 预测段围岩地质情况为：岩性及风化程度：褐灰、灰黄色云母石英片岩，整体属强—全风化，岩体完整性较差；岩石的坚硬程度：围岩属于低强度的岩体；含水情况：局部含基岩裂隙水；围岩强度等级：根据《公路工程地质勘察规范》（JTG C20—2011）关于隧道围岩分类的有关规定，判定围岩级别为 V 级。

岩体节理裂隙发育、岩体被节理切割，为减少爆破扰动和保证围岩的稳定，宜采用"多台阶、短进尺、弱爆破、多循环、及支护、早成环"的方式进行隧道施工。具体为：岩体节理裂隙发育，被节理切割岩体破碎、松散，开挖后易产生掉块和塌方，需采用光面爆破开挖，并严格控制开挖进尺和单响最大药量；岩体风化严重、节理裂隙发育，岩体被节理、裂隙切割和风化作用呈破碎、松散状，遇水易软化，自稳能力差，开挖后的围岩易产生掉块和塌方现象，在开挖前需加强掌子面的超前支护，开挖后立即进行初期支护，并及时封闭开挖面围岩，减少围岩暴露时间，隔绝围岩与空气中的水分接触，增强围岩的整体强度，避免开挖不当或支护不及时造成围岩的失稳；同时进行仰拱施工，尽早成环。

复习思考题

1. 简述隧道超前地质预报的定义及其分类。
2. 隧道超前地质预报主要包括哪些部分，各部分的任务是什么？
3. 简述隧道超前地质预报的特点。
4. 简述地质分析法。
5. 地球物理勘探的定义及其特点是什么？
6. 地震反射波法测试技术主要有哪些，各自的原理和特点是什么？
7. 红外线探测技术的工作原理及其优缺点是什么？
8. 简述超前钻探预报法。
9. 何谓隧道综合地质超前预报系统？简述其建立基础和方法。

第八章　地下工程监测的信息反馈技术

第一节　信息反馈的目的及内容

请扫码观看第八章电子课件

一、信息反馈的目的

在城市地下工程中，为保证地下工程施工及周边环境安全，需建立一套严密、科学的监测体系，在施工过程中对地下工程及周边环境进行监测，分析、判断、预测施工中可能出现的情况，并采取相应的技术措施，将施工对周围环境的影响降低到最低程度，即通常所说的信息化设计与施工。其核心内容是监测与信息反馈，监测在前面已有介绍，现重点介绍信息反馈，其主要目的如下：将监测所得的围岩及支护结构稳定状况提供给设计与施工单位，以便采取有效措施确保地下工程施工安全；根据监测数据，评价施工活动对周围工程的影响程度，制订合理的保护措施；为设计与施工、监理单位提供沟通渠道，以确保信息化设计与施工的效果，作为设计与施工的重要补充手段。

二、信息反馈的内容

地下工程施工期间，将监测取得的围岩与支护结构的位移、支护结构内力、周边建筑物变形等信息反馈到设计与施工单位，进行信息化设计与施工有很大的工程应用价值。在地下工程施工中，需进行反馈分析的内容很广，实际中可根据工程具体要求作选择。

1. 对设计的反馈内容

通过对监测资料的反分析，修正设计用围岩物理力学参数；通过对监测资料的反分析，修正设计用地应力、渗水压力、围岩压力等基本荷载；通过对围岩和支护结构的位移、应力、应变、地表及周边建筑物位移等监测，修正设计用变形控制基准、安全监测方法和监控判据指标；在上述修正基础上调整支护结构参数，即进行信息化设计。

2. 对施工的反馈内容

在施工过程中，通过对监测结果的分析判断，及时调整施工方案，必要时增加辅助施工措施以确保施工的安全性和经济性。如在浅埋暗挖和基坑明挖法施工中，通过对监测结果的分析判断，及时调整施工方案，在围岩及支护结构位移、支护结构应力、周边建筑物变形等数值较小时，可简化施工方案以减少施工程序，加快施工进度，降低工程造价；在围岩及支护结构位移、支护结构应力、周边建筑物变形等数值较大时，调整施工方案、增加辅助施工措施，以确保工程及周边环境的安全。如在盾构工程施工中，通过对监测结果的分析判断，及时调整施工方案，当周边建筑物变形、地表沉降数值较小时，简化推进方案以加快施工进度，降低工程造价；

在地表沉降、周边建筑物变形等数值较大时,调整推进方案或增加辅助施工措施,以确保工程及周边环境的安全。

第二节　信息反馈技术

一、监测反馈的程序

监测数据反馈指导设计与施工是指在施工过程中,根据施工信息,对施工前设计所确定的结构形式、支护参数、施工方法、施工工艺以及各工序施作的时间等进行检验和修正,贯穿于整个施工全过程。地下工程监测及信息反馈因施工方法不同,如浅埋暗挖法、盾构法、明挖法等,其反馈的内容和方法存在差别。但其基本思想源于新奥地利隧道设计施工方法(简称新奥法)的基本原理:根据经验初步选定设计参数,在施工过程中通过监测地下工程净空收敛位移等数据,以判断围岩的稳定性及支护对围岩的加固效果,并据以修正结构的组成及有关参数。

二、收敛约束法

收敛约束法起源于法国,伴随着锚喷等柔性支护的应用和新奥法的发展,将弹塑性方法和岩石力学理论应用到岩土工程中,用以解释围岩和支护相互作用过程,其基本理论基础是圆形洞室的弹塑性分析方法。

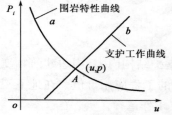

图 8-1　Fenner 收敛约束曲线

1. 基于弹塑性分析的收敛约束法

弹塑性分析方法又称为弹性及极限平衡分析方法。Fenner 和 H-Kastner 基于理想弹塑性模型和岩石破坏后体积不变的假设得到了圆形巷道的围岩特性曲线(图 8-1),用于分析圆形巷道围岩。

在弹塑性极限平衡稳定状态下的围岩应力、应变、位移同支护强度、围岩应力和围岩强度的关系。这一结果使人们认识到可充分发挥围岩的自承能力,以较小的支护阻力(强度)来获得围岩的稳定。由于弹塑性理论可理想地解释地下硐室及围岩的多种变形破坏特征,故 Fenner 和 H-Kastner 的研究成果得到推广,并被新奥法和收敛约束法所采纳,成为其理论基础的重要组成部分。人们把表征支护阻力与变形特性的曲线同围岩特性曲线绘于一张图上,以两条曲线交点的值作为岩土工程设计计算的依据。交点的纵坐标为最终作用的支护阻力。交点的横坐标为支护结构的最终变形量。若支护结构能保持持续稳定,则可判定巷道安全可靠,反之则需调整支护参数,重新进行设计计算。

Parcher 于 1964 年指出,当围岩的支护阻力降低到一定程度时,围岩强度参数随着其塑性变形的发展而降低,围岩发生破坏,从而产生松动压力,刚出现松动塌落时的支护强度称为最小围岩压力 $P_{\min}$,如图 8-2 中 C 点所示。此后,为维持围岩极限平衡状态,所需的支护阻力(强度)随着洞壁位移的增大而增大,使得过 C 点以后的

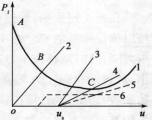

图 8-2　Fenner-Parcher 收敛约束曲线图

Fenner 曲线向上翘起,得到呈槽形的 Fenner-Parcher 围岩特性曲线,如图 2 中的曲线 1 所示。

如图 8-2 所示,在不同时间设置支护和选用不同刚度的衬砌结构,可使围岩特征曲线与支护特征曲线产生不同的组合。图中曲线 1 为洞室开挖后围岩变形达到稳定时的围岩特征线;2~6 则为不同时间设置支护或支护刚度不同时的各种支护特征线。图 8-2 中斜线 2 和斜线 3 相互平行,表示支护刚度相同。由于设置时间的不同,作用在衬砌结构上的地层压力及衬砌位移值都不同,在斜线 2 与曲线 1 的交点处,可看出其支护结构承受的压力较大,而围岩表面位移较小。斜线 3 与斜线 4 表示围岩发生同一位移时设置的支护结构,但两种支护的刚度不一样,因此支护结构的压力也是不一样的。刚度较小的将承受较小的支护阻力。斜线 5 所示的支护特征线表示支护刚度严重不足,不能使围岩达到稳定状态。斜线 6 表示虽然围岩经过了一段时间的变形,但衬砌结构刚度不足。支护结构在围岩变形过程中过早破坏,也不起支护的作用。可见支护结构不但要设置得时间合理,而且还要有足够的刚度,以使围岩的变形得到一定程度的限制,做到围岩和支护结构共同承担地层压力。

2. 基于流变分析的收敛约束法

关于围岩特征曲线的时间效应,国内外已有相关研究。Pan 应用 Kelvin 模型、Maxwell 模型和一般化的 Maxwell 模型研究了围岩与支护的相互作用及其支护刚性的影响。Ladanyi 也利用线性黏弹性模型对围岩特征曲线进行了研究,并对非线性 Maxwell 模型的情况进行了分析和讨论;根据现场实测结果,提出了应变软化线性黏弹性模型,并对隧道围岩特征曲线进行了计算分析。金丰年应用能描述应变软化和非线性黏弹性特征的本构方程对围岩特征曲线进行了计算和分析。齐明山应用非线性黏弹性幂律型蠕变方程和 Drucker-Prager 屈服准则相耦合来描述岩体的非线性黏弹塑性特性,运用数值计算方法研究了围岩特征曲线的时间效应。其具体做法是将开挖释放荷载逐级施加,分别计算在每级荷载下(不同的围岩作用下)的围岩位移,然后将计算结果绘于荷载—位移图上。

三、参数控制法

经过长期的实践,人们逐步认识到地下工程周边位移及浅埋地下工程的地表沉降是可以监测和控制的,是围岩—支护系统力学形态最直接、最明显的反映。基于以上认识,围岩稳定的判据都是以周边允许收敛量和允许收敛速度等形式给出的。作为评价施工、判断地下工程稳定性的主要依据,围岩稳定的判据同时还要参考围岩压力等监测数据;对于城市地铁等浅埋地下工程,同时还应采用地表沉降作为判断围岩(地层)稳定的主要依据。

城市地下工程在施工前,根据周边环境条件制定地表沉降、周边净空收敛等参数的控制值,作为判断围岩或地层稳定的标准和进行施工反馈的依据。根据位移判别围岩稳定与否,据此采取增强和减弱支护参数的措施;根据地表沉降监测反映的地层变形规律,采取相应施工措施,确保地层安全稳定。例如,浅埋隧道在施工过程中,对周围所产生的变形非常明显,距开挖面前一倍洞径开始产生先向上后向下的变形,反映到地表的下沉更为明显;如当拱脚钢支撑处理不当,背后充填注浆不及时,地表在 8~24h 后会发生明显的下沉。所以用浅埋暗挖法施工时,必须把地表下沉和拱顶下沉的监测列为很重要的地位,并且在地表埋设测点进行监测。从控制地表沉降的角度出发,对前方围岩进行预加固是必要的。

在施工监测中要注意松散砂砾石地层位移的假滞现象,在该地层容易产生摩擦拱是形成假滞的原因,决不能被这种现象所迷惑。所谓位移假滞现象是指围岩和支护结构的位移在某一段时间内似乎已经停滞,后因围岩内部的变化或外来的扰动使围岩位移"死灰复燃",这种位移假滞现象的复活,会使支护承受数倍的外力,导致已初期支护的隧道发生坍塌,在军都山铁路隧道施工中曾出现过几次类似的事故。

四、工程类比法

工程类比法是根据监测资料与已有工程监测结果及稳定性评判等资料的对比分析,评判当前工程的安全状态,及时调整施工方案。在工程类比法中,应重点进行以下几个方面的分析:工程的自然条件分析,包括工程地质及水文地质条件、工程规模、施工方法、周边环境等的对比分析;支护结构的对比分析,如支护方式、支护时机、支护参数的对比分析;围岩与支护结构的位移、应力、应变、周边建(构)筑物的变形等的变化趋势分析;周边建(构)筑物的安全稳定性条件的对比分析。

在工程类比法中,根据实际需要,有时在类比选择支护方案时,还要进行局部和整体稳定验算工作,一般可采用简化方法、经验性公式或解析方法,以便在工程现场进行;如有必要,也可引入较复杂的物理力学模型。

五、有限元法

有限元法的基本思想是将结构离散化,用有限个容易分析的单元来表示复杂的对象,单元之间通过有限个结点相互连接,然后根据变形协调条件综合求解。由于单元的数目是有限的,结点的数目也是有限的,所以称为有限元法。有限元分析的作用主要有:复杂问题的建模简化与特征等效;软件的操作技巧(单元、网格、算法参数控制);计算结果的评判;二次开发;工程问题的研究;误差控制。

有限单元法可用于处理很多复杂的岩土力学和工程问题。例如岩体中节理、裂隙等不连续面对分析计算的影响,土体的固结和次固结,地层和地下结构的相互作用等。地下工程采用有限单元法进行模拟计算,主要包括:岩土材料和混凝土的非线性本构关系模型及弹塑性问题的求解方法、渗流场与地层位移的耦合效应计算、正交节理岩体中地下工程准平面问题的研究、初始地应力的反馈原理以及地下结构静力分析的一般方法等。

六、反分析法

反分析就是根据现场监测到的数据如位移、应力等来反算地层和基础的力学参数及作用于地层和基础的荷载。通常是根据测量的位移来反算力学参数和荷载,因此通常所称的反分析法是指位移反分析法。位移反分析有两条途径,一条途径是基于正分析公式的直接反分析法,另一条途径是基于反演公式的反演反分析法。

直接反分析法的基本思路是,借助于正分析法,例如有限元法,通过调整力学参数或荷载来使得计算位移和实测位移最接近。设$[k]$为总体刚度矩阵,它是几何参数和待反分析的力学参数的函数;$[u]$为总体位移向量,其中包括测点的位移和未知的位移;$[p]$为总体荷载向量,它可能是待反分析的作用荷载的向量,在给定一组力学参数和荷载参数后,即可求得一组位移向量,见式(8-1)。但此求得的测点的位移与实测值不一定相符,就需要通过参数的优选来使得下列误差函数达到极小值。

$$[k][u] = [p] \tag{8-1}$$

反演反分析法则是直接导出求解力学参数和荷载的表达式,把测点实测位移作为已知条件。例如在基础开挖中,根据实测的位移可以反算弹性模量和初始应力,初始应力即开挖荷载。

复习思考题

1. 地下工程监测信息反馈的目的和内容是什么?

2. 监测数据的处理方法有哪些?

3. 地下工程监测信息反馈技术有哪些? 并简述其基本原理。

第九章 测量误差分析及数据处理

监测检测结束后,对直接量测的试验数据进行整理换算、统计分析和归纳演绎,找出影响其性能的各主要参量间的相互关系和变化规律,并将其以公式、表格、图像、数值或数学模型的方式表达出来,这就是数据处理。它主要解决如下问题:进行量测数据的误差分析,确定物理参量间的相关关系,进行随机过程的数字化处理和统计特征值计算。

请扫码观看第九章电子课件

第一节 测量误差及分类

一、测量误差的定义

测量值与被测量的真实量值之间存在着差异,这个差异称为测量误差。误差公理认为,在测量过程中各种各样的测量误差的产生是不可避免的,测量误差自始至终存在于测量过程中,一切测量结果都存在误差。因此,误差的存在具有必然性和普遍性。

二、测量误差的分类

测量误差的来源很多,归纳起来有测量环境误差、测量装置误差、测量方法误差和测量人员误差。根据研究目的不同,可按不同的角度对测量误差进行分类。

1. 系统误差、随机误差和粗大误差

根据测量误差的性质和表现形式,可将误差分为系统误差、随机误差及粗大误差。系统误差是指在相同条件下,对同一被测量进行多次重复测量时,所出现的数值大小和符号都保持不变的误差,或者在条件改变时,按某一确定规律变化的误差;系统误差的主要特性是规律性。随机误差是指在相同的条件下,对同一被测量进行多次重复测量时,所出现的数值大小和符号都以不可预知的方式变化的误差;随机误差的主要特性是随机性。明显地偏离被测量真值的测量值所对应的误差,称为粗大误差。在实际测量中,系统误差和随机误差之间不存在明显的界限,两者在一定条件下可以相互转化;对某项具体误差,在一定条件下为随机误差,而在另一条件下可为系统误差,反之亦然。

2. 基本误差和附加误差

任何测量装置都有一个正常的使用环境要求,这就是测量装置的规定使用条件。根据测量装置实际工作的条件,可将测量所产生的误差分为基本误差和附加误差。测量装置在规定使用条件下工作时所产生的误差,称为基本误差。而在实际工作中,由于外界条件变动,使测量装置不在规定使用条件下工作,这将产生额外的误差,这个额外的误差称为附加误差。

3. 静态误差和动态误差

根据被测量随时间变化的速度,可将误差分为静态误差和动态误差。在测量过程中,被测量稳定不变,所产生的误差称为静态误差。在测量过程中,被测量随时间发生变化,所产生的误差称为动态误差。在实际的测量过程中,被测量往往是在不断地变化的。当被测量随时间的变化很缓慢时,这时所产生的误差也可认为是静态误差。

三、测量的精度

为了定性地描述测量结果与真值的接近程度和各个测量值分布的密集程度,引入了测量的精度,包含准确度、精密度和精确度,它们都是定性的概念,不能用数值作定量表示。

测量的准确度表征了测量值和被测量真值的接近程度。准确度越高,则表征测量值越接近真值。准确度反映了测量结果中系统误差的大小程度,准确度越高,则表示系统误差越小。

测量的精密度表征了多次重复对同一被测量进行测量时,各个测量值分布的密集程度。精密度越高,则表征各测量值彼此越接近,即越密集。精密度反映了测量结果中随机误差的大小程度,精密度越高,则表示随机误差越小。

测量的精确度是准确度和精密度的综合,精确度高则表征了准确度和精密度都高。精确度反映了系统误差和随机误差对测量结果的综合影响,精确度高,则反映了测量结果中系统误差和随机误差都小。对于具体的测量,精密度高的准确度不一定高;准确度高的,精密度也不一定高;但是精确度高的,精密度和准确度都高。

以如图 9-1 所示的射击打靶的结果作为例子来加深对准确度、精密度和精确度的理解。在图 9-1 中每个点代表弹着点,相当于测量值;圆心位置代表靶心,相当于被测量真值。图 9-1a)的弹着点分散,但比较接近靶心,相当于测量值分散性大,但比较接近被测量真值,表明随机误差大,精密度低;系统误差小,准确度高。图 9-1b)的弹着点密集,但偏离靶心较大,相当于测量值密集,但偏离被测量真值较大,表明随机误差小,测量精密度高;系统误差大,准确度低。图 9-1c)的弹着点密集且比较接近靶心,相当于测量值密集且比较接近被测量真值,表明系统误差和随机误差都小,精确度高。

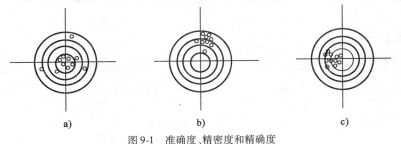

a)　　　　　　　　b)　　　　　　　　c)

图 9-1　准确度、精密度和精确度

第二节　单随机变量的数据处理

单随机变量数据处理常采用统计分析法,得到它的平均值及其表征其离散程度的均方差。

一、误差估计

测量值与被测量的真实量值之间的差异称为误差,对误差的计算称为误差估计。

1. 绝对误差

误差的绝对值 δ 叫作绝对误差,对测量列 $\{x_1, x_2, \cdots, x_n\}$,若 x_i 为测量值,x_0 为真值,则:

$$\delta_i = | x_i - x_0 | \tag{9-1}$$

$$x_0 = x_i \pm \delta_i \tag{9-2}$$

绝对误差只能用来判断对同一测量的测量精确度,但不能表征精确的程度,它需要用相对误差来判别。

2. 算术平均误差

各次测量误差绝对值的算术平均值叫作算术平均误差,记为 $\bar{\delta}$,则:

$$\bar{\delta} = \frac{\sum\limits_{i=1}^{n} \delta_i}{n} = \frac{1}{n} \sum\limits_{i=1}^{n} | x_i - x_0 | \tag{9-3}$$

当 n 较大时,可用下式估算:

$$\bar{\delta} = \frac{\sum\limits_{i=1}^{n} \delta_i}{\sqrt{n(n-1)}} = \frac{\sum\limits_{i=1}^{n} | x_i - \bar{x_0} |}{\sqrt{n(n-1)}} \tag{9-4}$$

此法比前法得到的偏差要大些。

3. 相对误差

绝对误差与算术平均值的百分比叫相对误差,又叫百分误差,记为 ε,其估算方法为:

$$\varepsilon = \frac{\delta}{\delta} \times 100\% \tag{9-5}$$

相对误差是一个没有单位的量,常用百分数表示。测量值得到的相对误差相等,则其测量精确度也相等。

4. 标准误差(实验标准差)

标准误差是测量列中各次误差的方均根,记为 σ。算术平均值表示了测量量的平均状况,当要反映数据的分散状况时,应采用标准误差来表示,即:

$$\sigma = \sqrt{\frac{1}{n} \sum\limits_{i=1}^{n} (x_i - x_0)^2} \tag{9-6}$$

需要注意的是,上式是在测量次数很多时,测量列按正态分布时所得到的结果。

实际上,由于真值 x_0 无法获得,而测量次数也只能是有限的,因此标准误差 σ 只能通过偏差进行估算。对有限次测量的 Bessel 标准偏差 S_x 的计算公式(Bessel 公式)为:

$$S_x = \sqrt{\frac{1}{n-1} \sum\limits_{i=1}^{n} (x_i - \bar{x})^2} \tag{9-7}$$

即最后是用 S_x 代替 σ,通常所说的标准误差实际上就是 S_x。

5. 算术平均值的标准差

算术平均值的标准差与标准误差(实验标准差)的关系为:

$$S_{\bar{x}} = \frac{1}{\sqrt{n}} \cdot S_x \tag{9-8}$$

二、可疑似数据的舍弃

在多次测量中,有时会遇到个别测值和其他多数测值相差较大的情况,这些个别数据就是所谓的可疑数据。对可疑数据,可利用正态分布来决定取舍。因为在多次测量中,误差在 $-3\sigma \sim 3\sigma$ 之间时,其出现的概率为 99.7%,在此范围之外的误差出现的概率只有 0.3%,即测量 300 多次才可能遇上 1 次。若只进行 10～20 次的有限测量,可认为超出 $\pm 3\sigma$ 的误差已不属于随机误差,应将其舍弃。如测量了 300 次以上,就有可能遇到超出 $\pm 3\sigma$ 的误差,因此有的大误差仍属于随机误差,不应该舍去。可见,对数据保留的合理误差范围是同测量次数 n 有关的。如表 9-1 所示为一种试验值舍弃标准,超过的可以舍去,其中 n 为测量次数,d_i 是合理的误差限,σ 是根据测量数据算得的标准误差。这种方法只适合误差只是由测试技术原因样本代表性不足的数据的处理,对现场测试和探索性试验中出现的可疑数据的舍弃,必须要有严格的科学依据,而不能简单地用数学方法来舍弃。

试验值舍弃标准　　　　　　　　　　　　　　　　　　　　　表 9-1

n	5	6	7	8	9	10	12	14	16	18
d_i/σ	1.68	1.73	1.79	1.86	1.92	1.99	2.03	2.10	2.16	2.20
n	20	22	24	26	30	40	50	100	200	500
d_i/σ	2.24	2.28	2.31	2.35	2.39	2.50	2.58	2.80	3.02	3.29

舍弃方法如下:首先计算测量数据的均值 $\bar{x}$ 和标准误差 σ;接下来找出可疑值 x_k,计算 $d_i/\sigma = |x_k - \bar{x}|/\sigma$;将计算出的 d_i/σ 值与表中值相比,若大于表中值则当舍弃,舍弃后再对下一个可疑值进行检验,若小于表中值,则可疑值是合理的。

三、单随机变量数据处理

在实际测量中,测量误差是随机变量,因而测量值也是随机变量。因真值无法测到,故用大量观测次数的平均值近似地表示,并对误差的特性和范围做出估计。

1. 标准差法

下面用例题形式给出单随机变量数据处理标准差法的步骤和方法。

【例】 同一岩体的 10 个岩石试件的抗压强度分别为 15.3,14.4,16.2,15.3,15.6,14.8,16.9,18.2,14.7,14.9。

①计算平均值:

$$\bar{\sigma}_c = \frac{1}{10} \sum_{i=1}^{10} x_i$$

$$= \frac{1}{10} \times (15.3 + 14.4 + 16.2 + 15.3 + 15.6 + 14.8 + 16.9 + 18.2 + 14.7 + 14.9)$$

$$= 15.6(\text{MPa})$$

计算标准差：

$$\sigma = \sqrt{\frac{1}{9}\sum_{i=1}^{n}(x_i - \bar{x})^2} = \sqrt{\frac{12.37}{9}} = 1.17(\text{MPa})$$

②剔除可疑值：第 8 个数据 18.2 疑为可疑数据。

$$\frac{d}{\sigma} = \frac{18.2 - 15.6}{1.17} = 2.22 > \frac{d_{10}}{\sigma} = 1.99 , 故 18.2 应当剔除。$$

③再计算其余 9 个值的算术平均值和标准误差：

$$\bar{\sigma}_c = \frac{1}{9}\sum_{i=1}^{9}x_i$$

$$= \frac{1}{9} \times (15.3 + 14.4 + 16.2 + 15.3 + 15.6 + 14.8 + 16.9 + 14.7 + 14.9) = 15.3(\text{MPa})$$

$$\sigma = \sqrt{\frac{1}{8}\sum_{i=1}^{n}(x_i - \bar{x})^2} = \sqrt{\frac{5.04}{8}} = 0.79(\text{MPa})$$

④在余下的 9 个数据中再检查可疑数据，取与平均值偏差最大的第 7 个数据 16.9。

$$\frac{d}{\sigma} = \frac{16.2 - 15.3}{0.79} = 2.02 > \frac{d_9}{\sigma} = 1.92 , 故 16.9 应当剔除。$$

⑤再计算其余 8 个值的算术平均值和标准误差：

$$\bar{\sigma}_c = \frac{1}{8}\sum_{i=1}^{8}x_i$$

$$= \frac{1}{8} \times (15.3 + 14.4 + 16.2 + 15.3 + 15.6 + 14.8 + 14.7 + 14.9)$$

$$= 15.2(\text{MPa})$$

$$\sigma = \sqrt{\frac{1}{7}\sum_{i=1}^{n}(x_i - \bar{x})^2} = \sqrt{\frac{2.32}{7}} = 0.58(\text{MPa})$$

⑥在余下的 8 个数据中再检查可疑数据，取与平均值偏差最大的第 7 个数据 16.9。

$$\frac{d}{\sigma} = \frac{16.2 - 15.2}{0.58} = 1.72 < \frac{d_8}{\sigma} = 1.86 , 故 16.2 这个数据是合理的。$$

⑦处理结果用算术平均值和极限误差表示为：

$$\sigma_c = \bar{\sigma}_c \pm 3\sigma = 15.2 \pm 3 \times 0.58 = 15.2 \pm 1.74$$

根据误差的分布特征，该种岩石的抗压强度在 13.46 ~ 16.94MPa 的概率是 99.7%，正常情况下的测试结果不会超出该范围。

2. 保证极限法

地基基础规范中对重要建筑物的地基土指标采用保证极限法。这种方法是根据数理统计中的推断理论提出来的，如图 9-2 所示。如前述在 $\bar{x} - k\sigma$ 区间内数据出现的概率与所取的 k 有关。

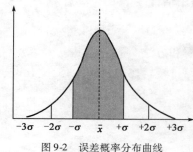

图 9-2　误差概率分布曲线

例如,$k=2$,相当于保证率为95%,即在$\bar{x} \pm k\sigma$区间内数据出现的概率为95%,表9-2中给出了k值与保证率的对应关系。

表9-2

k 值 与 保 证 率

k	0.00	0.67	1.00	2.00	2.58	3.00
保证率(%)	0.00	50.0	68.0	95.0	99.0	99.7

因此,在上例中,若岩石抗压强度采用最小值,则:

$k=1, \sigma_c = \bar{\sigma_c} - \sigma = 15.2 - 0.58 = 14.62(\text{MPa})$,岩石抗压强度大于14.62MPa的保证率为50%;

$k=2, \sigma_c = \bar{\sigma_c} - \sigma = 15.2 \times 0.58 = 14.04(\text{MPa})$,岩石抗压强度大于14.04MPa的保证率为95%;

$k=3, \sigma_c = \bar{\sigma_c} - \sigma = 15.2 - 3 \times 0.58 = 13.46(\text{MPa})$,岩石抗压强度大于13.46MPa的保证率为99.7%。

而对于含水率,则采用最大值,若一组土样的含水率平均值为$\bar{\omega}=0.5$,标准误差为$\sigma=0.05$,则:

$k=1, \omega = \bar{\omega} + \sigma = 0.50 + 0.05 = 0.55$,含水率小于0.55的保证率为50%;

$k=2, \omega = \bar{\omega} + 2\sigma = 0.50 + 2 \times 0.05 = 0.60$,含水率小于0.60的保证率为95%;

$k=3, \omega = \bar{\omega} + 3\sigma = 0.50 + 3 \times 0.05 = 0.65$,含水率小于0.65的保证率为99.7%。

第三节　多变量数据的处理

多变量数据(如应力—应变关系等)则需建立它们的函数关系式。函数有三种表达方法:列表法、图示法及解析法。列表法数据容易查找;图示法直观,容易把握其变化趋势;解析法则便于数据计算与应用,便于从物理机理上进一步探讨其规律性。回归方法则是利用试验数据建立解析函数形式的经验公式的最基本的方法。

一、数据拟合与回归分析

1. 数据拟合

在测量数据的处理中,通常需要根据实际测量所得数据,求得反映各变量之间的最佳函数关系表达式。如果变量间的函数形式已经根据理论分析或以往的经验确定了,而其中有一些参数是未知的,则需要通过测量数据来确定这些参数;如果变量间的具体函数形式还没有确定,则需要通过测量数据来确定函数形式和其中的参数。根据实测数据,求得反映各变量之间的最佳函数关系表达式称为数据拟合,所得函数关系式为拟合方程式。

2. 回归分析

应用最小二乘法进行数据拟合的方法称为回归分析,求得的函数关系式称为回归方程。回归分析实质上就是应用数理统计的方法,对测量数据进行分析和处理,从而求出反映变量间相互关系的经验公式,即回归方程。将最小二乘法应用于等精度测量的数据拟合,其基本原则是各个实测的数据点与拟合曲线的偏差(即残余误差)的平方和应为最小值。

通常回归分析包括以下三个方面的内容:从一组数据出发,确定回归方程的形式,即经验公式的类型;求回归方程中的未定系数,即回归参数;对回归方程的可信赖程度进行统计检验。

二、一元线性回归

若所求得的回归方程是一元一次线性方程,则所进行的回归分析称为一元线性回归。一元线性回归是最简单,也是最基本的回归分析。

1. 一元线性回归的数学模型

变量 y 与自变量 x 之间呈线性关系,即测量点 (x_i, y_i) 在 x-y 坐标系中大致成一条直线,如图 9-3 所示。这些点与直线的偏离是受测量过程中其他一些随机因素的影响而引起的,这组测量数据有如下结构形式的关系式:

$$y_i = \beta_0 + \beta_1 x_i + \varepsilon_i \ (i = 1, 2, \cdots, n) \tag{9-9}$$

2. 回归方程的参数估计

将通过测量得到变量 y 与自变量 x 的 n 组测量数据 (x_i, y_i)(其中,$i = 1, 2, \cdots, n$)代入式(9-9),就可以得到一组测量方程,该方程组的每个方程形式都相同。由式(9-9)组成的方程组中有两个未知数,且方程个数大于未知数的个数,适合于用最小二乘法来求解。

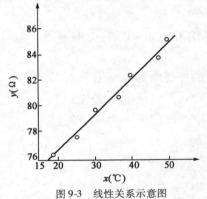

图 9-3　线性关系示意图

用最小二乘法来估计式(9-9)的两个未知参数 β_0 和 β_1,称为回归方程的参数估计。设 b_0 和 b_1 分别是参数 β_0 和 β_1 的最小二乘估计值,于是可得到一元线性回归的回归方程:

$$\hat{y} = b_0 + b_1 x \tag{9-10}$$

一元线性回归方程(9-10)的图示是一条直线,称为回归直线。式中,b_0 是回归直线在 y 轴上的截距,b_1 是回归直线的斜率。b_0 和 b_1 称之为回归方程(9-9)的回归系数。一元线性回归的目的就是求出回归方程的回归系数 b_0 和 b_1。由于 b_0 和 b_1 是估计值,由回归方程(9-10)求得的 $\hat{y}$ 是变量 y 的估计值,称为回归值。

对于每一个自变量 x_i,由式(9-10)可以确定一个回归值 $\hat{y} = b_0 + b_1 x_i$,实际测得值 y 与回归值 $\hat{y}_i$ 之差就是残余误差:

$$v_i = y_i - \hat{y}_i = y_i - b_0 - b_1 x_i \quad (i = 1, 2, \cdots, n) \tag{9-11}$$

应用最小二乘法求解回归系数,就是在使残余误差平方和为最小的条件下求解回归系数 b_0 和 b_1。

3. 正规方程组

令 $Q = \sum_{i=1}^{n} v_i^2$,由最小二乘原理有:满足 $Q = \min$ 的一组解为最可信赖的解。

为求得最可信赖的解,可令:

$$\left.\begin{array}{l} \dfrac{\partial Q}{\partial b_0} = 0 \\[3mm] \dfrac{\partial Q}{\partial b_1} = 0 \end{array}\right\}$$

由此得方程组:

$$\left.\begin{array}{l} \sum\limits_{i=1}^{n} y_i = nb_0 + b_1\sum\limits_{i=1}^{n} x_i \\[3mm] \sum\limits_{i=1}^{n} x_i y_i = b_0\sum\limits_{i=1}^{n} x_i + b_1\sum\limits_{i=1}^{n} x_i^2 \end{array}\right\} \tag{9-12}$$

这个方程组称为正规方程。正规方程有唯一的一组解,求解得到回归系数 b_0 和 b_1。

4. 正规方程的求解

为求解正规方程,写出正规方程的矩阵形式。令:

实测值矩阵 $\boldsymbol{Y} = \begin{bmatrix} y_1 \\ y_2 \\ \vdots \\ y_n \end{bmatrix}$,结构矩阵 $\boldsymbol{X} = \begin{bmatrix} 1 & x_1 \\ 1 & x_2 \\ \vdots & \vdots \\ 1 & x_n \end{bmatrix}$,回归系数矩阵 $\boldsymbol{b} = \begin{bmatrix} b_0 \\ b_1 \end{bmatrix}$,残余误差矩阵

$\boldsymbol{V} = \begin{bmatrix} v_1 \\ v_2 \\ \vdots \\ v_n \end{bmatrix}$。

则正规方程(9-11)的矩阵形式为:

$$\boldsymbol{Y} - \boldsymbol{Xb} = \boldsymbol{V} \tag{9-13}$$

根据最小二乘原理有:

$$\boldsymbol{b} = (\boldsymbol{X}^T - \boldsymbol{X})^{-1}\boldsymbol{X}^T\boldsymbol{Y} = \boldsymbol{A}^{-1}\boldsymbol{B} = \boldsymbol{CB} \tag{9-14}$$

计算式(9-14)中的几个矩阵:

正规方程的系数矩阵:

$$\boldsymbol{A} = \boldsymbol{X}^T\boldsymbol{X} = \begin{bmatrix} n & \sum\limits_{i=1}^{n} x_i \\ \sum\limits_{i=1}^{n} x_i & \sum\limits_{i=1}^{n} x_i^2 \end{bmatrix}$$

相关矩阵:

$$\boldsymbol{C} = \boldsymbol{A}^{-1} = \dfrac{1}{n\sum\limits_{i=1}^{n} x_i^2 - \left(\sum\limits_{i=1}^{n} x_i\right)^2} \begin{bmatrix} \sum\limits_{i=1}^{n} x_i^2 & -\sum\limits_{i=1}^{n} x_i \\ -\sum\limits_{i=1}^{n} x_i & n \end{bmatrix}$$

正规方程的常数项矩阵:

$$\mathbf{B} = \mathbf{X}^T\mathbf{Y} = \begin{bmatrix} \sum\limits_{i=1}^{n} y_i \\ \sum\limits_{i=1}^{n} x_i y_i \end{bmatrix}$$

将 C、B 代入式(9-14),解得:

$$b_1 = \frac{n\sum\limits_{i=1}^{n} x_i y_i - \left(\sum\limits_{i=1}^{n} x_i\right)\left(\sum\limits_{i=1}^{n} y_i\right)}{n\sum\limits_{i=1}^{n} x_i^2 - \left(\sum\limits_{i=1}^{n} x_i\right)^2} = \frac{L_{xy}}{L_{xx}} \tag{9-15}$$

$$b_0 = \frac{\left(\sum\limits_{i=1}^{n} x_i^2\right)\left(\sum\limits_{i=1}^{n} y_i\right) - \left(\sum\limits_{i=1}^{n} x_i\right)\left(\sum\limits_{i=1}^{n} x_i y_i\right)}{n\sum\limits_{i=1}^{n} x_i^2 - \left(\sum\limits_{i=1}^{n} x_i\right)^2} = \bar{y} - b_1\bar{x} \tag{9-16}$$

式中:$\bar{x}$,$\bar{y}_i$——n 组测量数据中两变量的算术平均值,$\bar{x} = \dfrac{1}{n}\sum\limits_{i=1}^{n} x_i$,$\bar{y}_i = \dfrac{1}{n}\sum\limits_{i=1}^{n} y_i$;

$\qquad L_{xx}$——变量 x 的离差平方和,$L_{xx} = \sum\limits_{i=1}^{n} x_i^2 - \dfrac{1}{n}\left(\sum\limits_{i=1}^{n} x_i\right)^2$;

$\qquad L_{xy}$——变量 x、y 的协方差,$L_{xy} = \sum\limits_{i=1}^{n} x_i y_i - \dfrac{1}{n}\left(\sum\limits_{i=1}^{n} x_i\right)\left(\sum\limits_{i=1}^{n} y_i\right)$。

5. 回归效果衡量

求出 b_0 和 b_1 之后,须检验两个变量间相关的密切程度,只有二者相关密切时,直线方程才有意义。现在进一步分析残差平方和 Q:

$$Q = \sum\left[y_i - (b_0 + b_1 x_i)\right]^2 = \sum\left[y_i - (\bar{y} - b_1 x) - b_1 x_i\right]^2$$

或

$$Q = \sum(y_i - \bar{y})^2 - b_1^2\sum(x_i - \bar{x})^2$$

若 $Q = 0$,则全部散点均落在直线上,则:

$$\sum(y_i - \bar{y})^2 - b_1^2\sum(x_i - \bar{x})^2 = 0$$

$$r^2 = \frac{b^2\sum(x_i - \bar{x})^2}{\sum(y_i - \bar{y})^2}$$

式中:r——线性相关系数。

$r = \pm 1$ 表示完全线性相关;$r = 0$ 表示线性不相关。因而 r 表示两量的相关密切程度;只有当 r 的绝对值大到一定程度时,才可用回归直线来近似地表示 x 与 y 的关系。此时称相关系数显著,即 x 与 y 关系密切,也只有在此情况下,才能判定 x 与 y 存在线性关系。

通常,回归方程的显著性检验采用 F 检验法。

$$F = \frac{U}{\dfrac{Q}{n-2}}$$

$$U = \sum_{i=1}^{n}(\hat{y}_i - \bar{y})^2$$

查 F 分布表(一元回归,$v_1 = 1$,$v_2 = n - 2$)中三种不同显著性水平的数值,设记为 $F_\alpha(1, n-2)$,将这三个数与由上式计算的 F 值进行比较:$F > F_{0.01}(1, n-2)$,回归高度显著(在 0.01 水平上显著);$F_{0.05}(1,n-2)\sim F_{0.01}(1,n-2)$,回归显著(在 0.05 水平上显著);$F_{0.10}(1,n-2)\sim F_{0.05}(1,n-2)$,回归在 0.1 水平上显著;$F<F_{0.1}(1,n-2)$,回归不显著,$y$ 对 x 的线性关系不密切。

回归方程的方差分析是对回归方程的拟合精度做出估计。常用残余标准差 σ 作为回归方程的精度指标,σ 越小,回归方程的精度就越高。σ 定义为:

$$\sigma = \pm\sqrt{\frac{Q}{n-2}} \tag{9-17}$$

式中:Q——残余平方和,即所有测量点距回归直线的残余误差的平方和,$Q = L_{yy} - b_1^2 L_{xx} = L_{yy} - b_1 L_{xy}$;

L_{yy}——变量 y 的离差平方和,$L_{yy} = \sum\limits_{i=1}^{n} y_i^2 - \dfrac{1}{n}\left(\sum\limits_{i=1}^{n} y_i\right)^2$。

因此,一元线性回归方程的表达形式为:

$$y = b_0 + b_1 x \pm 3\sigma \tag{9-18}$$

三、多元线性回归

前面讨论了两个变量之间测量数据的数学表示,即一元回归问题;但在很多工程技术的实际问题中,常常需要讨论多个变量之间测量数据的数学表示,这就是多元回归问题。

1. 多元线性回归的数学模型

因变量 y 与另外 m 个自变量 $x_1, x_2, \cdots, x_m$ 的内在联系是线性的,通过测量得到 n 组测量数据:

$$(x_{i1}, x_{i2}, \cdots, x_{im}; y_i)(i = 1, 2, \cdots, n) \tag{9-19}$$

那么,根据这批数据,可以有如下结构形式的方程:

$$\begin{cases} y_1 = \beta_0 + \beta_1 x_{11} + \beta_2 x_{12} + \cdots + \beta_m x_{1m} + \varepsilon_1 \\ y_2 = \beta_0 + \beta_1 x_{21} + \beta_2 x_{22} + \cdots + \beta_m x_{2m} + \varepsilon_2 \\ \qquad\qquad\qquad\qquad\vdots \\ y_n = \beta_0 + \beta_1 x_{n1} + \beta_2 x_{n2} + \cdots + \beta_m x_{nm} + \varepsilon_n \end{cases} \tag{9-20}$$

式中:$\beta_0, \beta_1, \beta_2, \cdots, \beta_m$——$m+1$ 个待估计参数;

$x_1, x_2, \cdots, x_m$——m 个可以精确测量或控制的一般变量;

$\varepsilon_1, \varepsilon_2, \cdots, \varepsilon_n$——$n$ 个相互独立且服从同一正态分布的随机变量。

式(9-20)就是多元线性回归的数学模型。

利用矩阵来研究多元线性回归较为方便。令:

实测矩阵:$\mathbf{Y} = \begin{bmatrix} y_1 \\ y_2 \\ \vdots \\ y_n \end{bmatrix}$,结构矩阵 $\mathbf{X} = \begin{bmatrix} 1 & x_{11} & x_{12} & \cdots & x_{1m} \\ 1 & x_{21} & x_{22} & \cdots & x_{2m} \\ \vdots & \vdots & \vdots & \vdots & \vdots \\ 1 & x_{n1} & x_{n2} & \cdots & x_{nm} \end{bmatrix}$,待估参数矩阵 $\boldsymbol{\beta} = \begin{bmatrix} \beta_0 \\ \beta_1 \\ \vdots \\ \beta_m \end{bmatrix}$,误差

项矩阵 $\boldsymbol{\varepsilon} = \begin{bmatrix} \varepsilon_1 \\ \varepsilon_2 \\ \vdots \\ \varepsilon_n \end{bmatrix}$。

那么,多元线性回归的数学模型式(9-20)可以写成矩阵形式:

$$\mathbf{Y} = \mathbf{X}\boldsymbol{\beta} + \boldsymbol{\varepsilon} \tag{9-21}$$

式中:$\boldsymbol{\varepsilon}$——n 维随机向量,它的分量是相互独立的。

2. 正规方程及其解

用最小二乘法估计参数 β。设 $b_0, b_1, \cdots, b_m$ 分别是参数的最小二乘估计,回归方程为:

$$\hat{y} = b_0 + b_1 x_1 + \cdots + b_m x_m \tag{9-22}$$

由最小二乘法知,$b_0, b_1, \cdots, b_m$ 应使得全部测量值 y_i 与回归值 $\hat{y}_i$ 的残差平方和最小,即:

$$Q = \sum_{i=1}^{n} (y_i - \hat{y}_i)^2 = \sum_{i=1}^{n} (y_i - b_0 - b_1 x_{i1} - \cdots - b_m x_{im})^2 = 最小$$

对于给定的数据式(9-19),Q 是 $b_0, b_1, \cdots, b_m$ 的非负二次式,所以最小值一定存在。根据微分学中的极值定理,$b_0, b_1, \cdots, b_m$ 应是下列方程组的解:

$$\begin{cases} \dfrac{\partial Q}{\partial b_0} = -2\sum\limits_{i=1}^{n} (y_i - b_0 - b_1 x_{i1} - \cdots - b_m x_{im}) = 0 \\[2mm] \dfrac{\partial Q}{\partial b_1} = -2\sum\limits_{i=1}^{n} (y_i - b_0 - b_1 x_{i1} - \cdots - b_m x_{im}) x_{i1} = 0 \\[2mm] \dfrac{\partial Q}{\partial b_2} = -2\sum\limits_{i=1}^{n} (y_i - b_0 - b_1 x_{i1} - \cdots - b_m x_{im}) x_{i2} = 0 \\[2mm] \dfrac{\partial Q}{\partial b_m} = -2\sum\limits_{i=1}^{n} (y_i - b_0 - b_1 x_{i1} - \cdots - b_m x_{im}) x_{im} = 0 \end{cases} \tag{9-23}$$

此方程组即为正规方程,它可以进一步化为:

$$\begin{cases} nb_0 + (\sum\limits_{i=1}^{n} x_{i1}) b_1 + (\sum\limits_{i=1}^{n} x_{i2}) b_2 + \cdots + (\sum\limits_{i=1}^{n} x_{im}) b_m = \sum\limits_{i=1}^{n} y_i \\[2mm] (\sum\limits_{i=1}^{n} x_{i1}) b_0 + (\sum\limits_{i=1}^{n} x_{i1}^2) b_1 + (\sum\limits_{i=1}^{n} x_{i1} x_{i2}) b_2 + \cdots + (\sum\limits_{i=1}^{n} x_{i1} x_{im}) b_m = \sum\limits_{i=1}^{n} x_{i1} y_i \\[2mm] (\sum\limits_{i=1}^{n} x_{i2}) b_0 + (\sum\limits_{i=1}^{n} x_{i2} x_{i1}) b_1 + (\sum\limits_{i=1}^{n} x_{i2}^2) b_2 + \cdots + (\sum\limits_{i=1}^{n} x_{i2} x_{im}) b_m = \sum\limits_{i=1}^{n} x_{i2} y_i \\[2mm] \qquad\qquad\qquad\qquad\qquad\qquad \vdots \\[2mm] (\sum\limits_{i=1}^{n} x_{im}) b_0 + (\sum\limits_{i=1}^{n} x_{im} x_{i1}) b_1 + (\sum\limits_{i=1}^{n} x_{im} x_{i2}) b_2 + \cdots + (\sum\limits_{i=1}^{n} x_{im}^2) b_m = \sum\limits_{i=1}^{n} x_{im} y_i \end{cases} \tag{9-24}$$

用系数矩阵 $\mathbf{A}$ 来表示正规方程(9-24)的系数,显然 $\mathbf{A}$ 是对称矩阵,则有:

$$\mathbf{A} = \mathbf{X}^T \mathbf{X}$$

正规方程(9-24)右端用常数项矩阵 $\mathbf{B}$ 来表示,则有:

$$\mathbf{B} = \mathbf{X}^T \mathbf{Y}$$

这样一来,正规方程(9-24)的矩阵形式为:

$$(\mathbf{X}^T \mathbf{X})\mathbf{b} = \mathbf{X}^T \mathbf{Y} \tag{9-25}$$

或

$$\mathbf{Ab} = \mathbf{B} \tag{9-26}$$

式中:$\mathbf{b} = \begin{bmatrix} b_0 \\ b_1 \\ \vdots \\ b_m \end{bmatrix}$——回归系数矩阵,它是正规方程(9-24)的矩阵解。

设 $\mathbf{C} = \mathbf{A}^{-1}$ 为 $\mathbf{A}$ 的逆矩阵,在一般情况下,系数矩阵 $\mathbf{A}$ 满秩,$\mathbf{C}$ 是存在的,于是正规方程组(9-24)的矩阵解为:

$$\mathbf{b} = \mathbf{A}^{-1}\mathbf{B} = \mathbf{CB} = (\mathbf{X}^T\mathbf{X})^{-1}\mathbf{X}^T\mathbf{Y} \tag{9-27}$$

由以上分析可知,在处理多元线性回归问题时,主要是计算 $\mathbf{X}$、$\mathbf{A}$、$\mathbf{B}$、$\mathbf{C}$ 四个矩阵。

3. 回归效果衡量指标

为了衡量回归效果,还要求计算出以下五个量。

(1)偏差平方和 Q:

$$Q = \sum_{i=1}^{n}(y_i - \hat{y}_i)^2 = \sum_{i=1}^{n}(y_i - b_0 - b_1x_{i1} - \cdots - b_mx_{im})^2$$

(2)平均标准偏差 S 和残余标准差 σ:

$$S = \sqrt{\frac{Q}{n}}, \sigma = \sqrt{\frac{Q}{n-m-1}}$$

(3)复相关系数 r:

$$r = \sqrt{1 - \frac{Q}{\sum_{i=1}^{n}(\hat{y}_i - \bar{y})^2}}$$

(4)偏相关系数 V_i:

$$V_i = \sqrt{1 - \frac{Q}{Q_i}} \quad (i = 1, 2, \cdots, m)$$

$$Q_i = \sum_{i=1}^{n}\left[y_i - \left(b_0 + \sum_{\substack{k=1 \\ k \neq i}}^{m} b_k x_{ik}\right)\right]^2$$

V_i 越大,x_i 对 y 的作用越显著;若 V_i 小,则 x_i 对 y 的影响小,可剔除。

(5)检验值 F:

$$F = \frac{U/m}{\dfrac{Q}{n-m-1}}, U = \sum_{i=1}^{n}(\hat{y}_i - \bar{y})^2$$

四、一元非线性回归

1. 非线性回归

在实际问题中,有时变量之间的内在关系并不是线性,而是某种曲线关系,需进行非线性回归。对于非线性回归,一般分两步进行:首先确定非线性回归的数学模型;其次求解回归方程中的未知参数。

用最小二乘法直接求解非线性回归方程是非常复杂的,通常采用下面两种方法:一是通过相应的变量代换,把曲线回归转换成线性回归,即采用线性化回归,继而用前面给出的线性回归的方法求解线性化回归方程,最后将线性化回归方程还原为非线性回归方程。二是把回归方程展开成回归多项式,直接用回归多项式来描述两个变量之间的关系,这样就把求解曲线回归的问题转化为解多项式回归的问题。一元非线性回归的最基本的方法是线性化回归,在此仅简要地介绍这种方法。

2.回归方程函数类型的选择

线性化回归的关键是数学模型的判定,亦即回归方程的函数类型的选择。较常用的方法有下面两种方法:一是直接判断法,即根据专业知识,从理论上推导或者根据以往的实践经验来确定两个变量之间的函数类型。二是观察法,即将测量数据描在坐标纸上做散点图,再将散点连成曲线,并与各类典型曲线相比较,从而初步选定经验公式的类型,必要时,还须对初选的经验公式进行检验。

3.非线性回归方程的线性化

对于一些典型的非线性数学模型,可用变量代换的方法使其变换为线性数学模型。表 9-3 中给出几种典型的非线性回归方程线性化的方法。

几种典型的非线性回归方程线性化的方法 表 9-3

函数关系	表达式	典型函数图像	变换式	线性化方程
指数函数	$y = Ae^{Bx}$	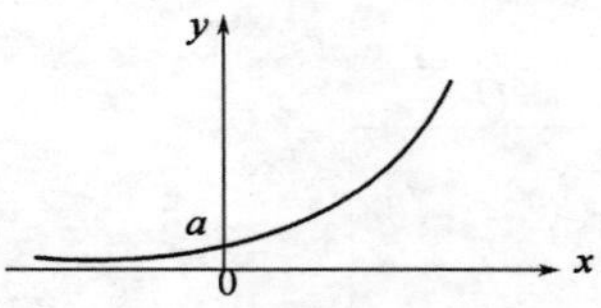 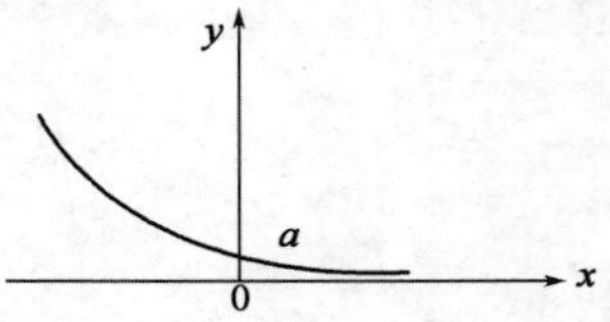 $(a>0,b<0)$　　$(a>0,b<0)$	$z = \ln y$ $C = \ln A$	$z = C + Bx$
幂函数	$y = Ax^B$	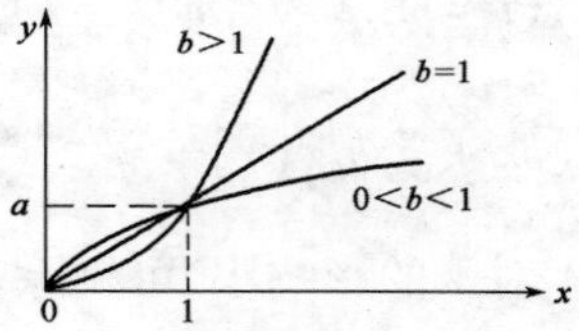 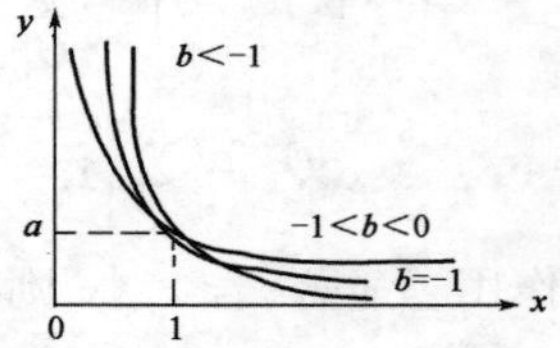 $(a>0,b<0)$　　$(a>0,b<0)$	$z = \ln y$ $t = \ln x$ $C = \ln A$	$z = C + Bt$
双曲函数	$y = \dfrac{x}{Ax + B}$	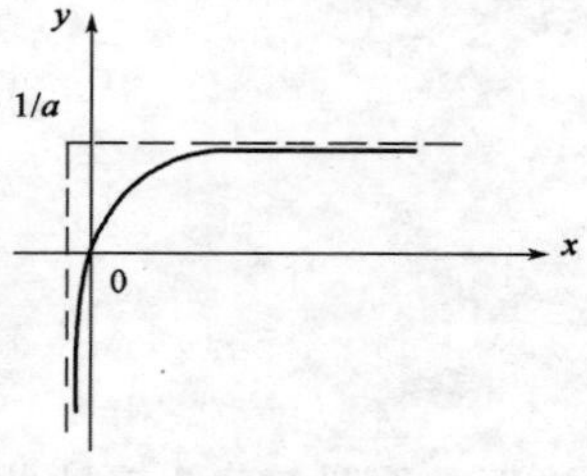 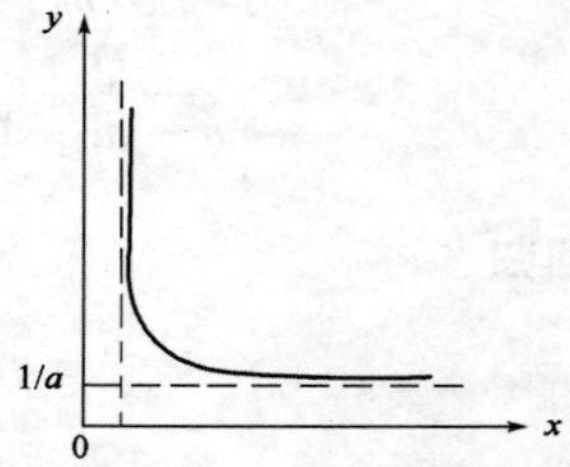 $(a>0,b<0)$　　$(a>0,b<0)$	$z = \dfrac{1}{y}$ $t = \dfrac{1}{x}$	$z = A + Bt$
对数函数	$y = A + B\lg x$	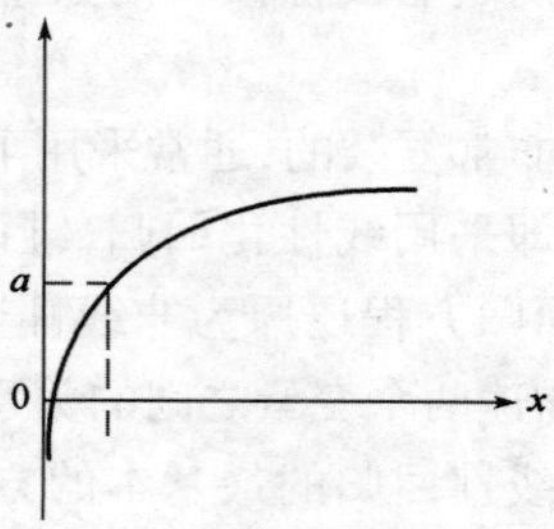 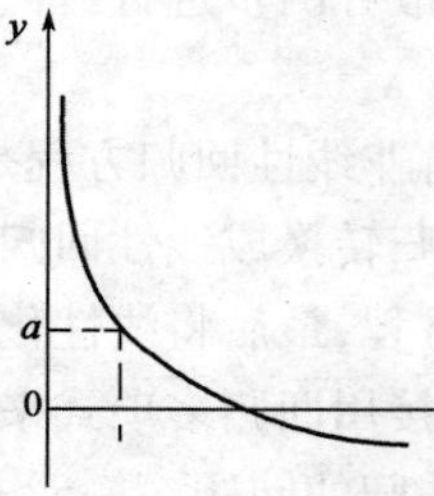 $(a>0,b>0)$　　$(a>0,b<0)$	$t = \lg x$	$y = A + Bt$

函数关系	表达式	典 型 函 数 图 像	变换式	线性化方程
倒指数函数	$y = Ae^{\frac{B}{x}}$	$(a>0,b>0)$　　　　$(a>0,b<0)$	$z = \ln y$ $t = \dfrac{1}{x}$ $c = \ln A$	$z = c + Bt$
S 形曲线	$y = \dfrac{1}{A + Be^{-x}}$	$(a>0,b>0)$	$z = \dfrac{1}{y}$ $t = e^{-x}$	$z = A + Bt$

五、多项式回归

多项式回归方程为：

$$\hat{y} = b_0 + b_1 x + b_2 x^2 + \cdots + b_m x^m$$

对自变量 x 做变换,令：

$$x_j = x^j \quad (j = 1, 2, \cdots, m)$$

可得到：

$$\hat{y} = b_0 + b_1 x_1 + b_2 x_2 + \cdots + b_m x_m$$

这是一个 m 元回归分析问题,可按多元线性回归方法求解。多元线性回归方程的系数即为多项式回归方程的系数。

复习思考题

1. 数据处理的定义是什么？ 主要解决了什么问题？
2. 简述测量误差的定义、来源及分类。
3. 测量的精度是什么？ 包含哪些内容？
4. 单随机变量的数据处理方法主要有哪些？ 如何进行单随机变量数据的处理？
5. 多变量数据的处理方法主要有哪些？ 如何进行多变量数据的处理？

参 考 文 献

[1] 宰金珉.岩土工程测试与监测技术[M].北京:中国建筑工业出版社,2010.

[2] 钱难能.当代测试技术[M].上海:华东化工学院出版社,1992.

[3] 夏才初,李永盛.地下工程测试理论与监测技术[M].上海:同济大学出版社,1999.

[4] 高俊强,严伟标.工程监测技术及其应用[M].北京:国防工业出版社,2005.

[5] 杨晓平.工程监测技术及应用[M].北京:中国电力出版社,2007.

[6] 段向胜,周锡元.土木工程监测与健康诊断[M].北京:建筑工业出版社,2010.

[7] 林宗元.岩土工程试验监测手册[M].北京:建筑工业出版社,2005.

[8] 夏才初,李永盛,等.土木工程监测技术[M].北京:中国建筑工业出版社,2001.

[9] 国家电力监管委员会大坝安全监察中心.岩土工程安全监测手册[M].北京:中国水利水电出版社,2013.

[10] 谷兆祺,彭守拙,李仲奎.地下洞室工程[M].北京:清华大学出版社,1994.

[11] 中华人民共和国国家标准.GB 50086—2015 岩土锚杆与喷射混凝土支护工程技术规范[S].北京:中国计划出版社,2001.

[12] 中华人民共和国国家标准.GB 50299—1999 地下铁道工程施工与验收规范[S].北京:中国计划出版社,2004.

[13] 中华人民共和国国家标准.JTG D70—2004 公路隧道设计规范[S].北京:人民交通出版社,2004.

[14] 李造鼎.岩体测试技术[M].北京:冶金工业出版社,1983.

[15] 刘尧军,于跃勋,赵玉成.地下工程测试技术[M].成都:西南交通大学出版社,2009.

[16] 高俊强,严伟标.工程监测技术及其应用[M].北京:国防工业出版社,2005,10.

[17] 任建喜.岩土工程测试技术[M].湖北:武汉理工大学出版社,2009,05.

[18] 刘尧军.岩土工程测试技术[M].重庆:重庆大学出版社,2013,05.

[19] 王云江.建筑工程测量[M].北京:金盾出版社,2013.

[20] 任建喜.岩土工程测试技术[M].湖北:武汉理工大学出版社,2009.

[21] 蒲会申.地质雷达技术使用手册[M].北京:中国地质出版社,2006.

[22] 吴从师,阳军生.隧道施工监控量测与超前地质预报[M].北京:人民交通出版社,2012.

[23] 张俊平.土木工程试验与检测技术[M].北京:中国建筑工业出版社,2013.

[24] 叶英.隧道施工超前地质预报[M].北京:人民交通出版社,2011.

[25] 王锦山,王力,张延新,等.隧道施工超前地质预报理论基础与方法[M].北京:中国地质大学出版社,2012.

[26] 杨峰,彭苏萍.地质雷达探测原理与方法研究[M].北京:科学出版社.2010.

[27] 舒畅.提高探地雷达超前地质预报精度的方法研究[J].铁道工程学报,2006,6,13-17.

[28] 郭亮,李俊才,张志铖,等.地质雷达空洞探测机理研究及其在隧道应用实例分析[J].建

筑科学,2011,27(5):80-84.

[29] 王浩.地下工程监测中的数据分析和信息管理、预测预报系统[D].中国科学院研究生院,2007,6.

[30] 陈传胜.测量误差与数据处理[M].北京:测绘出版社,2013.

[31] 费业泰.误差理论与数据处理[M].北京:机械工业出版社,2005.

本书配套数字教学资源

序号	资源类型	资源名称	简　介	来源	时长	页码
1	辅助视频	活动式测斜仪的原理及安装	活动式测斜仪主要用来量测土体深层水平位移，视频主要介绍了测斜仪的组成、测试原理和方法	原创制作	02 分 10 秒	P38
2	辅助视频	活动式测斜仪量测	视频主要展示了活动式测斜仪在基坑工程施工现场用于土体深层水平位移量测的全过程	原创制作	13 分 13 秒	P40
3	辅助视频	电磁沉降仪的原理及安装	电磁沉降仪主要用来量测土体分层沉降，视频主要介绍了仪器的组成、测试原理及方法	原创制作	02 分 41 秒	P42
4	辅助视频	钢筋计的原理及安装	钢筋计是用来量测钢筋应力的装置，视频主要介绍了钢筋计的组成、安装、测试原理及方法	原创制作	02 分 01 秒	P44
5	辅助视频	钢支撑轴力监测	钢支撑轴力监测是基坑围护结构监测的重要内容，视频主要介绍了基坑工程施工现场钢支撑轴力监测的全过程	原创制作	01 分 44 秒	P45
6	辅助视频	锚索测力计的原理及安装	锚索测力计主要用于测量锚索张拉过程中的力和锚索使用过程中预应力的损失，视频主要介绍了锚索测力计的测试原理和安装方法	原创制作	04 分 27 秒	P46
7	辅助视频	土压力盒的操作	土压力盒是进行土压力量测的装置，视频主要介绍了土压力测试方法	原创制作	00 分 29 秒	P47
8	辅助视频	通气式渗压计的原理及安装	通气式渗压计是进行孔隙水压力量测的装置，视频主要介绍了通气式渗压计的组成、基本原理、安装和测试方法	原创制作	04 分 32 秒	P47
9	辅助视频	平尺水位计的原理及安装	平尺水位计是用来进行地下水位量测的装置，视频主要介绍了平尺水位计的组成、基本原理和测试方法	原创制作	02 分 12 秒	P50
10	辅助视频	地下水位量测	视频主要介绍了基坑工程施工现场利用水位计进行地下水位量测的全过程	原创制作	02 分 09 秒	P51
11	辅助视频	土压力盒的原理及安装	土压力盒可用于量测土压力和接触应力，视频主要介绍了振弦式土压力盒的基本原理、安装和测试方法	原创制作	05 分 12 秒	P72
12	辅助视频	净空收敛量测	视频主要展示了地下隧道工程中应用收敛计进行隧道净空收敛量测的全过程	原创制作	01 分 22 秒	P76

序号	资源类型	资源名称	简　介	来源	时长	页码
13	辅助视频	拱顶沉降监测	视频主要展示了地下隧道工程中应用水准仪进行隧道拱顶沉降监测的全过程	原创制作	00 分 51 秒	P78
14	辅助视频	地表沉降监测	视频主要展示了应用水准仪进行地表沉降监测的过程	原创制作	00 分 25 秒	P79
15	辅助视频	多点位移计的安装原理及安装	多点位移计是用来量测围岩内部位移的装置,视频主要介绍了多点位移计的组成、安装、测试原理及方法	原创制作	05 分 18 秒	P82
16	辅助视频	表面测缝计的原理	表面测缝计主要是用来量测结构物表面裂缝的开合,视频主要介绍了表面裂缝计的组成、测试原理和方法	原创制作	02 分 53 秒	P100
17	辅助视频	埋入式测缝计的原理及安装	埋入式测缝计主要用来量测混凝土结构物施工缝处的开合情况,视频主要介绍了埋入式测缝计的组成、测试原理和方法	原创制作	05 分 16 秒	P123
18	辅助视频	探地雷达探测地下管线动画	视频以动画的形式展示了当地面以下有管线时探地雷达对管线的探测原理	原创制作	00 分 56 秒	P146
19	pdf 课件	第一章电子课件	第一章绪论章节重要教学内容的展示	原创制作	—	P1
20	pdf 课件	第二章电子课件	第二章测试技术基础知识及传感器的原理章节重要教学内容的展示	原创制作	—	P7
21	pdf 课件	第三章电子课件	第三章基坑工程监测章节重要教学内容的展示	原创制作	—	P31
22	pdf 课件	第四章电子课件	第四章隧洞工程监测章节重要教学内容的展示	原创制作	—	P68
23	pdf 课件	第五章电子课件	第五章地下工程中的声波测试技术章节重要教学内容的展示	原创制作	—	P114
24	pdf 课件	第六章电子课件	第六章地下工程中的地质雷达测试技术章节重要教学内容的展示	原创制作	—	P126
25	pdf 课件	第七章电子课件	第七章隧道超前地质预报技术章节重要教学内容的展示	原创制作	—	P157
26	pdf 课件	第八章电子课件	第八章地下工程监测的信息反馈技术章节重要教学内容的展示	原创制作	—	P189
27	pdf 课件	第九章电子课件	第九章测量误差分析及数据处理章节重要教学内容的展示	原创制作	—	P194